Sistemas Elétricos de Potência
Curso Introdutório

O GEN | Grupo Editorial Nacional, a maior plataforma editorial no segmento CTP (científico, técnico e profissional), publica nas áreas de saúde, ciências exatas, jurídicas, sociais aplicadas, humanas e de concursos, além de prover serviços direcionados a educação, capacitação médica continuada e preparação para concursos. Conheça nosso catálogo, composto por mais de cinco mil obras e três mil e-books, em www.grupogen.com.br.

As editoras que integram o GEN, respeitadas no mercado editorial, construíram catálogos inigualáveis, com obras decisivas na formação acadêmica e no aperfeiçoamento de várias gerações de profissionais e de estudantes de Administração, Direito, Engenharia, Enfermagem, Fisioterapia, Medicina, Odontologia, Educação Física e muitas outras ciências, tendo se tornado sinônimo de seriedade e respeito.

Nossa missão é prover o melhor conteúdo científico e distribuí-lo de maneira flexível e conveniente, a preços justos, gerando benefícios e servindo a autores, docentes, livreiros, funcionários, colaboradores e acionistas.

Nosso comportamento ético incondicional e nossa responsabilidade social e ambiental são reforçados pela natureza educacional de nossa atividade, sem comprometer o crescimento contínuo e a rentabilidade do grupo.

Sistemas Elétricos de Potência
Curso Introdutório

NED MOHAN
Oscar A. Schott Professor of Power Electronics and Systems
Department of Electrical and Computer Engineering
University of Minnesota

TRADUÇÃO E REVISÃO TÉCNICA
WALTER DENIS CRUZ SANCHEZ
Doutor em Engenharia Elétrica, Professor da Universidade Tecnológica Federal do Paraná

REVISÃO TÉCNICA
RAPHAEL AUGUSTO DE SOUZA BENEDITO
Doutor em Engenharia Elétrica na Área de Sistemas Elétricos de Potência pela Universidade de São Paulo (USP), Professor da Universidade Tecnológica Federal do Paraná (UTFPR) e do Programa de Pós-Graduação em Sistemas de Energia (PPGSE)

O autor e a editora empenharam-se para citar adequadamente e dar o devido crédito a todos os detentores dos direitos autorais de qualquer material utilizado neste livro, dispondo-se a possíveis acertos caso, inadvertidamente, a identificação de algum deles tenha sido omitida.

Não é responsabilidade da editora nem do autor a ocorrência de eventuais perdas ou danos a pessoas ou bens que tenham origem no uso desta publicação.

Apesar dos melhores esforços do autor, do tradutor, do editor e dos revisores, é inevitável que surjam erros no texto. Assim, são bem-vindas as comunicações de usuários sobre correções ou sugestões referentes ao conteúdo ou ao nível pedagógico que auxiliem o aprimoramento de edições futuras. Os comentários dos leitores podem ser encaminhados à **LTC — Livros Técnicos e Científicos Editora** pelo e-mail ltc@grupogen.com.br.

Traduzido de
ELECTRIC POWER SYSTEMS: A FIRST COURSE, FIRST EDITION
Copyright © 2012 John Wiley & Sons, Inc.
All Rights Reserved. This translation published under license with the original publisher John Wiley & Sons, Inc.

ISBN: 978-1-118-07479-4

Direitos exclusivos para a língua portuguesa
Copyright © 2016 by
LTC — Livros Técnicos e Científicos Editora Ltda.
Uma editora integrante do GEN | Grupo Editorial Nacional

Reservados todos os direitos. É proibida a duplicação ou reprodução deste volume, no todo ou em parte, sob quaisquer formas ou por quaisquer meios (eletrônico, mecânico, gravação, fotocópia, distribuição na internet ou outros), sem permissão expressa da editora.

Travessa do Ouvidor, 11
Rio de Janeiro, RJ — CEP 20040-040
Tels.: 21-3543-0770 / 11-5080-0770
Fax: 21-3543-0896
ltc@grupogen.com.br
www.ltceditora.com.br

Design de capa: James O'Shea
Ilustração de capa: © Wayne Green/Corbis
Editoração Eletrônica: **UNA** | União Nacional de Autores

CIP-BRASIL. CATALOGAÇÃO NA PUBLICAÇÃO
SINDICATO NACIONAL DOS EDITORES DE LIVROS, RJ

M718s

Mohan, Ned
Sistemas elétricos de potência : curso introdutório / Ned Mohan ; tradução Walter Denis Cruz Sanchez. - 1. ed. - Rio de Janeiro : LTC, 2016.
il. ; 28 cm.

Tradução de: Electric power systems: a first course
Inclui bibliografia e índice
ISBN 978-85-216-2772-2

1. Circuitos elétricos. 2. Engenharia elétrica. I. Sanchez, Walter Denis Cruz. II. Título.

16-32315	CDD: 621.3192
	CDU: 621.3.011.6

SUMÁRIO

PREFÁCIO		**ix**
CAPÍTULO 1	**SISTEMAS DE POTÊNCIA: UM CENÁRIO VARIANTE**	**1**
	1.1 Natureza dos Sistemas de Potência	1
	1.2 O Cenário Variante dos Sistemas de Potência e a Desregulamentação das Concessionárias de Energia	2
	1.3 Tópicos em Sistemas de Potência	3
	Referências	4
	Exercícios	4
CAPÍTULO 2	**REVISÃO DE FUNDAMENTOS DE CIRCUITOS ELÉTRICOS E CONCEITOS DE ELETROMAGNETISMO**	**5**
	2.1 Introdução [1]	5
	2.2 Representação Fasorial em Regime Permanente Senoidal	5
	2.3 Potência, Potência Reativa e Fator de Potência	8
	2.4 Circuitos Trifásicos	13
	2.5 Transferência de Potência Ativa e Reativa entre Sistemas CA	19
	2.6 Valores de Base e Nominais de Equipamentos e Quantidades por Unidade	20
	2.7 Eficiência Energética de Equipamentos de Sistemas de Potência	21
	2.8 Conceitos de Eletromagnetismo	22
	Referência	30
	Exercícios	30
	Apêndice 2A	32
CAPÍTULO 3	**A ENERGIA ELÉTRICA E O MEIO AMBIENTE**	**35**
	3.1 Introdução	35
	3.2 Escolhas e Consequências	35
	3.3 Energia Hidráulica	36
	3.4 Usinas de Energia Baseada em Combustíveis Fósseis	37
	3.5 Energia Nuclear	38
	3.6 Energia Renovável	41
	3.7 Geração Distribuída (GD)	47
	3.8 Consequências Ambientais e Ações Corretivas	47
	3.9 Planejamento de Recursos	48
	Referências	49
	Exercícios	50
CAPÍTULO 4	**LINHAS DE TRANSMISSÃO CA E CABOS SUBTERRÂNEOS**	**52**
	4.1 Introdução	52
	4.2 Linhas de Transmissão CA Aéreas	52

4.3	Transposição das Fases da Linha de Transmissão	54
4.4	Parâmetros da Linha de Transmissão	54
4.5	Representação dos Parâmetros Distribuídos das Linhas de Transmissão em Regime Permanente Senoidal	60
4.6	Impedância de Surto Z_c e a Potência Natural	62
4.7	Modelos das Linhas de Transmissão com Parâmetros Concentrados em Regime Permanente	64
4.8	Cabos [8]	65
	Referências	66
	Exercícios	66
	Apêndice 4A Linhas de Transmissão Longas	68

CAPÍTULO 5 FLUXO DE POTÊNCIA EM REDES DE SISTEMAS DE POTÊNCIA — 70

5.1	Introdução	70
5.2	Descrição do Sistema de Potência	71
5.3	Exemplo de Sistema de Potência	71
5.4	Construção da Matriz de Admitâncias	72
5.5	Equações Básicas de Fluxo de Potência	73
5.6	Procedimento de Newton-Raphson	75
5.7	Solução das Equações de Fluxo de Potência Utilizando o Método N-R	76
5.8	Método N-R Desacoplado Rápido para o Fluxo de Potência	80
5.9	Análise de Sensibilidade	80
5.10	Alcançando o Limite de Var no Barramento	81
5.11	Medições Fasoriais Sincronizadas, Unidades de Medição dos Fasores e Sistemas de Medição de Grandes Áreas	81
	Referências	81
	Exercícios	81
	Apêndice 5A Procedimento de Gauss-Seidel para Cálculos de Fluxo de Potência	82

CAPÍTULO 6 TRANSFORMADORES EM SISTEMAS DE POTÊNCIA — 84

6.1	Introdução	84
6.2	Princípios Básicos da Operação de Transformadores	84
6.3	Modelo Simplificado do Transformador	89
6.4	Representação por Unidade	90
6.5	Eficiências do Transformador e Reatâncias de Dispersão	92
6.6	Regulação em Transformadores	92
6.7	Autotransformadores	93
6.8	Deslocamento de Fase Introduzido por Transformadores	94
6.9	Transformadores de Três Enrolamentos	95
6.10	Transformadores Trifásicos	96
6.11	Representação dos Transformadores com Relação de Espiras Fora do Nominal, Derivações e Deslocamento de Fase	96
	Referências	98
	Exercícios	98

Sumário vii

**CAPÍTULO 7   SISTEMAS DE TRANSMISSÃO EM CORRENTE
CONTÍNUA DE ALTA-TENSÃO**   **101**

7.1	Introdução	101
7.2	Dispositivos Semicondutores de Potência e Suas Capacidades	101
7.3	Sistemas de Transmissão HVDC	102
7.4	Sistemas HVDC com Elo de Corrente	103
7.5	Sistemas HVDC com Elo de Tensão	111
	Referências	115
	Exercícios	116

**CAPÍTULO 8   SISTEMAS DE DISTRIBUIÇÃO, CARGAS E
QUALIDADE DE ENERGIA**   **118**

8.1	Introdução	118
8.2	Sistemas de Distribuição	118
8.3	Cargas do Sistema de Distribuição	119
8.4	Considerações de Qualidade de Energia	123
8.5	Gerenciamento de Carga [6,7] e Redes Inteligentes	132
8.6	Preços da Eletricidade [3]	132
	Referências	133
	Exercícios	133

CAPÍTULO 9   GERADORES SÍNCRONOS   **135**

9.1	Introdução	135
9.2	Estrutura	135
9.3	Fem Induzida nos Enrolamentos do Estator	138
9.4	Potência de Saída, Estabilidade e Perda de Sincronismo	142
9.5	Controle da Excitação de Campo para Ajustar a Potência Reativa	143
9.6	Excitadores de Campo para Regulação Automática da Tensão (RAT)	144
9.7	Reatâncias Síncrona, Transitória e Subtransitória	145
	Referências	147
	Exercícios	147

**CAPÍTULO 10   REGULAÇÃO E ESTABILIDADE DE TENSÃO EM
SISTEMAS DE POTÊNCIA**   **149**

10.1	Introdução	149
10.2	Sistema Radial como um Exemplo	149
10.3	Colapso de Tensão	151
10.4	Prevenção da Instabilidade da Tensão	153
	Referências	158
	Exercícios	158

**CAPÍTULO 11   ESTABILIDADE TRANSITÓRIA E DINÂMICA DE
SISTEMAS DE POTÊNCIA**   **160**

11.1	Introdução	160
11.2	Princípio de Estabilidade Transitória	160
11.3	Avaliação da Estabilidade Transitória em Grandes Sistemas	167
11.4	Estabilidade Dinâmica	168

viii *Sumário*

	Referências		169
	Exercícios		169
	Apêndice 11A	Inércia, Torque e Aceleração em Sistemas Girantes	170

CAPÍTULO 12   **CONTROLE DE SISTEMAS DE POTÊNCIA INTERLIGADOS E DESPACHO ECONÔMICO**   **172**

12.1	Objetivos do Controle	172
12.2	Controle de Tensão por Controle da Excitação e da Potência Reativa	172
12.3	Controle Automático da Geração (CAG)	174
12.4	Despacho Econômico e Fluxo de Potência Ótimo	180
	Referências	185
	Exercícios	185

CAPÍTULO 13   **FALTAS EM LINHAS DE TRANSMISSÃO, RELÉS DE PROTEÇÃO E DISJUNTORES**   **186**

13.1	Causas de Faltas em Linhas de Transmissão	186
13.2	Componentes Simétricas para Análise de Faltas	186
13.3	Tipos de Faltas	189
13.4	Impedâncias do Sistema para Cálculos de Falta	192
13.5	Cálculo de Correntes de Falta em Redes Grandes	195
13.6	Proteção contra Faltas de Curto-circuito	196
	Referências	203
	Exercícios	204

CAPÍTULO 14   **SOBRETENSÕES TRANSITÓRIAS, PROTEÇÃO CONTRA SURTOS E COORDENAÇÃO DE ISOLAMENTO**   **205**

14.1	Introdução	205
14.2	Causas das Sobretensões	205
14.3	Características e Representação da Linha de Transmissão	206
14.4	Isolamento para Suportar as Sobretensões	209
14.5	Para-raios e Coordenação de Isolamento	210
	Referências	210
	Exercícios	211

ÍNDICE   **212**

PREFÁCIO

Função dos Sistemas Elétricos de Potência na Sustentabilidade:

Estima-se que nos Estados Unidos, aproximadamente quarenta por cento da energia utilizada é primeiramente convertida em eletricidade. Essa porcentagem pode crescer para sessenta ou setenta por cento, se iniciada a utilização da eletricidade para transporte por meio de trens de alta velocidade e veículos híbridos elétricos. A geração de eletricidade utilizando fontes renováveis e seu uso eficiente são de extrema importância para a sustentabilidade. Todavia, a eletricidade frequentemente é gerada em áreas distantes de onde é utilizada, portanto, é essencial que seja entregue de forma eficiente e confiável, o que também é importante para a sustentabilidade.

Ultimamente, há muita ênfase em redes inteligentes cuja definição permanece um tanto vaga. No entanto, pode-se concordar que, de modo geral, entregar a eletricidade de maneira confiável e eficiente permitirá um uso final eficaz e facilitará a integração da eletricidade aproveitada de fontes renováveis, tais como solar, eólica e energia armazenada. Para obter os benefícios que uma rede inteligente pode potencialmente oferecer, um meticuloso entendimento de como as redes elétricas de potência operam é de grande importância e esse é o propósito deste livro.

O tema de *Sistemas Elétricos de Potência* abrange um grande e complexo conjunto de tópicos. O aspecto original deste livro está em uma abordagem balanceada com o objetivo de apresentar quantos tópicos forem possíveis para formar a base fundamental de um semestre de curso. Esses tópicos incluem como a eletricidade é gerada, como é utilizada por diferentes cargas, além das redes e dos diferentes equipamentos conectados entre eles. Os estudantes têm uma visão global e aprendem os fundamentos ao mesmo tempo. O sequenciamento desses tópicos é cuidadosamente considerado para evitar repetição e manter o estudante interessado. Contudo, os instrutores podem rearranjar a ordem da maior parte, baseados em suas próprias experiências e preferências.

Em um curso acelerado como este, o aprendizado do estudante pode ser significativamente melhorado com simulações no computador. Por este motivo, exercícios de simulação e exemplos são incluídos por todo este livro, utilizando pacotes de simulação mais avançados, tais como *MATLAB, Simulink, PowerWorld* e *PSCAD-EMTDC*.

LIVROS DE REFERÊNCIA SUGERIDOS:

Durante anos, este autor tem se beneficiado imensamente dos seguintes livros (sem uma ordem particular) e seus autores são meus professores. Essas são excelentes obras, altamente recomendadas como referências deste curso:

1. Electric Utility Systems and Practices, 4th Edition by Homer M. Rustebakke (Editor), John Wiley & Sons, August 1983.
2. Powerplant Technology by M. M. El-Wakil, McGraw-Hill Companies, 1984.
3. Electric Power Research Institute (EPRI), *Transmission Line Reference Book: 345 kV and above*, 2nd edition, 1982.
4. Hermann W. Dommel, *EMTP Theory Book*, BPA, August 1986.
5. Prabha Kundur, *Power System Stability and Control*, McGraw-Hill, 1994.
6. Paul Anderson, Analysis of Faulted Power Systems, IEEE Press, 1995.
7. W. D. Stevenson, *Elements of Power System Analysis*, 4th edition, McGraw-Hill, 1982.
8. Electrical Transmission and Distribution Reference Book, Westinghouse Electric Corporation, 1950.
9. E. W. Kimbark, Direct Current Transmission, vol. 1, Wiley-Interscience, New York, 1971.

x *Prefácio*

10. J. Casazza and F. Delea, Understanding Electric Power Systems: An Overview of the Technology and the Marketplace, IEEE Press and Wiley-Interscience, 2003.

11. C.W. Taylor, Power System Voltage Stability, McGraw-Hill, 1994 (for reprints, Email: cwtaylor@ieee.org).

12. N. Hingorani, L. Gyugyi, *Understanding FACTS : Concepts and Technology of Flexible AC Transmission Systems*, Wiley-IEEE Press, 1999.

13. Leon K. Kirchmayer, *Economic Operation of Power Systems*, John Wiley & Sons, 1958.

14. Nathan Cohn, *Control of Generation and Power Flow on Interconnected Systems*, John Wiley & Sons, 1967.

15. Leon K. Kirchmayer, *Economic Control of Interconnected Systems*, John Wiley & Sons, 1959.

16. A. Wood, B. Wollenberg, *Power Generation, Operation, and Control*, 2nd edition, Wiley-Interscience, 1996.

17. United States Department of Agriculture, Rural Utilities Service, Design Guide for Rural Substations, RUS BULLETIN 1724E-300 (http://www.rurdev.usda.gov/RDU_Bulletins_Electric.html).

Sistemas Elétricos de Potência
Curso Introdutório

Material Suplementar

Este livro conta com os seguintes materiais suplementares:

- Arquivos de Programas dos Exemplos do Livro-Texto: arquivo em (.txt) (acesso livre);
- Ilustrações da obra em formato de apresentação (acesso restrito a docentes);
- PowerPoint Slides: Apresentações para uso em sala de aula em (.ppt), em inglês (acesso restrito a docentes);
- Solutions Manual: Manual de soluções, em (.pdf), em inglês (acesso restrito a docentes).

O acesso ao material suplementar é gratuito, bastando que o leitor se cadastre em: http://gen-io.grupogen.com.br.

GEN-IO (GEN | Informação Online) é o repositório de materiais suplementares e de serviços relacionados com livros publicados pelo GEN | Grupo Editorial Nacional, maior conglomerado brasileiro de editoras do ramo científico-técnico-profissional, composto por Guanabara Koogan, Santos, Roca, AC Farmacêutica, Forense, Método, Atlas, LTC, E.P.U. e Forense Universitária. Os materiais suplementares ficam disponíveis para acesso durante a vigência das edições atuais dos livros a que eles correspondem.

1
SISTEMAS DE POTÊNCIA: UM CENÁRIO VARIANTE

Os sistemas elétricos de potência são uma maravilha técnica e, de acordo com a Academia Nacional de Engenharia [1], a eletricidade e sua acessibilidade são as maiores conquistas da engenharia do século XX, à frente de computadores e aviões.

A eletricidade é uma *commodity* altamente sofisticada sem a qual é difícil imaginar como a sociedade moderna poderia funcionar. Ela tem proporcionado a vários milhões de pessoas evitar o enfadonho trabalho diário de difíceis tarefas físicas. A eletricidade como utilidade é também única, já que ela deve ser consumida no instante em que é produzida, pois armazená-la para uso futuro ainda é economicamente proibitivo, na maioria dos casos.

1.1 NATUREZA DOS SISTEMAS DE POTÊNCIA

Os sistemas de potência abrangem a geração de eletricidade até seu consumo final na operação desde computadores até secadores de cabelo. Por exemplo, a rede elétrica norte-americana, nos Estados Unidos e no Canadá, consiste em milhares de geradores, todos operando em sincronismo. Esses geradores são interligados ao longo de mais de 200 mil milhas de linhas de transmissão em 230 kV ou mais [2], como mostrado na Figura 1.1. Esse

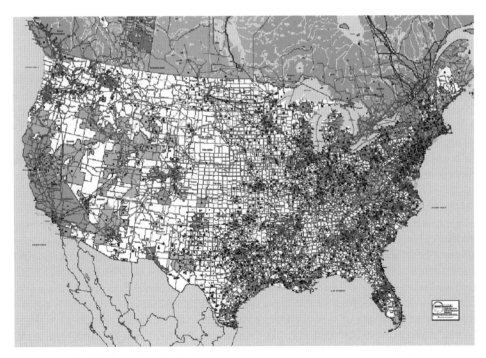

FIGURA 1.1 Rede de potência interligada norte-americana [2].

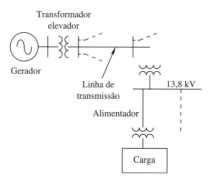

FIGURA 1.2 Diagrama unifilar; o sistema de subtransmissão não é mostrado.

enorme sistema interligado traz continuidade e confiabilidade ao serviço, se houver interrupção em alguma parte do sistema, e provê eletricidade a baixo custo, utilizando tanto quanto possível o menor custo de geração em determinado tempo.

Embora os sistemas de transmissão de potência sejam quase sempre trifásicos, eles são representados por diagramas unifilares, como ilustrado na Figura 1.2.

A tensão de saída dos geradores, geralmente localizados em locais distantes dos centros de carga, é elevada pelos transformadores de um nível de 20 kV a uma tensão mais alta, para transmissão em longas distâncias. Em seguida, o nível de tensão é baixado e distribuído aos consumidores. Uma visita à subestação da rede elétrica local mostrará muitos equipamentos em operação dia e noite. Uma visita similar a uma usina de geração e ao centro de controle da concessionária local de energia ilustrará como esses sistemas interligados se mantêm operando na forma mais econômica e confiável.

1.2 O CENÁRIO VARIANTE DOS SISTEMAS DE POTÊNCIA E A DESREGULAMENTAÇÃO DAS CONCESSIONÁRIAS DE ENERGIA

Os sistemas de potência de hoje estão experimentando grandes mudanças na forma como evoluem em sua estrutura e como atendem à demanda de carga. No passado, e certamente em alguma extensão no presente, as concessionárias elétricas eram altamente centralizadas, possuindo grandes centros de usinas de potência, assim como sistemas de transmissão e distribuição até chegar às cargas consumidoras.

Essas concessionárias eram monopólios, de forma que o consumidor não tinha escolha senão comprar energia da concessionária local. Para fins de fiscalização, as concessionárias foram altamente reguladas por comissões de serviço público, que atuam como defensores dos consumidores, impedindo a manipulação de preços pelas concessionárias, e como vigilantes do meio ambiente, não permitindo práticas de poluição evitáveis.

A estrutura e a operação dos sistemas de potência estão começando a modificar-se, e as concessionárias de energia estão sendo divididas em companhias separadas de geração, transmissão e distribuição. Há geração distribuída (GD) por produtores de energia independentes (PEI), que podem gerar eletricidade por qualquer meio — aerogeradores, por exemplo, — e que devem ter acesso permitido à rede de transmissão para vender energia aos consumidores. O ímpeto para o rompimento na estrutura da concessionária foi propiciada pelos enormes benefícios da desregulamentação nas indústrias de telecomunicações e aviação, que estimularam alto grau de competição, resultando em preços mais baixos e melhor serviço aos consumidores. Apesar das diferenças inerentes entre essas duas indústrias e a concessionária de energia, percebeu-se que a desregulamentação das concessionárias poderia similarmente beneficiar os consumidores com preços mais baixos de energia. Essa desregulamentação está em transição, com alguns estados e países agindo de forma mais agressiva e outros, de forma mais cautelosa. Para promover competição aberta, as concessionárias são forçadas a reestruturar-se pela desagregação entre as unidades de geração e as de transmissão e distribuição. O objetivo é que os operadores independentes do sistema de transmissão (OIST) entreguem a energia vinda de qualquer lugar e de qualquer concessionária para a carga do consumidor. Isto poderia estimular a competitividade, permitindo a abertura ao acesso da transmissão a todos, por exemplo, aos produtores de energia independentes. Muitos desses pequenos PEI têm entrado no negócio produzindo energia com a utilização de turbinas a gás e geradores eólicos.

A operação de forma confiável é assegurada pelos operadores independentes do sistema (OIS) e as transações financeiras são governadas pelas licitações em tempo real para comprar e vender energia. Os comerciantes de energia começaram a agir para lucrar: comprando energia a preços baixos e vendendo a preços mais altos, no mercado à vista. As concessionárias estão assinando contratos de longo prazo para fontes de energia tais como o gás. Tudo isso baseado nas regras do mundo financeiro: prognósticos, riscos, opções, confiabilidade e assim por diante.

Como mencionado anteriormente, o resultado dessa desregulamentação, ainda em transição, está longe de ser determinado. Até agora, os consumidores têm visto pouca ou nenhuma economia e, em alguns casos, a transição foi um desastre, como na crise energética da Califórnia. Entretanto, há boa razão para acreditar-se que a desregulamentação, agora em progresso, continuará em implantação, com pouca possibilidade de retrocesso. Nesse caso, alguns arranjos são necessários.

A rede de transmissão tem-se tornado um gargalo, com escasso incentivo financeiro para que os operadores dos sistemas de transmissão incrementem a capacidade. Se as linhas estão congestionadas, os OIST podem cobrar altos preços. O número de transações e a complexidade dessas transações têm incrementado drasticamente. Esses fatores indicam a necessidade de ações legislativas antecipadas para manter a confiabilidade do sistema elétrico.

1.3 TÓPICOS EM SISTEMAS DE POTÊNCIA

O propósito deste livro é fornecer um completo panorama dos sistemas de potência, reunindo desafios energéticos presentes e futuros. Ao fazê-lo, os fundamentos devem ser explicados claramente, de modo que os detalhes em cada um dos tópicos possam ser compreendidos facilmente por um estudante de graduação ou um eterno aprendiz enquanto pratica esta profissão.

Os capítulos deste livro estão arranjados para associar-se cronologicamente à leitura do material com os exercícios de laboratório.

Conforme descreve o presente capítulo, a indústria dos sistemas de potência está passando por grandes mudanças. A fim de obter-se uma total compreensão dessas mudanças e dos desafios ocultos, necessita-se entender os fundamentos dos sistemas de potência. O aspecto mais básico dos sistemas de potência é a geração. Há a opção de selecionarem-se certos recursos para a geração de eletricidade, mas há sempre consequências para qualquer seleção. Essas são brevemente discutidas no Capítulo 3, que também descreve o papel crescente das fontes de energia renováveis, tal como a energia eólica. Entretanto, antes disto, os conceitos básicos, que são os fundamentos para a análise dos circuitos dos sistemas de potência, são brevemente revisados no Capítulo 2.

As linhas e redes de transmissão CA são descritas no Capítulo 4. Cada vez mais a transmissão em alta-tensão CC, *high voltage direct current* (HVDC), é utilizada para melhorar a estabilidade do sistema. Para fins de planejamento e operação segura sob contingências causadas por interrupções, é importante conhecer como a potência flui nos diferentes circuitos. Os princípios do fluxo de potência são examinados no Capítulo 5. As tensões produzidas pelos geradores são elevadas por transformadores para transportar potência a longa distância através de linhas de transmissão. Os transformadores são descritos no Capítulo 6. Os princípios atrás de HVDC são descritos no Capítulo 7. O Capítulo 8 descreve as cargas dos consumidores e a função da eletrônica de potência, que está mudando a natureza dessas cargas. Esse capítulo também descreve como essas cargas reagem às flutuações da tensão e à qualidade de energia.

Para a geração de eletricidade, o vapor e o gás natural são utilizados fazendo operar turbinas que fornecem energia mecânica para que os geradores síncronos produzam tensões elétricas trifásicas. Os geradores síncronos são descritos no Capítulo 9. As linhas de transmissão estão sendo carregadas mais do que nunca, fazendo da estabilidade da tensão um assunto de interesse, conforme discutido no Capítulo 10. Há um crescente papel da eletrônica de potência nos sistemas de potência na forma de sistemas de transmissão CA flexíveis —*flexible AC transmission systems* (FACTS), que são descritos também nesse capítulo para melhorar a estabilidade de tensão.

A manutenção da estabilidade para que vários geradores operem em sincronismo é descrita no Capítulo 11, que discute como a estabilidade em um sistema interligado, com milhares de geradores operando em sincronismo, pode ser mantida em resposta a condições transitórias, tal como no caso de faltas nas linhas de transmissão, em que há incompatibilidade entre a potência mecânica de entrada nas turbinas e a potência elétrica que pode ser transmitida.

O Capítulo 12 discute o despacho econômico em que os geradores são carregados de modo que forneçam uma economia global de operação. A operação de sistemas interligados, para que a frequência e as tensões sejam mantidas em seus valores nominais e os acordos de compra e venda entre as várias concessionárias sejam cumpridos, é também descritas no Capítulo12.

Os sistemas de potência estão espalhados em grandes áreas. Estando expostos aos elementos da natureza, eles estão sujeitos a faltas ocasionais, contra as quais devem estar protegidos por projeto para que esses eventos resultem somente em perdas momentâneas de energia e nenhum dano permanente aos equipamentos correspondentes. Os curtos-circuitos em sistemas de transmissão são discutidos no Capítulo 13, que descreve como os relés detectam as faltas e provocam a abertura dos disjuntores do circuito, interrompendo a corrente de falta, e logo os religam, retornando à operação normal tão logo quanto possível. As descargas atmosféricas e o chaveamento das linhas de transmissão de extra-alta tensão durante a reenergização, particularmente com carga ligada, podem resultar em surtos elevados de tensão, que podem causar descargas no isolamento. Para evitar isto, para-raios são utilizados e apropriadamente coordenados com o nível de isolamento nos equipamentos de sistemas de potência para prevenir danos. Esses tópicos são discutidos no Capítulo 14.

REFERÊNCIAS

1. National Academy of Engineering (www.nae.edu).
2. PennWell MAPSearch (www.mapsearch.com/paper_products.cfm).

EXERCÍCIOS

1.1 Quais são as vantagens de um sistema altamente interligado?

1.2 Quais mudanças estão ocorrendo na indústria das concessionárias de energia?

1.3 Quais são os diferentes tópicos necessários para a compreensão da natureza básica dos sistemas de potência?

2
REVISÃO DE FUNDAMENTOS DE CIRCUITOS ELÉTRICOS E CONCEITOS DE ELETROMAGNETISMO

2.1 INTRODUÇÃO [1]

O propósito deste capítulo é revisar os elementos da teoria básica dos circuitos elétricos que são essenciais para o estudo de circuitos de sistemas de potência: o uso de fasores para análise de circuitos em regime permanente senoidal, as potências ativa e reativa, o fator de potência, a análise de circuitos trifásicos, o fluxo de potência em circuitos CA e as quantidades por unidade.

Neste livro, utilizaremos as unidades do sistema de unidades MKS e letras e símbolos gráficos das normas do Instituto de Engenheiros Elétricos e Eletrônicos – *Institute of Electrical and Electronics Engineers* (IEEE) sempre que for possível. As letras minúsculas v e i são utilizadas para representar os valores instantâneos de tensões e correntes que variam com o tempo. Uma corrente de direção positiva é indicada por uma seta, como na Figura 2.1. De forma similar, as polaridades das tensões devem ser indicadas. A tensão v_{ab} refere-se à tensão do nó a em relação ao b, isto é, $v_{ab} = v_a - v_b$.

2.2 REPRESENTAÇÃO FASORIAL EM REGIME PERMANENTE SENOIDAL

Em circuitos lineares com tensões e correntes senoidais de frequência f aplicada por um longo tempo até alcançar o regime permanente, todas as correntes e tensões do circuito estão em frequência $f(= \omega/2\pi)$. Para analisar esse tipo de circuito, os cálculos são simplificados por meio da análise no domínio fasorial. O uso dos fasores também provê uma visão mais profunda com relativa facilidade do comportamento do circuito.

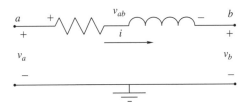

FIGURA 2.1 Convenções para tensões e correntes.

No domínio fasorial, as variáveis temporais *v(t)* e *i(t)* são transformados em fasores, que são representados pelas variáveis complexas $\overline{V}$ e $\overline{I}$. Observe que esses fasores são expressos por letras maiúsculas com uma barra "–" na parte superior. No plano complexo (real e imaginário), esses fasores podem ser desenhados com uma magnitude e um ângulo. Uma função temporal cossenoidal é tomada como um fasor de referência completamente real com um ângulo de zero graus. Dessa forma, a expressão temporal da tensão na Equação 2.1 abaixo é representada por um fasor correspondente

$$v(t) = \sqrt{2}\,V\cos(\omega t + \phi_v) \quad \Leftrightarrow \quad \overline{V} = V \angle \phi_v \tag{2.1}$$

De forma similar

$$i(t) = \sqrt{2}\,I\cos(\omega t + \phi_i) \quad \Leftrightarrow \quad \overline{I} = I \angle \phi_i \tag{2.2}$$

em que *V* e *I* são os valores RMS (*root mean square*) — valor eficaz — da tensão e da corrente. Esses fasores de tensão e corrente estão desenhados na Figura 2.2. Nas Equações 2.1 e 2.2, a frequência angular ω está associada implicitamente a cada fasor. Conhecendo essa frequência, uma expressão fasorial pode ser retransformada em uma expressão no domínio do tempo.

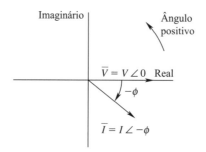

FIGURA 2.2 Diagrama fasorial.

Utilizando fasores, podemos converter equações diferenciais em equações algébricas contendo variáveis complexas e de fácil solução. Considere o circuito da Figura 2.3a em regime permanente senoidal e com uma tensão aplicada na frequência $f(=\omega/2\pi)$.

A fim de calcular a corrente nesse circuito, permanecendo no domínio do tempo, seria necessário resolver a seguinte equação diferencial:

$$Ri(t) + L\frac{di(t)}{dt} + \frac{1}{C}\int i(t)\cdot dt = \sqrt{2}\,V\cos(\omega t) \tag{2.3}$$

Utilizando-se fasores, pode-se redesenhar o circuito da Figura 2.3a na Figura 2.3b, em que a indutância *L* é representada por $j\omega L$ e a capacitância *C* é representada por $j\left(\frac{1}{-\omega C}\right)$.

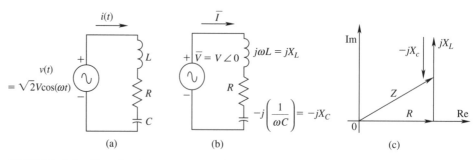

FIGURA 2.3 Um circuito (a) no domínio do tempo e (b) no domínio fasorial; (c) triângulo de impedâncias.

No circuito domínio fasorial, a impedância Z dos elementos conectados em série é obtida pelo triângulo de impedâncias da Figura 2.3c como:

$$Z = R + jX_L + jX_c \tag{2.4}$$

em que a reatância X é a parte imaginária de uma impedância Z:

$$X_L = \omega L \quad \text{e} \quad X_c = \left(\frac{1}{-\omega C}\right) \tag{2.5}$$

A impedância pode ser expressa como

$$Z = |Z| \angle \phi \tag{2.6a}$$

em que

$$|Z| = \sqrt{R^2 + \left(\omega L - \frac{1}{\omega C}\right)^2} \quad \text{e} \quad \phi = \tan^{-1}\left[\frac{\left(\omega L - \frac{1}{\omega C}\right)}{R}\right] \tag{2.6b}$$

É importante reconhecer que, apesar de Z ser um número complexo, ele *não* é um fasor e *não* tem expressão correspondente no domínio do tempo.

Exemplo 2.1

Calcule a impedância vista dos terminais do circuito na Figura 2.4 em regime permanente senoidal na frequência $f = 60$ Hz.

Solução $Z = j0,1 + \frac{2 \times (-j5)}{(2 - j5)} = 1,72 - j0,59 = 1,82 \angle -18,9°\ \Omega$.

Utilizando a impedância na Equação 2.6 e supondo que o ângulo de fase da tensão ϕ_v é zero, a corrente na Figura 2.3b pode ser obtida como:

$$\bar{I} = \frac{\bar{V}}{Z} = \left(\frac{V}{|Z|}\right) \angle -\phi \tag{2.7}$$

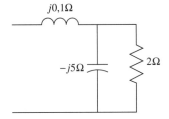

FIGURA 2.4 Circuito de impedâncias do Exemplo 2.1.

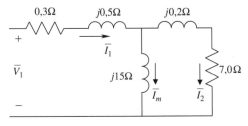

FIGURA 2.5 Circuito do Exemplo 2.2.

em que: $I = \dfrac{V}{|Z|}$ e ϕ é calculado pela Equação 2.6b. Utilizando-se a Equação 2.2, a corrente temporal pode ser expressa como:

$$i(t) = \frac{\sqrt{2}V}{|Z|}\cos(\omega t - \phi) \qquad (2.8)$$

No triângulo de impedâncias da Figura 2.3c, um valor positivo do ângulo de fase ϕ implica que a corrente fica atrasada em relação à tensão no circuito da Figura 2.3a. Algumas vezes, é conveniente expressar o inverso da impedância, que é chamada de admitância:

$$Y = \frac{1}{Z} \qquad (2.9)$$

O procedimento no domínio fasorial para resolver $i(t)$ é muito mais fácil que resolver a equação diferencial-integral dada pela Equação 2.3.

Exemplo 2.2

Calcule a corrente $\bar{I}_1$ e $i_1(t)$ no circuito da Figura 2.5 se a tensão aplicada tiver um valor RMS de 120 V e frequência de 60 Hz. Assuma que $\bar{V}_1$ é o fasor de referência.

Solução Com $\bar{V}_1$ como fasor de referência, ele pode ser escrito como $\bar{V}_1 = 120 \angle 0°$ V. A impedância de entrada do circuito vista dos terminais da tensão aplicada é

$$Z_{in} = (0,3 + j0,5) + \frac{(j15)(7 + j0,2)}{(j15) + (7 + j0,2)} = 6,775 \angle 29,03° \, \Omega.$$

Portanto, a corrente $\bar{I}_1$ pode ser obtida como

$$\bar{I}_1 = \frac{\bar{V}_1}{Z_{in}} = \frac{120 \angle 0°}{6,775 \angle 29,03°} = 17,712 \angle -29,03° \, \text{A}$$

assim $i_1 = 25,048 \cos(\omega t - 29,03°)$ A.

2.3 POTÊNCIA, POTÊNCIA REATIVA E FATOR DE POTÊNCIA

Considere o circuito genérico da Figura 2.6 em regime permanente senoidal. Cada subcircuito pode consistir de elementos passivos (R-L-C) e fontes ativas de tensão e corrente. Com base na escolha arbitrária da polaridade da tensão e da direção da corrente, ambos mostrados na Figura 2.6, a potência instantânea $p(t) = v(t)\,i(t)$ é entregue pelo subcircuito 1 e absorvida pelo subcircuito 2. Isto se dá porque, no subcircuito 1, a corrente definida como

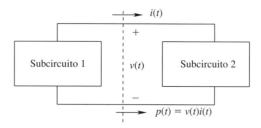

FIGURA 2.6 Um circuito genérico dividido em dois subcircuitos.

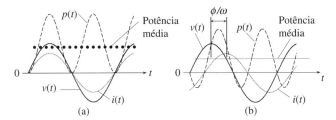

FIGURA 2.7 Potência instantânea com tensões e correntes senoidais.

positiva sai pelo terminal de polaridade positiva (igual a um gerador). Por outro lado, a corrente definida positiva entra no terminal positivo no subcircuito 2 (igual a uma carga). Um valor negativo de *p(t)* inverte as regras dos subcircuitos 1 e 2.

Sob condição de regime permanente senoidal em frequência *f*, a potência complexa *S*, a potência reativa *Q* e o fator de potência expressam quão "efetivamente" a potência ativa (média) *P* é transferida de um subcircuito para o outro. Se *v(t)* e *i(t)* estão em fase, a potência instantânea *p(t) = v(t) i(t)*, como representado na Figura 2.7a, pulsa com o dobro da frequência do regime permanente, como mostrado abaixo (*V* e *I* são os valores RMS):

$$p(t) = \sqrt{2}V\cos\omega t \cdot \sqrt{2}I\cos\omega t = 2VI\cos^2\omega t = VI + VI\cos 2\omega t \quad (i \text{ em fase com } v) \quad (2.10)$$

em que ambos ϕ_v e ϕ_i são considerados como zero sem nenhuma perda de generalidade. Nesse caso, em qualquer tempo, $p(t) \geq 0$, por conseguinte a potência sempre flui em uma mesma direção: do subcircuito 1 para o subcircuito 2. O valor médio em um ciclo do segundo termo no lado direito da Equação 2.10 é zero e, portanto, a potência média é $P = VI$.

Considere agora as formas de onda da Figura 2.7b, em que a forma de onda de *i(t)* está atrasada em relação à forma de onda de *v(t)* por um ângulo de fase $\phi(t)$. Aqui, *p(t)* chega a ser negativa durante um intervalo de tempo de (ϕ/ω) durante cada meio-ciclo, conforme calculado abaixo:

$$p(t) = \sqrt{2}V\cos\omega t \cdot \sqrt{2}I\cos(\omega t - \phi) = VI\cos\phi + VI\cos(2\omega t - \phi) \quad (2.11)$$

Uma potência instantânea negativa implica um fluxo de potência na direção oposta. Esse fluxo de potência em ambas as direções indica que a potência ativa (média) não é transferida otimamente de um subcircuito para o outro, como no caso da Figura 2.7a. Portanto, a potência média $P (= VI\cos\phi)$ na Figura 2.7b é menor que na Figura 2.7a.

O circuito da Figura 2.6 é redesenhado na Figura 2.8a no domínio fasorial. Os fasores da tensão e corrente são definidos por suas magnitudes e ângulos de fase como:

$$\overline{V} = V \angle \phi_v \quad \text{e} \quad \overline{I} = I \angle \phi_i \quad (2.12)$$

A potência complexa *S* é definida como:

$$S = \overline{V}\,\overline{I}^* \quad (\text{* indica o conjugado complexo}) \quad (2.13)$$

Assim, substituindo as expressões da tensão e da corrente na Equação 2.13, e considerando que $\overline{I}^* = I \angle \phi_i$,

$$S = V \angle \phi_v \; I \angle -\phi_i = VI \angle (\phi_v - \phi_i) \quad (2.14)$$

A diferença entre os dois ângulos de fase é definida como

$$\phi = \phi_v - \phi_i \quad (2.15)$$

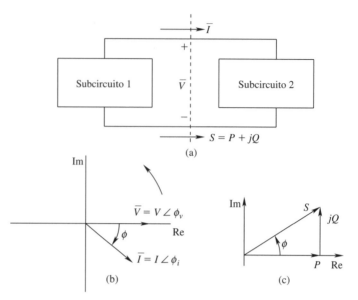

FIGURA 2.8 (a) Circuito no domínio fasorial; (b) diagrama fasorial com $\phi_v = 0$; (c) triângulo de potências.

Assim,

$$S = VI \angle \phi = P + jQ \qquad (2.16)$$

em que

$$P = VI\cos\phi \qquad (2.17)$$

$$Q = VI\operatorname{sen}\phi \qquad (2.18)$$

Na Equação 2.17, $I\cos\phi$ é a componente da corrente que está em fase com o fasor da tensão na Figura 2.8b e resulta na potência ativa transferida P. Enquanto, da Equação 2.18, $I\operatorname{sen}\phi$ é a componente da corrente que está a um ângulo de 90° do fasor da tensão na Figura 2.8b e resulta na potência reativa Q, mas sem potência ativa média.

O triângulo de potências correspondente aos fasores na Figura 2.8b é mostrado na Figura 2.8c. Com base na Equação 2.16, a magnitude de S, também chamada de potência aparente, é:

$$|S| = \sqrt{P^2 + Q^2} \qquad (2.19)$$

e

$$\phi = \tan^{-1}\left(\frac{Q}{P}\right) \qquad (2.20)$$

As quantidades acima têm as seguintes unidades: P: W (Watts); Q: VAR (Volt-Ampère Reativo); $|S|$: VA (Volt-Ampères); e ϕ_v, ϕ_i e ϕ: radianos, medidos positivamente em sentido anti-horário com respeito ao eixo real, que é desenhado horizontalmente da esquerda para a direita.

O significado físico da potência aparente $|S|$, de P e de Q devem ser entendidos. O custo de muitos equipamentos elétricos, tais como geradores, transformadores e linhas de transmissão, é proporcional a $|S|$ ($= VI$), pois seu nível de isolamento e o tamanho do núcleo magnético dependem da tensão V, bem como o tamanho do condutor depende da corrente I. A potência ativa P tem um significado físico, posto que representa o trabalho útil que é executado mais as perdas. Sob muitas condições de operação, é desejável ter a potência reativa Q igual a zero, ou surgirá, como resultado, um aumento de $|S|$.

Para apoiar a discussão acima, outra quantidade, chamada fator de potência, é definida. O fator de potência é uma medida de quão efetivamente a carga absorve potência ativa:

$$\text{fator de potência} = \frac{P}{|S|} = \frac{P}{VI} = \cos\phi \qquad (2.21)$$

que é uma quantidade adimensional. Idealmente o fator de potência deve ser 1.0 (o que significa que Q deve ser zero), de modo a absorver potência ativa com uma magnitude mínima da corrente e, assim, minimizar as perdas no equipamento elétrico e nas linhas de transmissão e distribuição. Uma carga indutiva absorve potência com fator de potência atrasado, em que a corrente fica atrasada em relação à tensão. Contrariamente, uma carga capacitiva absorve potência com fator de potência adiantado, em que a corrente fica adiantada em relação à tensão da carga.

Exemplo 2.3

Calcule P, Q, S e o fator de potência de funcionamento nos terminais do circuito da Figura 2.5, no Exemplo 2.2.

Solução

$$P = V_1 I_1 \cos\phi = 120 \times 17{,}712 \cos 29{,}03° = 1858{,}4\,\text{W}$$
$$Q = V_1 I_1 \sin\phi = 120 \times 17{,}712 \times \sin 29{,}03° = 1031{,}3\,\text{VAR}$$
$$|S| = V_1 I_1 = 120 \times 17{,}7 = 2125{,}4\,\text{VA}$$

Com base na Equação 2.20, $\phi = \tan^{-1}\dfrac{Q}{P} = 29{,}03°$ no triângulo de potências da Figura 2.8c. Note que o ângulo de S no triângulo é o mesmo que o ângulo de impedância ϕ no Exemplo 2.2. O fator da potência de operação é

$$\text{fator de potência} = \cos\phi = 0{,}874$$

Note o seguinte para a impedância indutiva no exemplo acima: (1) A impedância é $Z = |Z| \angle \phi$, em que ϕ é positivo. (2) A corrente fica atrasada em relação à tensão em um ângulo de impedância ϕ. Isto corresponde a uma operação com fator de potência atrasado. (3) No triângulo de potências, o ângulo da impedância ϕ relaciona P, Q e S. (4) Uma impedância indutiva, quando aplicada a uma tensão, absorve uma potência reativa positiva Q_L (VAR). Se a impedância fosse capacitiva, o ângulo ϕ seria negativo e essa impedância absorveria uma potência reativa negativa Q_c (ou seja, essa impedância forneceria potência reativa positiva).

2.3.1 Soma das Potências Ativa e Reativa em um Circuito

Em um circuito, a potência ativa total fornecida é igual à soma de todas as potências ativas fornecidas aos vários componentes:

$$\text{Potência Ativa Total Fornecida} = \sum_k P_k = \sum_k I_k^2 R_k \qquad (2.22)$$

De forma similar, a potência reativa total fornecida é igual à soma de todas as potências reativas fornecidas aos vários componentes:

$$\text{Potência Reativa Total Fornecida} = \sum_k Q_k = \sum_k I_k^2 X_k \qquad (2.23)$$

em que X_k é negativa e, assim, Q_k é negativa se é um componente capacitivo.

Exemplo 2.4

No circuito da Figura 2.5 do Exemplo 2.2, calcule P e Q associados a cada elemento e as potências totais ativa e reativa fornecida aos terminais. Confirme esses cálculos comparando-os com P e Q calculado no Exemplo 2.3.

Solução   Do Exemplo 2.2, $\bar{I}_1 = 17{,}712 \angle -29{,}03° \, A$.

$$\bar{I}_m = \bar{I}_1 \frac{R_2 + jX_2}{(R_2 + jX_2) + jX_m} = 7{,}412 \angle -92{,}66° \, A \quad e \quad \bar{I}_2 = \bar{I}_1 - \bar{I}_m = 15{,}876 \angle -4{,}3° \, A.$$

Portanto, $P_{R_1} = R_1 I_1^2 = 0{,}3 \times 17{,}172^2 = 94{,}11 \, W$, $P_{R_2} = R_2 I_2^2 = 7 \times 15{,}876^2 = 1764{,}3 \, W$, e

$$\sum P = P_{R_1} + P_{R_2} = 1858{,}4 \, W$$

Para os reativos vars, $Q_{X_1} = X_1 I_1^2 = 0{,}5 \times 17{,}172^2 = 156{,}851 \, VAR$,

$$Q_{X_2} = X_2 I_2^2 = 0{,}2 \times 15{,}876^2 = 50{,}409 \, VAR \quad e$$

$$Q_{X_3} = X_m I_m^2 = 15 \times 7{,}412^2 = 821{,}021 \, VAR$$

Portanto,

$$\sum Q = Q_{X_1} + Q_{X_2} + Q_{X_m} = 1031{,}3 \, VAR$$

Observe que ΣP e ΣQ são iguais a P e Q nos terminais, como calculado no Exemplo 2.3.

2.3.2   Correção do Fator de Potência

Como explicado anteriormente, as concessionárias preferem que as cargas absorvam potência com um fator de potência unitário, de modo que a corrente para dada potência absorvida seja mínima, resultando menor quantidade de perdas I^2R nas resistências associadas às linhas de transmissão e distribuição e outros equipamentos. Essa correção do fator de potência pode ser realizada pela compensação ou pela anulação da potência reativa absorvida pela carga por meio da conexão de uma reatância em paralelo que absorve a mesma potência reativa em magnitude mas oposta em sinal. Isto é ilustrado pelo exemplo abaixo.

Exemplo 2.5

No circuito da Figura 2.5 do Exemplo 2.3, a potência complexa absorvida pela impedância da carga foi calculada como $P_L + jQ_L = (1858{,}4 + j1031{,}3) \, VA$. Calcule a capacitância reativa em paralelo que resultará em um fator de potência global unitário, como visto da fonte de tensão.

Solução   A carga está absorvendo a potência reativa $Q_L = 1031{,}3 \, VAR$. Portanto, como mostrado na Figura 2.9, uma reatância capacitiva deve ser conectada em paralelo com a impedância da carga para absorver $Q_C = -1031{,}3 \, VAR$ (ou fornecer potência reativa positiva igual a Q_L), de forma que somente a potência ativa seja absorvida da fonte de tensão.

Como a tensão nos terminais da reatância capacitiva é dada, a reatância capacitiva pode ser calculada como

$$X_C = \frac{V^2}{Q_C} = \frac{120^2}{-1031{,}3} = -13{,}96 \, \Omega.$$

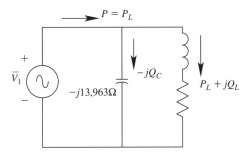

FIGURA 2.9 Correção do fator de potência no Exemplo 2.5.

2.4 CIRCUITOS TRIFÁSICOS

O entendimento básico de circuitos trifásicos é essencial para o estudo de sistemas elétricos de potência. Quase toda eletricidade, com algumas exceções, é gerada por meio de geradores CA trifásicos. A Figura 2.10 mostra o diagrama unifilar de um sistema de potência trifásico. As tensões geradas (geralmente inferiores a 25 kV) são elevadas por meio de transformadores a níveis de 230 kV a 500 kV para a transferência de energia por longas distâncias por meio das linhas de transmissão, desde os centros de geração até os centros de carga. Na extremidade receptora das linhas de transmissão, perto dos centros de carga, essas tensões trifásicas são reduzidas por transformadores. A maioria dos motores acima de alguns kW de potência nominal operam a partir de tensões trifásicas.

Os circuitos trifásicos CA estão conectados em estrela ou triângulo. Investigaremos agora essas duas configurações em condições de regime permanente senoidal, condição simétrica, o que implica todas as três tensões iguais em magnitude e deslocadas em 120° ($2\pi/3$ radianos) uma em relação à outra.

A sequência de fase de tensões é comumente assumida como $a - b - c$, em que a tensão da fase a está adiantada à fase b em 120°, e a fase b adiantada à fase c em 120° ($2\pi/3$ radianos), como mostrado na Figura 2.11. Isto se aplica tanto à representação no domínio do tempo, na Figura 2.11a, quanto à representação no domínio fasorial, na Figura 2.11b. Observe que na sequência das tensões $a - b - c$, mostrada na Figura 2.11a, primeiro v_{an} alcança seu pico positivo, depois v_{bn} alcança seu pico positivo, $2\pi/3$ radianos depois, e assim sucessivamente. Podemos representar essas tensões em forma fasorial na Figura 2.11b como

$$\overline{V}_{an} = V_{ph} \angle 0°, \qquad \overline{V}_{bn} = V_{ph} \angle -120° \quad \text{e} \quad \overline{V}_{cn} = V_{ph} \angle -240° \qquad (2.24)$$

em que V_{ph} é o valor eficaz da magnitude da tensão e a fase da tensão a é considerada a referência (com um ângulo de zero grau).

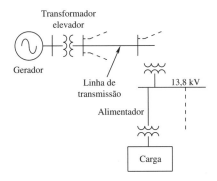

FIGURA 2.10 Diagrama unifilar de um sistema de potência trifásico; a subtransmissão não é mostrada.

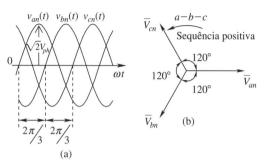

FIGURA 2.11 Tensões trifásicas no domínio temporal e fasorial.

Para um grupo de tensões simétricas dado pela Equação 2.24, em qualquer instante, a soma dessas tensões de fase é igual a zero:

$$\overline{V}_{an} + \overline{V}_{bn} + \overline{V}_{cn} = 0 \quad \text{e} \quad v_{an}(t) + v_{bn}(t) + v_{cn}(t) = 0 \quad (2.25)$$

2.4.1 Análise por Fase em Circuitos Balanceados Trifásicos

Um circuito trifásico pode ser analisado com base em uma das fases, desde que esse circuito tenha um conjunto balanceado de fontes de tensão e impedâncias iguais em cada fase. Tal circuito conectado em estrela é mostrado na Figura 2.12a.

Nesse circuito, o neutro da fonte *n* e o neutro da carga *N* estão no mesmo potencial. Portanto, conectando hipoteticamente esses neutros com um cabo de impedância zero, como mostrado na Figura 2.12b, não muda o circuito original trifásico, que agora pode ser analisado em forma monofásica. Selecionando a fase *a* para esta análise, o circuito monofásico é mostrado na Figura 2.13a.

Se $Z_L = |Z_L| \angle \phi$, utilizando o fato de que em um circuito trifásico balanceado as quantidades por fase estão deslocadas em 120° uma em relação à outra, tem-se que:

$$\overline{I}_a = \frac{\overline{V}_{an}}{Z_L} = \frac{V_{ph}}{|Z_L|} \angle -\phi \quad \overline{I}_b = \frac{\overline{V}_{bn}}{Z_L} = \frac{V_{ph}}{|Z_L|} \angle \left(-\phi - \frac{2\pi}{3}\right) \quad \overline{I}_c = \frac{\overline{V}_{cn}}{Z_L}$$
$$= \frac{V_{ph}}{|Z_L|} \angle \left(-\phi - \frac{4\pi}{3}\right) \quad (2.26)$$

Os fasores das três tensões e correntes por fase são mostrados na Figura 2.13b. As potências totais ativa e reativa em um circuito trifásico balanceado podem ser obtidas multiplicando por três os valores por fase. O fator de potência total tem o mesmo valor calculado por fase.

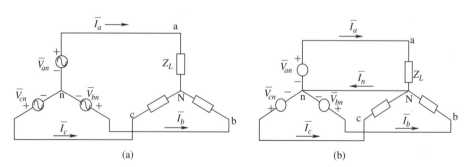

FIGURA 2.12 Circuito trifásico balanceado conectado em estrela.

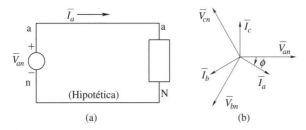

FIGURA 2.13 Circuito monofásico e o correspondente diagrama fasorial.

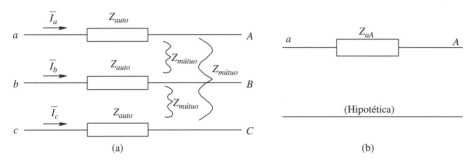

FIGURA 2.14 Rede trifásica balanceada com acoplamentos mútuos.

2.4.2 Análise por Fase em Circuitos Balanceados Incluindo os Acoplamentos Mútuos

Muitos equipamentos trifásicos, tais como geradores, linhas de transmissão e motores, consistem em fases acopladas mutuamente. Por exemplo, em um gerador síncrono trifásico, a corrente no enrolamento de uma fase produz linhas de fluxo que enlaçam não somente aqueles enrolamentos da fase em questão, mas também os enrolamentos das outras fases. Em geral, em um circuito trifásico balanceado, isso pode ser representado como mostrado na Figura 2.14a, em que Z_{auto} é a impedância própria de uma fase e $Z_{mútuo}$ representa o acoplamento mútuo. Portanto,

$$\overline{V}_{aA} = Z_{auto}\overline{I}_a + Z_{mútuo}\overline{I}_b + Z_{mútuo}\overline{I}_c \quad (2.27)$$

Em um circuito trifásico balanceado sob alimentação balanceada, as três correntes somam zero: $\overline{I}_a + \overline{I}_b + \overline{I}_c + 0$. Portanto, fazendo uso dessa condição na Equação 2.25,

$$\overline{V}_{aA} = (Z_{auto} - Z_{mútuo})\overline{I}_a = Z_{aA}\overline{I}_a \quad (2.28)$$

em que

$$Z_{aA} = Z_{auto} - Z_{mútuo} \quad (2.29)$$

enquanto a representação por fase é mostrada na Figura 2.14b.

2.4.3 Tensões Fase-Fase

No circuito balanceado conectado em estrela da Figura 2.12a, geralmente é necessário considerar as tensões fase-fase, tais como aquelas entre as fases *a* e *b* e assim por diante. Com base na análise anterior, pode-se referir a ambos os pontos neutros *n* e *N* por um termo comum *n*, desde que a diferença de potencial entre *n* e *N* seja zero. Assim, na Figura 2.12a, como mostrado no diagrama fasorial da Figura 2.15,

$$\overline{V}_{ab} = \overline{V}_{an} - \overline{V}_{bn}, \quad \overline{V}_{bc} = \overline{V}_{bn} - \overline{V}_{cn} \quad \text{e} \quad \overline{V}_{ca} = \overline{V}_{cn} - \overline{V}_{an} \quad (2.30)$$

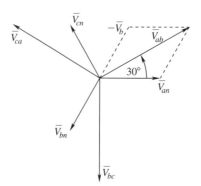

FIGURA 2.15 Tensões fase-fase em um circuito trifásico.

Pelas Equações 2.24 e 2.30, ou graficamente, a partir da Figura 2.15, pode-se mostrar o seguinte, em que V_{ph} é a magnitude eficaz de cada uma das tensões de fase:

$$\overline{V}_{ab} = \sqrt{3}V_{ph} \angle \frac{\pi}{6}$$

$$\overline{V}_{bc} = \sqrt{3}V_{ph} \angle \left(\frac{\pi}{6} - \frac{2\pi}{3}\right) = \sqrt{3}V_{ph} \angle -\frac{\pi}{2} \quad (2.31)$$

$$\overline{V}_{ca} = \sqrt{3}V_{ph} \angle \left(\frac{\pi}{6} - \frac{4\pi}{3}\right) = \sqrt{3}V_{ph} \angle -\frac{7\pi}{6}$$

Comparando as Equações 2.24 e 2.31, observa-se que as tensões fase-fase têm um valor eficaz $\sqrt{3}$ vezes a magnitude da tensão de fase:

$$V_{LL} = \sqrt{3}V_{ph} \quad (2.32)$$

e $\overline{V}_{ab}$ está adiantada de $\overline{V}_{an}$ em $\pi/6$ radianos (30°).

Exemplo 2.6

Em um prédio residencial com alimentação de tensões trifásicas, o valor RMS da tensão fase-fase é $V_{LL} = 208$ V. Calcule o valor RMS das tensões de fase.

Solução Da Equação 2.32,

$$V_{ph} = \frac{V_{LL}}{\sqrt{3}} = 120 \text{ V}$$

2.4.4 Máquinas e Transformadores CA Conectados em Triângulo

Até agora considerou-se que as fontes e cargas trifásicas estão conectadas na configuração estrela, como mostrado na Figura 2.12a. Mas, em máquinas e transformadores CA, os enrolamentos trifásicos podem ser conectados na configuração delta. A relação entre as correntes de linha e as correntes de fase sob uma condição balanceada é descrita no Apêndice 2A.1.

2.4.4.1 Transformação Estrela-Triângulo de Impedâncias de Carga sob Condição Balanceada

É possível substituir as impedâncias de carga conectadas em triângulo pelo equivalente de impedâncias de carga conectadas em estrela e vice-versa. Sob uma condição totalmente balanceada, as impedâncias de carga conectadas em triângulo da Figura 2.16a podem ser subs-

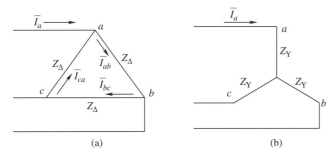

FIGURA 2.16 Transformação estrela-triângulo de impedâncias sob condição balanceada.

tituídas pelo equivalente de impedâncias de carga conectadas em estrela da Figura 2.16b, de forma similar ao apresentado na Figura 2.12a. Depois disto, pode-se aplicar a análise por fase utilizando-se a Figura 2.13.

Sob uma condição balanceada em que as três impedâncias são as mesmas, como mostrado na Figura 2.16, a impedância entre os terminais a e b, quando o terminal c não está conectado, é $(2/3)Z_\Delta$ no circuito conectado em triângulo e $2Z_Y$ no circuito conectado em estrela. Equacionando essas duas impedâncias,

$$Z_Y = \frac{Z_\Delta}{3} \qquad (2.33)$$

A transformação estrela-triângulo de impedâncias de cargas desbalanceadas é analisada no Apêndice 2A.2.

2.4.5 Potência, Potência Reativa e Fator de Potência em Circuitos Trifásicos

Foi visto anteriormente que a análise por fase é válida para circuitos trifásicos balanceados em regime permanente senoidal. Isto implica que as potências absorvidas ativa e reativa por cada fase são as mesmas que se a carga fosse monofásica. Portanto, a potência ativa média total e a potência reativa em circuitos trifásicos são ($V = V_{ph}$ e $I = I_{ph}$)

$$P_{3-fase} = 3 \times P_{por\,fase} = 3VI \cos \phi \qquad (2.34)$$

$$Q_{3-fase} = 3 \times Q_{por\,fase} = 3VI \operatorname{sen} \phi \qquad (2.35)$$

e a potência total aparente em volt-ampères é

$$|S|_{3-fase} = 3 \times |S_{por\,fase}| = 3VI \qquad (2.36)$$

Portanto, o fator de potência em um circuito trifásico é o mesmo fator de potência de um monofásico

$$\text{fator de potência} = \frac{P_{3-fase}}{|S|_{3-fase}} = \frac{3VI \cos \phi}{3VI} = \cos \phi \qquad (2.37)$$

Entretanto, há uma diferença importante entre os circuitos trifásicos e monofásicos em termos da potência instantânea. Em ambos os circuitos, em cada fase, a potência instantânea é pulsante como apresentada pela Equação 2.11 e repetida abaixo para a fase a, em que a corrente de fase fica atrasada de um ângulo $\phi(t)$ da tensão de fase, que é considerada o fasor de referência:

$$p_a(t) = \sqrt{2}V \cos \omega t \cdot \sqrt{2} I \cos(\omega t - \phi) = VI \cos\phi + VI \cos(2\omega t - \phi) \qquad (2.38)$$

18   *Capítulo 2*

Expressões similares podem ser escritas para as fases b e c:

$$p_b(t) = \sqrt{2}V\cos(\omega t - 2\pi/3) \cdot \sqrt{2}I\cos(\omega t - \phi - 2\pi/3)$$
$$= VI\cos\phi + VI\cos(2\omega t - \phi - 4\pi/3) \tag{2.39}$$

$$p_c(t) = \sqrt{2}V\cos(\omega t - 4\pi/3) \cdot \sqrt{2}I\cos(\omega t - \phi - 4\pi/3)$$
$$= VI\cos\phi + VI\cos(2\omega t - \phi - 8\pi/3) \tag{2.40}$$

Somando-se as três potências instantâneas das Equações 2.38 a 2.40 tem-se como resultado

$$p_{3-fase}(t) = 3VI\cos\phi = P_{3-fase} \quad \text{(da Equação 2.34)} \tag{2.41}$$

que mostra que a potência trifásica combinada em regime permanente é constante, igual a seu valor médio, mesmo na forma instantânea. Isto está em contraste com a potência pulsante, mostrada na Figura 2.7 no circuito monofásico. A potência instantânea total não pulsante em circuitos trifásicos resulta em torque não pulsante nos motores e geradores, e esta é a razão para preferir motores e geradores trifásicos aos monofásicos correspondentes.

Exemplo 2.7

No circuito trifásico da Figura 2.12a, $V_{LL} = 208$ V, $|Z_L| = 10\ \Omega$ e o fator de potência monofásico é 0,8 (atrasado). Calcule a reatância capacitiva necessária, em paralelo com a impedância de carga em cada fase, para elevar o fator de potência a 0,95 (atrasado).

Solução   O circuito trifásico da Figura 2.12a, pode ser representado pelo circuito monofásico da Figura 2.13a. Supondo que a tensão de entrada é o fasor de referência, $\overline{V}_{an} = \frac{208}{\sqrt{3}}\angle 0 = \underbrace{120}_{(=V)}\angle 0$ V. A corrente $\overline{I}_L$ absorvida pela carga fica atrasada da tensão por um ângulo $\phi_L = \cos^{-1}(0,8) = 36,87°$, e

$$\overline{I}_L = \frac{V(=120)}{|Z_L|}\angle -\phi_L = 12\angle -36,87° \text{ A}.$$

Logo, a potência ativa por fase P_L e a potência reativa (volt-ampère reativo) Q_L absorvida pela carga são:

$$P_L = \frac{V^2}{|Z_L|}\text{(fator de potência)} = 1152 \text{ W} \quad \text{e} \quad Q_L = \frac{V^2}{|Z_L|}\text{sen }\phi_L = 864 \text{ VAR}.$$

Para elevar o fator de potência a 0,95 (atrasado), um capacitor de correção de fator de potência com um valor apropriado é conectado em paralelo com a carga em cada fase. Agora, a corrente líquida da combinação entre a impedância da carga e o capacitor está atrasada em um ângulo de $\phi_{net} = \cos^{-1}(0,95) = 18,195°$. A potência ativa da rede P_{net} absorvida da fonte ainda é igual a P_L, isto é, $P_{net} = P_L$. Utilizando o triângulo de potência da Figura 2.8c, a potência reativa absorvida da fonte é

$$Q_{net} = P_{net}\tan(\phi_{net}) = 378,65 \text{ VAR}.$$

e $Q_{net} = Q_L - Q_{cap}$,

$$Q_{cap} = Q_L - Q_{net} = 864,0 - 378,65 = 485,35 \text{ VAR}.$$

Portanto, a reatância capacitiva necessária em paralelo é

$$X_{cap} = \frac{V^2}{Q_{cap}} = 29,67\ \Omega.$$

2.5 TRANSFERÊNCIA DE POTÊNCIA ATIVA E REATIVA ENTRE SISTEMAS CA

Neste curso será importante calcular o fluxo de potência entre sistemas CA conectados pelas linhas de transmissão. Sistemas CA simplificados podem ser representados por duas fontes de tensão CA de mesma frequência conectados por uma reatância X em série, como mostrado na Figura 2.17a, em que a resistência série foi negligenciada por simplificação.

O diagrama fasorial para o sistema da Figura 2.17a é mostrado na Figura 2.17b, em que a tensão $\overline{V}_R$ é considerada a tensão de referência com um ângulo de fase zero. Com base na carga, atribui-se um ângulo de fase arbitrário ϕ para o fasor corrente. No circuito da Figura 2.17a,

$$\overline{I} = \frac{\overline{V}_S - \overline{V}_R}{jX} \quad (2.42)$$

Na extremidade receptora, a potência complexa pode ser escrita como

$$S_R = P_R + jQ_R = \overline{V}_R \overline{I}^* \quad (2.43)$$

Utilizando-se o conjugado complexo da Equação 2.42 na Equação 2.43

$$P_R + jQ_R = V_R \left(\frac{V_S \angle (-\delta) - V_R}{-jX} \right) = \underbrace{\frac{V_S V_R \operatorname{sen} \delta}{X}}_{(=P_R)} + j \underbrace{\left(\frac{V_S V_R \cos \delta - V_R^2}{X} \right)}_{(=Q_R)} \quad (2.44)$$

$$\therefore \quad P_R = \underbrace{\frac{V_S V_R}{X}}_{(=P_{\text{máx}})} \operatorname{sen} \delta \quad \text{em que} \quad P_{\text{máx}} = \frac{V_S V_R}{X} \quad (2.45)$$

que é a mesma potência P_S da extremidade emissora, supondo a linha de transmissão sem perdas.

A discussão acima mostra que a potência ativa P varia acentuadamente em relação aos ângulos de fase das tensões e não em relação a suas magnitudes. Demonstra-se isto na Figura 2.18, para valores positivos de δ.

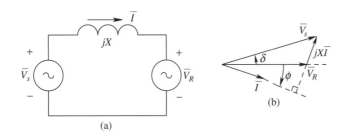

FIGURA 2.17 Potência transferida entre dois sistemas CA.

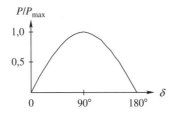

FIGURA 2.18 Potência ativa como função de δ.

Focando na potência reativa, da Equação 2.44,

$$Q_R = \frac{V_S V_R \cos \delta}{X} - \frac{V_R^2}{X} \tag{2.46}$$

Se a potência transferida entre os dois sistemas é zero, então, na Equação 2.45, senδ e o ângulo δ são iguais a zero. Sob esta condição, da Equação 2.46,

$$Q_R = \frac{V_S V_R}{X} - \frac{V_R^2}{X} = \frac{V_R}{X}(V_S - V_R) \qquad (\text{se } P_R = 0) \tag{2.47}$$

que mostra que a potência reativa no terminal receptor está relacionada à diferença $(V_S - V_R)$ entre as duas magnitudes de tensão.

As potências transferidas ativa e reativa dadas pelas Equações 2.45 a 2.47 são extremamente importantes para a discussão de fluxos de potência ativa e reativa dos capítulos seguintes.

2.6 VALORES DE BASE E NOMINAIS DE EQUIPAMENTOS E QUANTIDADES POR UNIDADE

2.6.1 Valores Nominais

Todos os equipamentos de sistemas elétricos, tais como geradores, transformadores ou linhas de transmissão, têm uma tensão nominal $V_{nominal}$, que é a tensão nominal na qual um equipamento é projetado para ser operado, com base em seu isolamento ou para evitar saturação magnética na frequência de operação, dependendo de qual desses seja o fator mais limitante. De forma similar, cada equipamento tem uma corrente nominal $I_{nominal}$, usualmente especificada em termos do valor eficaz, na qual o equipamento é projetado para ser operado em regime permanente e além do qual o aquecimento excessivo I^2R pode causar danos ao equipamento.

2.6.2 Valores de Base e Valores por Unidade

Os parâmetros de um equipamento são especificados em "por unidade" como uma fração dos valores de base apropriados. Geralmente, a tensão nominal e a corrente nominal são escolhidas como valores de base. Há várias razões para especificar os parâmetros dos equipamentos em "por unidade":

1. Independentemente do tamanho do equipamento, os valores por unidade baseados nos valores nominais da tensão e corrente do equipamento ficam restritos a uma faixa estreita e por isso são fáceis de serem verificados ou estimados, e
2. Os sistemas de potência em estudo envolvem vários transformadores e, por isso, um sistema apresenta várias tensões e correntes nominais, conforme se estudará no capítulo sobre transformadores. Em tal sistema, um conjunto de valores de base é escolhido de modo que seja comum para o sistema inteiro. Utilizando os parâmetros em "por unidade" calculados por meio das bases em comum, as análises tornam-se profundamente simplificadas, já que as transformações de tensão e corrente devido à relação de espiras dos transformadores são eliminadas dos cálculos, como discutido no capítulo que trata dos cálculos de fluxo de potência.

Com V_{base} e I_{base}[1], as outras quantidades de base podem ser calculadas como se segue:

$$R_{base}, X_{base}, Z_{base} = \frac{V_{base}}{I_{base}} \quad (\text{in } \Omega) \tag{2.48}$$

---

[1]Em grandes sistemas elétricos interligados é mais comum a definição da potência de base do que da corrente de base. (N.T.)

$$G_{base}, B_{base}, Y_{base} = \frac{I_{base}}{V_{base}} \quad (\text{in } \Omega^{-1}) \tag{2.49}$$

$$P_{base}, \; Q_{base}, \; (\text{VA})_{base} = V_{base}I_{base} \quad (\text{VA}) \tag{2.50}$$

Em termos dessas quantidades de base, as quantidades por unidades podem ser especificadas como:

$$\text{Valor por unidade} \; = \; \frac{\text{valor atual}}{\text{valor base}} \tag{2.51}$$

Conforme mencionado anteriormente, os parâmetros de um equipamento são especificados em "por unidade" dos valores base, que usualmente são iguais a seus valores nominais de tensão e corrente. Outro benefício de utilizarem-se as quantidades por unidade é que seus valores se mantêm os mesmos na base monofásica ou na base trifásica. Por exemplo, se se considera a potência monofásica, a potência em watts é um terço da potência total, e assim seu valor de base é comparado ao valor de base do caso trifásico.

Exemplo 2.8

No Exemplo 2.7, calcule os valores por unidade das tensões por fase, a impedância de carga, a corrente de carga e as potências ativa e reativa da carga, se a tensão base fase-fase é 208 V (RMS) e o valor base da potência trifásica é 5,4 kW.

Solução Dado que $V_{LL, base} = 208$ V, $V_{ph, base} = 120$ V. O valor base da potência por unidade é $P_{ph, base} - \dfrac{500}{3} - 1800\text{W}$. Portanto,

$$I_{base} = \frac{P_{ph,base}}{V_{ph,base}} = 15 \text{ A} \qquad \text{e} \qquad Z_{base} = \frac{V_{ph,base}}{I_{base}} = 8 \; \Omega.$$

Com esses valores de base, $\overline{V}_{ph} = 1,0$ pu, $\overline{I} = 0,8 \angle -36,87°$ pu, $Z_L = 1,25 \angle -36,87°$ pu, $P_L = 0,64$ pu e $Q_L = 0,48$ pu.

2.7 EFICIÊNCIA ENERGÉTICA DE EQUIPAMENTOS DE SISTEMAS DE POTÊNCIA

Os equipamentos de sistemas de potência devem ser energeticamente eficiente e confiáveis, ter alta densidade de potência (reduzindo assim seu tamanho e peso) e ser de baixo custo para fazer com que o sistema como um todo seja economicamente viável. A eficiência energética elevada é importante por algumas razões: os custos de operação diminuem, já que se evita o custo de energia desperdiçada, contribui-se menos para o aquecimento global e reduz-se a necessidade de esfriamento, aumentando assim a densidade de potência.

A eficiência energética η de um equipamento na Figura 2.19 é

$$\eta = \frac{P_o}{P_{in}} \tag{2.52}$$

que, em termos da potência de saída P_o e potência de perdas P_{perdas} no equipamento, é

$$\eta = \frac{P_o}{P_o + P_{perdas}} \tag{2.53}$$

Em sistemas de potência, equipamentos como transformadores e geradores têm uma eficiência energética percentual acima de 90 %, e há uma busca constante por aumentar ainda mais esse percentual.

2.8 CONCEITOS DE ELETROMAGNETISMO

Muitos equipamentos utilizados em sistemas de potência, como transformadores, geradores síncronos, linhas de transmissão e motores, requerem um entendimento básico de conceitos de eletromagnetismo, que serão revisados nesta seção.

2.8.1 Lei de Ampère

Quando uma corrente i passa através de um condutor, um campo magnético é produzido. A direção do campo magnético depende da direção da corrente. Como mostrado na

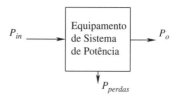

FIGURA 2.19 Eficiência energética $\eta = P_o/P_{in}$.

Figura 2.20a, a corrente através do condutor, perpendicular e "entrando" no plano do papel, é representada por "×"; esta corrente produz um campo magnético em sentido horário. Contrariamente, a corrente "saindo" do plano do papel, representada por um ponto, produz um campo magnético em sentido anti-horário, como mostrado na Figura 2.20b.

A intensidade de campo magnético H produzida por condutores conduzindo uma corrente pode ser obtida por meio da Lei de Ampère, a qual, em sua forma mais simples, enuncia que, em qualquer tempo, a integral de linha (contorno) da intensidade de campo magnético ao longo de *qualquer* trajetória fechada é igual à corrente total delimitada por essa trajetória. Portanto, na Figura 2.20c,

$$\oint H d\ell = \sum i \tag{2.54}$$

em que $\oint$ representa um contorno ou uma integração de linha fechada. Note que o escalar H na Equação 2.54 é a componente da intensidade do campo magnético (um campo vetorial) na direção do comprimento diferencial $d\ell$ ao longo da trajetória fechada. Alternativamente, pode-se expressar a intensidade de campo e o comprimento diferencial por quantidades vetoriais, que exigirão o cálculo de um produto escalar (produto ponto) no lado esquerdo da Equação 2.54.

Exemplo 2.9

Considere a bobina da Figura 2.21, que tem $N = 25$ espiras e o toroide com diâmetro interno $ID = 5$ cm e diâmetro externo $OD = 5,5$ cm.

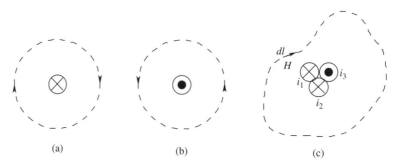

FIGURA 2.20 Lei de Ampère.

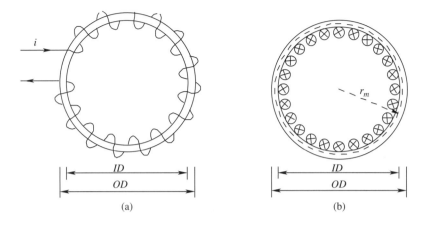

FIGURA 2.21 Exemplo 2.9.

Para uma corrente de $i = 3$ A, calcule a intensidade de campo H no comprimento da *trajetória média*[2] no interior do toroide.

Solução Devido à simetria, a intensidade de campo magnético H_m no contorno circular no interior do toroide é constante. Na Figura 2.21, o raio médio é $rm = \frac{1}{2}\left(\frac{OD + ID}{2}\right)$. Assim, a trajetória média de comprimento ℓ_m ($= 2\pi r_m = 0{,}165$ m) envolve a corrente iN vezes, como mostrado na Figura 2.21b. Portanto, da Lei de Ampère, na Equação 2.54, a intensidade de campo na trajetória média é

$$H_m = \frac{Ni}{\ell_m} \qquad (2.55)$$

a qual, para os valores fornecidos, pode ser calculada como:

$$H_m = \frac{25 \times 3}{0{,}165} = 454{,}5 \text{ A/m}.$$

Se a largura do toroide é muito menor que seu raio médio r_m, é razoável supor que H_m é uniforme em toda a seção transversal do toroide.

A intensidade de campo na Equação 2.55 tem as unidades de [A/m], observa-se que "espiras" ou "voltas" são quantidades adimensionais. O produto Ni é comumente referido como ampère-espiras ou força magneto motriz F, que produz o campo magnético. A corrente na Equação 2.55 pode ser CC ou variável no tempo. Se a corrente varia no tempo, a Equação 2.55 é válida na base instantânea, isto é: $H_m(t)$ está relacionada com $i(t)$ por N/ℓ_m.

2.8.2 A Densidade de Fluxo

Em qualquer instante t, para um dado campo H, a densidade de linhas de fluxo, chamada densidade de fluxo B (unidades [T], de Tesla) depende da permeabilidade μ do material no qual H está atuando. No ar:

$$B = \mu_o H \qquad \mu_o = 4\pi \times 10^{-7} \left[\frac{\text{henries}}{\text{m}}\right] \qquad (2.56)$$

em que μ_o é a permeabilidade do ar no espaço livre.

---

[2]*Trajetória média* é também denominada linha neutra no jargão técnico. (N.T.)

2.8.3 Materiais Ferromagnéticos

Os materiais magnéticos orientam campos magnéticos e, devido a sua alta permeabilidade, requerem valores baixos de ampère-espiras (pouca corrente para um determinado número de espiras) para produzir certo valor de densidade de fluxo. Esses materiais apresentam comportamento não linear de múltiplos valores, como mostrado na curva característica *B-H* na Figura 2.22a. Imagine que o toroide da Figura 2.21 consiste em um material ferromagnético tal como aço silício. Se a corrente que passa pela bobina é variada lentamente de uma forma senoidal com o tempo, o correspondente campo *H* causará um dos laços de histerese traçados na Figura 2.22a. Completando o laço uma vez, tem-se como resultado uma dissipação de energia da rede dentro do material. A consequente perda de potência é chamada perda por histerese.

Incrementando-se o valor de pico do campo *H*, que varia senoidalmente, isto resultará em um laço de histerese maior. Unindo-se os valores de pico dos laços de histerese pode-se aproximar a característica *B-H* por uma simples curva, mostrada na Figura 2.22b. Para valores baixos de campo magnético, a característica *B-H* é considerada linear, com uma inclinação constante, tal que:

$$B_m = \mu_m H_m \tag{2.57a}$$

em que μ_m é a permeabilidade do material magnético. Tipicamente, o μ_m de um material é expresso em termos de uma permeabilidade μ_r relativa à permeabilidade do ar:

$$\mu_m = \mu_r \mu_o \qquad \left(\mu_r = \frac{\mu_m}{\mu_o}\right) \tag{2.57b}$$

Em materiais ferromagnéticos o valor de μ_m pode ser milhares de vezes maior que μ_o.

Na Figura 2.22b, a relação linear (com um valor constante μ_m) é válida aproximadamente até atingir o "joelho" da curva, acima do qual o material começa a saturar. Os materiais ferromagnéticos são operados geralmente até a densidade máxima de fluxo, ligeiramente acima do "joelho" de 1,6 T a 1,8 T. Acima desse valor muito mais ampère-espiras são requeridos para incrementar a densidade de fluxo, mesmo que ligeiramente. Na região saturada, a permeabilidade incremental do material magnético aproxima-se de μ_o, como mostrado pela inclinação da curva na Figura 2.22b.

Neste livro, assume-se que o material magnético esteja operando na região linear, portanto sua característica pode ser representada por $B_m = \mu_m H_m$, em que μ_m se mantém constante.

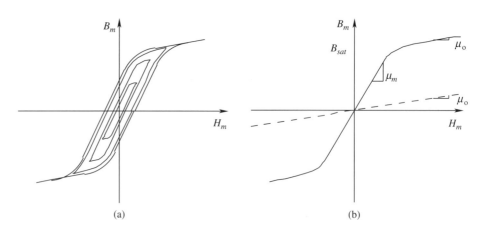

FIGURA 2.22 Característica *B-H* de materiais ferromagnéticos.

2.8.4 O Fluxo ϕ

As linhas de fluxo formam trajetórias fechadas, conforme apresentado no núcleo magnético toroidal da Figura 2.23, que é cercado pelo enrolamento que conduz a corrente.

O fluxo no toroide pode ser calculado selecionando-se uma área A_m em um plano perpendicular à direção das linhas de fluxo. Como discutido no Exemplo 2.9, é razoável supor que H_m seja uniforme e que, portanto, a densidade de fluxo B_m seja uniforme em todo o corte transversal do núcleo. Substituindo por H_m da Equação 2.55 na Equação 2.57a,

$$B_m = \mu_m \frac{Ni}{\ell_m} \qquad (2.58)$$

em que B_m é a densidade das linhas do fluxo no núcleo. Assim, supondo que B_m é uniforme, o fluxo ϕ_m pode ser calculado como:

$$\phi_m = B_m A_m \qquad (2.59)$$

em que a unidade do fluxo é o Weber (Wb). Substituindo por B_m da Equação 2.58 na Equação 2.57,

$$\phi_m = A_m \left(\mu_m \frac{Ni}{\ell_m} \right) = \frac{Ni}{\underbrace{\left(\frac{\ell_m}{\mu_m A_m} \right)}_{\mathfrak{R}_m}} \qquad (2.60)$$

em que Ni é igual às ampère-espiras (ou força magneto motriz F) aplicada ao núcleo e o termo entre parêntesis no lado direito é denominado relutância $\mathfrak{R}_m$ do núcleo magnético. Da Equação 2.60,

$$\mathfrak{R}_m = \frac{\ell_m}{\mu_m A_m} \quad [\text{A/Wb}] \qquad (2.61)$$

A Equação 2.60 esclarece que a relutância tem as unidades [A/Wb]. A Equação 2.61 mostra que a relutância de uma estrutura magnética, por exemplo, o toroide na Figura 2.23, é linearmente proporcional ao comprimento da trajetória magnética e inversamente proporcional tanto à área do corte transversal do núcleo como à permeabilidade de seu material.

A Equação 2.60 mostra que a quantidade de fluxo produzido pelas ampère-espiras F ($=Ni$) é inversamente proporcional a $\mathfrak{R}$, essa relação é análoga à Lei de Ohm ($I=V/R$) em circuitos elétricos em regime permanente CC.

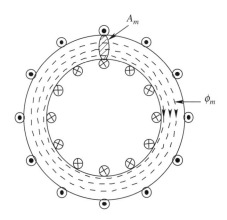

FIGURA 2.23 Toroide com fluxo ϕ_m.

2.8.5 Fluxo Concatenado

Se todas as espiras de uma bobina, por exemplo, na Figura 2.23, são enlaçadas pelo mesmo fluxo ϕ, logo a bobina tem um fluxo concatenado λ, em que:

$$\lambda = N\phi \tag{2.62}$$

Na ausência de saturação magnética, o fluxo de enlace λ está relacionado à corrente da bobina i pela indutância da bobina, como ilustrado na seguinte seção.

2.8.6 Indutâncias

Em qualquer instante na bobina da Figura 2.24a, o fluxo de enlace da bobina (devido a linhas do fluxo inteiramente no núcleo) é relacionado à corrente i por um parâmetro definido como a indutância L_m:

$$\lambda_m = L_m i \tag{2.63}$$

em que a indutância L_m ($= \lambda_m/i$) é constante se o material do núcleo está operando na região linear. A indutância da bobina na região linear magnética do material pode ser calculada multiplicando-se todos os termos da Figura 2.24b, que são baseados nas equações anteriores:

$$L_m = \left(\frac{N}{\ell_m}\right)\mu_m A_m N = \frac{N^2}{\left(\frac{\ell_m}{\mu_m A_m}\right)} = \frac{N^2}{\Re_m} \tag{2.64}$$

A Equação 2.64 indica que a indutância L_m é estritamente uma propriedade do circuito magnético (isto é, o material, a geometria e o número de espiras), desde que a operação seja na região linear do material magnético, em que a inclinação de sua característica B-H pode ser representada por uma constante μ_m.

Exemplo 2.10

No toroide retangular da Figura 2.25, $w = 5$ mm, $h = 15$ mm, o comprimento da trajetória média $\ell_m = 18$ cm (linha neutra), $\mu_r = 5000$ e $N = 100$ espiras. Calcule a indutância da bobina L_m supondo que o núcleo não está saturado.

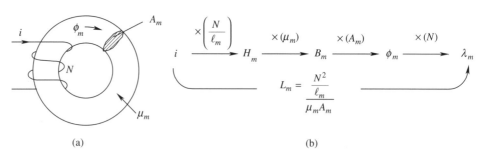

FIGURA 2.24 Indutância da bobina.

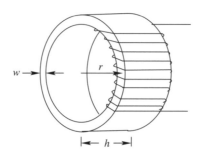

FIGURA 2.25 Toroide retangular.

Solução Da Equação 2.61

$$\mathfrak{R}_m = \frac{\ell_m}{\mu_m A_m} = \frac{0{,}18}{5000 \times 4\pi \times 10^{-7} \times 5 \times 10^{-3} \times 15 \times 10^{-3}} = 38{,}2 \times 10^4 \ \frac{A}{Wb}.$$

Portanto, a partir da Equação 2.64

$$L_m = \frac{N^2}{\mathfrak{R}_m} = 26{,}18 \ mH.$$

2.8.7 Lei de Faraday: a Tensão Induzida em uma Bobina Devido à Variação Temporal do Fluxo de Enlace

Na discussão até aqui, foram estabelecidas as relações em circuitos magnéticos entre a quantidade elétrica *i* e as quantidades magnéticas *H*, *B*, ϕ e λ. Essas relações são válidas sob condições CC (estática), assim como em qualquer instante, quando essas quantidades estão variando com o tempo. Agora será examinada a tensão nos terminais da bobina sob a condição de variação no tempo. Na bobina da Figura 2.26, a Lei de Faraday estabelece que a variação temporal do fluxo do enlace é igual à tensão na bobina em qualquer instante:

$$e(t) = \frac{d}{dt}\lambda(t) = N\frac{d}{dt}\phi(t) \tag{2.65}$$

Isto supõe que todas as linhas de fluxo enlaçam todas as *N* espiras tal que $\lambda = N\phi$. A polaridade da força eletromotriz *e(t)* e a direção de $\phi(t)$ na equação acima ainda não foram justificadas.

A relação acima é válida, não importando o que esteja causando a variação do fluxo. Uma possibilidade é que uma segunda bobina seja colocada no mesmo núcleo. Quando a segunda bobina é alimentada com uma corrente que varia com o tempo, o acoplamento mútuo causa a variação com tempo do fluxo ϕ através da bobina, como mostrado na Figura 2.26. A outra possibilidade é que uma tensão *e(t)* seja aplicada aos terminais da bobina da Figura 2.26, causando a variação do fluxo, que pode ser calculado por integral com respeito ao tempo de ambos os lados da Equação 2.65:

$$\phi(t) = \phi(0) + \frac{1}{N}\int_0^t e(\tau) \cdot d\tau \tag{2.66}$$

em que $\phi(0)$ é o fluxo inicial em $t = 0$ e τ é uma variável de integração.

Lembrando a equação da Lei de Ohm, $v = Ri$, a direção da corrente através do resistor é definida como "entrando" no terminal escolhido como o terminal positivo. Esta é a convenção para elementos passivos. De forma similar, na bobina da Figura 2.26, pode-se estabelecer a polaridade da tensão e a direção do fluxo, a fim de aplicar a Lei de Faraday, a partir das Equações 2.65 e 2.66. Se a direção do fluxo é dada, pode-se definir a polaridade da tensão como se segue: primeiro, determine a direção de uma corrente hipotética que produzirá fluxo na mesma direção que a dada. Em seguida, a polaridade positiva para a tensão é a do terminal em que essa corrente hipotética está entrando. Ao contrário, no entanto, se

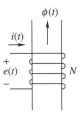

FIGURA 2.26 Polaridade da tensão e direção do fluxo e corrente.

a polaridade da tensão é dada, imagine uma corrente hipotética entrando no terminal de polaridade positiva. Esta corrente, baseada em como a bobina está enrolada, por exemplo, na Figura 2.26, determina a direção do fluxo a ser utilizado nas Equações 2.65 e 2.66. Seguir essas regras para determinar a polaridade da tensão e a direção do fluxo é mais fácil que aplicar a Lei de Lenz (não discutida aqui).

Outra forma para determinar a polaridade da força eletromotriz (fem) induzida é aplicar a Lei de Lenz, que estabelece o seguinte: o sentido da corrente hipotética em uma bobina, devido a uma tensão induzida pelo aumento de fluxo magnético concatenado, é o oposto da variação do fluxo magnético que lhe deu origem.

Exemplo 2.11

Na estrutura da Figura 2.26, o fluxo $\phi_m(= \hat{\phi}_m \text{sen}\omega t)$ enlaçando a bobina está variando senoidalmente com o tempo, em que $N = 300$ espiras, $f = 60$ Hz e a área do corte transversal, $A_m = 10$ cm². O pico da densidade de fluxo $\hat{B}_m = 1,5$ T. Determine a expressão para a tensão induzida com a polaridade mostrada na Figura 2.26. Apresente o gráfico do fluxo e da tensão induzida como funções temporais.

Solução Da Equação 2.59, $\hat{\phi}_m = \hat{B}_m A_m = 1,5 \times 10 \times 10^{-4} = 1,5 \times 10^{-3}$ Wb.

Da Lei de Faraday na Equação 2.63, a tensão induzida é

$$e(t) = \omega N \hat{\phi}_m \cos \omega t = 2\pi \times 60 \times 300 \times 1,5 \times 10^{-3} \times \cos \omega t = 169,65 \cos \omega t \quad \text{V}.$$

As formas de onda do fluxo e da tensão induzida são apresentadas na Figura 2.27, e delas se pode concluir que o fasor da tensão induzida está adiantado em relação ao fasor do fluxo em 90°.

O Exemplo 2.11 ilustra que a tensão é induzida devido a $d\phi/dt$, independentemente se alguma corrente flui na bobina.

2.8.8 Indutâncias de Magnetização e de Dispersão

Da mesma forma como os condutores orientam as correntes elétricas em circuitos elétricos, os núcleos magnéticos orientam os fluxos em circuitos magnéticos. Mas há uma importante diferença. Nos circuitos elétricos, a condutividade do cobre é aproximadamente 10^{20} vezes maior que do ar, garantindo que as correntes de dispersão sejam desprezíveis em CC ou em baixas frequências, tais como 60 Hz. Em circuitos magnéticos, entretanto, a permeabilidade dos materiais magnéticos é apenas cerca de 10^4 vezes maior que do ar. Por causa dessa baixa relação, nem todo o fluxo é confinado ao núcleo na estrutura da Figura 2.28a, e a "janela" do núcleo também tem linhas de fluxo que são chamadas de dispersão. Observe que a bobina mostrada na Figura 2.28a é desenhada esquematicamente. Na prática, a bobina consiste em múltiplas camadas e o núcleo é projetado para encaixar o enrolamento da bobina do modo mais perfeito possível e assim minimizar a área da "janela" não utilizada.

O efeito da dispersão torna a análise precisa dos circuitos magnéticos mais difícil, assim a análise requer métodos numericamente sofisticados, como a análise de elementos finitos. Entretanto, pode-se contabilizar os fluxos dispersos fazendo certas aproximações. Pode-se dividir o fluxo total ϕ em duas partes: o fluxo magnético ϕ_m, que é completamente confina-

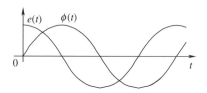

FIGURA 2.27 Exemplo 2.11.

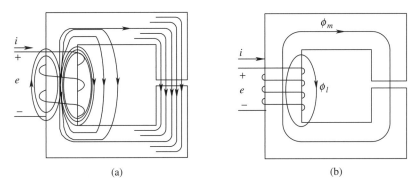

FIGURA 2.28 Incluindo o fluxo de dispersão.

do ao núcleo e enlaça todas as N espiras, e o fluxo de dispersão que está parcialmente ou inteiramente fechado no ar e é representado pelo fluxo disperso ϕ_ℓ, que também enlaça todas as espiras da bobina, mas não segue a trajetória magnética inteira, conforme mostrado na Figura 2.28b. Assim:

$$\phi = \phi_m + \phi_\ell \tag{2.67}$$

em que ϕ é o fluxo equivalente que enlaça todas as N espiras. Portanto, o fluxo total de enlace da bobina é:

$$\lambda = N\phi = \underbrace{N\phi_m}_{\lambda_m} + \underbrace{N\phi_\ell}_{\lambda_\ell} = \lambda_m + \lambda_\ell \tag{2.68}$$

A indutância total (denominada autoindutância) pode ser obtida pela divisão da Equação 2.68 pela corrente i:

$$\underbrace{\frac{\lambda}{i}}_{L_{auto}} = \underbrace{\frac{\lambda_m}{i}}_{L_m} + \underbrace{\frac{\lambda_\ell}{i}}_{L_\ell} \tag{2.69}$$

Portanto,

$$L_{auto} = L_m + L_\ell \tag{2.70}$$

em que L_m é frequentemente denominada *indutância de magnetização* devido ao fluxo ϕ_m no núcleo magnético e L_ℓ é denominada *indutância de dispersão* devido ao fluxo ϕ_ℓ. Da Equação 2.70, o fluxo total de enlace da bobina pode ser reescrito como

$$\lambda = (L_m + L_\ell)i \tag{2.71}$$

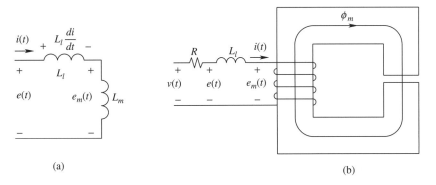

FIGURA 2.29 Análise incluindo o fluxo de dispersão.

Assim, da Lei de Faraday na Equação 2.65,

$$e(t) = L_\ell \frac{di}{dt} + \underbrace{L_m \frac{di}{dt}}_{e_m(t)} \qquad (2.72)$$

Isto resulta no circuito da Figura 2.29a. Na figura 2.29b, a queda de tensão devido à indutância de dispersão pode ser mostrada separadamente, assim a tensão induzida na bobina dá-se somente devido ao fluxo de magnetização. A resistência da bobina R pode ser adicionada em série para completar a representação da bobina.

REFERÊNCIA

1. Qualquer livro-texto básico na área de circuitos elétricos e eletromagnetismo.

EXERCÍCIOS

2.1 Expresse as seguintes tensões como fasores: (a) $v_1(t) = \sqrt{2} \times 100 \cos(\omega t - 30°)$ V e (b) $v_2(t) = \sqrt{2} \times 100 \cos(\omega t + 30°)$ V.

2.2 O circuito série R-L-C da Figura 2.3a está em regime permanente senoidal, na frequência de 60 Hz. $V = 120$ V, $R = 1{,}5\ \Omega$, $L = 20$ mH e $C = 100\ \mu$F. Calcule $i(t)$ nesse circuito resolvendo a equação diferencial Equação 2.3.

2.3 Repita o Exercício 2.2 usando a análise no domínio fasorial.

2.4 Em um circuito linear em regime permanente senoidal com somente uma fonte ativa $\bar{V} = 90\ \angle\ 30°$ V, a corrente no ramo é $\bar{I} = 5\ \angle\ 15°$ A. Calcule a corrente no mesmo ramo se a fonte de tensão fosse $100\ \angle\ 0°$ V.

2.5 Para o circuito do Exemplo 2.1, se uma tensão $\bar{V} = 100\ \angle\ 0°$ V for aplicada, calcule P, Q e o fator de potência. Mostrar que $Q = \Sigma_k I_k^2 X_k$.

2.6 Mostre que uma carga conectada em série com R_s e X_s, como mostrado na Figura P2.1a, pode ser representada por uma combinação em paralelo, como mostrado na Figura P2.1b, em que $R_p = (R_s^2 + X_s^2)/R_s$ e $X_p = (R_s^2 + X_s^2)/X_s$.

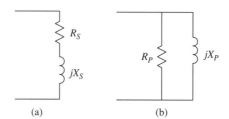

FIGURA P2.1

2.7 Utilizando os resultados da conversão série-paralela do Exercício 2.6, calcule o equivalente R_p e X_p para representar o circuito do Exercício 2.2.

2.8 Confirme os cálculos do equivalente R_p e X_p do Exercício 2.7 utilizando P e Q calculados no Exercício 2.3 e reconhecendo que, na representação paralela, P é inteiramente associado com R_p e Q, com X_p.

2.9 No Exemplo 2.5, calcule o capacitor de compensação em paralelo necessário para alterar o fator de potência global para 0,9 (atrasado).

2.10 Uma carga indutiva conectada a uma fonte CA de 120 V (eficaz), 60 Hz, absorve 5 kW com um fator de potência de 0,8. Calcule a capacitância necessária em paralelo com a carga para levar o fator de potência do conjunto a 0,95 (atrasado).

2.11 Uma fonte de tensão conectada em estrela, balanceada e de sequência positiva ($a - b - c$) tem a tensão da fase a igual a $\bar{V}_a = \sqrt{2} \times 100\ \angle\ 30°$ V. Obtenha as tensões no domínio do tempo $v_a(t)$, $v_b(t)$, $v_c(t)$ e $v_{ab}(t)$ e mostre todos esses fasores.

2.12 Uma carga indutiva trifásica e balanceada é alimentada em regime permanente por uma fonte trifásica conectada em estrela com tensão de fase de 120 V eficaz. A carga absorve um total de 10 kW com um fator de potência de 0,9. Calcule o valor eficaz das correntes de fase e a magnitude da impedância da carga por fase, supondo que a carga esteja conectada em estrela. Desenhe o diagrama fasorial mostrando as três tensões e as três correntes.

2.13 Repita o Exercício 2.12, supondo uma carga balanceada e conectada em triângulo.

2.14 O circuito balanceado da Figura 2.14 mostra a impedância de cabos trifásicos conectando os terminais (a, b, c) da fonte aos terminais da carga (A, B, C), em que $Z_{auto} = (0{,}3 + j1{,}5)\ \Omega$ e $Z_{mútuo} = j0{,}5\ \Omega$. Calcule $\overline{V}_A$, se $\overline{V}_a = 100\ \angle\ 0°$ V e $\overline{I}_a = 10\ \angle\ -30°$, em que $\overline{V}_a$ e $\overline{V}_A$ são as tensões com respeito a um neutro comum.

2.15 De forma similar aos cálculos da seção 2.4.2, no circuito balanceado da Figura P2.2, calcule as correntes capacitivas por fase em termos de tensões, capacitâncias e frequência.

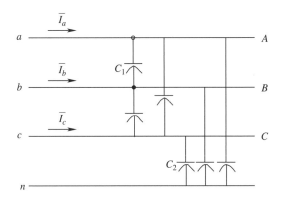

FIGURA P2.2

2.16 No circuito monofásico da Figura 2.17a, a potência transferida por fase é 1 kW do lado 1 até o lado 2. $V_s = 100$ V, $\overline{V}_R = 95\ \angle\ 0°$ V e $X = 1{,}5\ \Omega$. Calcule a corrente, o ângulo de fase de $\overline{V}_S$ e a Q_r fornecida na extremidade receptora.

2.17 No sistema radial representado pelo circuito da Figura 2.17a, $X = 1{,}5\ \Omega$. Considere que a fonte de tensão seja constante em $\overline{V}_S = 100\ \angle\ 0°$ V. Calcule e desenhe V_s/V_r se a carga varia na faixa de 0 kW a 1 kW nos seguintes fatores de potência: unitário, 0,9 (atrasado) e 0,9 (adiantado).

2.18 Repita o Exemplo 2.8 considerando que a potência base trifásica seja alterada para 3,6 kW, mas todo o restante permanece o mesmo.

2.19 Repita o Exemplo 2.8 considerando que a tensão de base linha-linha seja alterada para 240 V, mas todo o restante permanece o mesmo.

2.20 Repita o Exemplo 2.8 considerando que a tensão de base linha-linha seja alterada para 240 V e a potência base trifásica seja alterada para 3,6 kW.

2.21 No Exemplo 2.9, calcule a intensidade de campo dentro do núcleo: (a) muito próximo do diâmetro interno e (b) muito próximo do diâmetro externo. (c) Compare os resultados com o resultado da intensidade de campo na trajetória média.

2.22 No Exemplo 2.9, calcule a relutância na trajetória das linhas de fluxo se $\mu_r = 2000$.

2.23 Considere as dimensões do núcleo do Exemplo 2.9. A bobina requer uma indutância de 25 μH. A corrente máxima é 3 A e a máxima densidade de fluxo não excede 1,3 T. Calcule o número de espiras N e a permeabilidade relativa μ_r do material magnético que deve ser usado.

2.24 No Exercício 2.23, considere que a permeabilidade do material magnético seja infinita. Para satisfazer as condições de máxima densidade de fluxo e a indutância necessária, um pequeno entreferro é introduzido. Calcule o comprimento desse entreferro (não considerar o "frangeamento" do fluxo) e o número de espiras N.

APÊNDICE 2A

2A.1 Correntes de linha e fase em carga conectada em triângulo sob condições balanceadas

A Figura 2A.1 mostra uma carga balanceada conectada em triângulo sendo alimentada por uma fonte trifásica balanceada. Da Lei das Correntes de Kirchhoff,

$$\bar{I}_a = \bar{I}_{ab} - \bar{I}_{ca} \tag{2A.1}$$

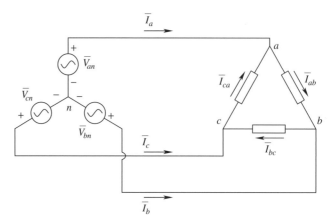

FIGURA 2A.1 Carga balanceada conectada em triângulo.

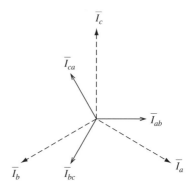

FIGURA 2A.2 Fasores das correntes em uma carga balanceada conectada em triângulo.

Seja $\bar{I}_{ab} = I_{fase} \angle 0°$. Como o sistema é balanceado, $\bar{I}_{ca} = I_{fase} \angle -240°$. Portanto, da Equação 2A.1, como mostra a Figura 2A.2,

$$\bar{I}_a = \bar{I}_{ab} - \bar{I}_{ca} = \sqrt{3}\, I_{fase} \angle -30° \tag{2A.2}$$

A Figura 2A.2 mostra que as magnitudes da corrente de linha são $\sqrt{3}$ vezes maiores que as correntes dentro da carga conectada em triângulo.

2A.2 Transformações entre impedâncias conectadas em estrela e triângulo

Considere as impedâncias conectadas na Figura 2A.3, em que em geral elas podem ser desbalanceadas.

Para chegar à transformação apropriada, considere que o nó c seja desconectado do resto do circuito, isto é $\bar{I}_c = 0$. Como ambas as configurações são equivalentes, no que se refere ao circuito externo, a impedância entre os nós a e b deve ser a mesma. Assim,

$$Z_a + Z_b = Z_{ab} || (Z_{ca} + Z_{bc}) \quad (2A.3)$$

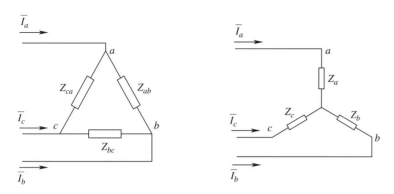

FIGURA 2A.3 Configurações em estrela e triângulo.

De forma similar, considerando abertos os nós *a* e *b*, respectivamente.

$$Z_c + Z_a = Z_{ca} || (Z_{bc} + Z_{ab}) \quad (2A.4)$$

$$Z_b + Z_c = Z_{bc} || (Z_{ab} + Z_{ca}) \quad (2A.5)$$

Resolvendo as equações acima simultaneamente,

$$Z_a = \frac{Z_{ab} Z_{ca}}{Z_{ab} + Z_{bc} + Z_{ca}} \quad (2A.6)$$

$$Z_b = \frac{Z_{bc} Z_{ab}}{Z_{ab} + Z_{bc} + Z_{ca}} \quad (2A.7)$$

$$Z_c = \frac{Z_{ca} Z_{bc}}{Z_{ab} + Z_{bc} + Z_{ca}} \quad (2A.8)$$

Pela transformação inversa, da Equação 2A.6 até a Equação 2A.8,

$$Z_a Z_b = \frac{Z_{ab}^2 Z_{bc} Z_{ca}}{(Z_{ab} + Z_{bc} + Z_{ca})^2} \quad (2A.9)$$

$$Z_b Z_c = \frac{Z_{ab} Z_{bc}^2 Z_{ca}}{(Z_{ab} + Z_{bc} + Z_{ca})^2} \quad (2A.10)$$

$$Z_c Z_a = \frac{Z_{ab} Z_{bc} Z_{ca}^2}{(Z_{ab} + Z_{bc} + Z_{ca})^2} \quad (2A.11)$$

Somando as três equações de acima,

$$Z_a Z_b + Z_b Z_c + Z_c Z_a = \frac{Z_{ab}^2 Z_{bc} Z_{ca} + Z_{ab} Z_{bc}^2 Z_{ca} + Z_{ab} Z_{bc} Z_{ca}^2}{(Z_{ab} + Z_{bc} + Z_{ca})^2} \quad (2A.12)$$

e

$$\frac{1}{Z_a}(Z_a Z_b + Z_b Z_c + Z_c Z_a) = \frac{1}{Z_a} \frac{Z_{ab}^2 Z_{bc} Z_{ca} + Z_{ab} Z_{bc}^2 Z_{ca} + Z_{ab} Z_{bc} Z_{ca}^2}{(Z_{ab} + Z_{bc} + Z_{ca})^2} \quad (2A.13)$$

34   *Capítulo 2*

Substituindo por Z_a da Equação 2A.6 no lado direito da equação acima,

$$\frac{(Z_aZ_b + Z_bZ_c + Z_cZ_a)}{Z_a} = \frac{(Z_{ab} + Z_{bc} + Z_{ca})}{Z_{ab}Z_{ca}} \times \frac{Z_{ab}{}^2Z_{bc}Z_{ca} + Z_{ab}Z_{bc}{}^2Z_{ca} + Z_{ab}Z_{bc}Z_{ca}{}^2}{(Z_{ab} + Z_{bc} + Z_{ca})^2}$$

(2A.14)

O lado direito da Equação 2A.14 simplifica a Z_{bc}, portanto

$$Z_{bc} = \frac{(Z_aZ_b + Z_bZ_c + Z_cZ_a)}{Z_a}$$

(2A.15)

Por simetria,

$$Z_{ab} = \frac{(Z_aZ_b + Z_bZ_c + Z_cZ_a)}{Z_c}$$

(2A.16)

e

$$Z_{ca} = \frac{(Z_aZ_b + Z_bZ_c + Z_cZ_a)}{Z_b}$$

(2A.17)

3

A ENERGIA ELÉTRICA E O MEIO AMBIENTE

3.1   INTRODUÇÃO

A Figura 3.1a mostra a produção e o consumo de energia produzida por vários meios nos Estados Unidos em 2004 e indica que o consumo está em cerca de 100 quadrilhões (10^{15}) de BTUs (10.000 BTUs são aproximadamente 2,93 kWh), enquanto a produção é de somente 70 quadrilhões de BTUs, o restante está sendo importado. Como mostrado na Figura 3.1b, desse consumo total de energia, 38,9 quadrilhões de BTUs, ou 38,9 %, são utilizados para a geração de energia elétrica, que é utilizada em vários setores, ao passo que as quantidades de consumo primário indicam outras fontes além de eletricidade. Assim, somando-se todos os setores, o consumo total menos o consumo primário é igual ao consumo de energia elétrica.

A atual capacidade instalada de geração de energia elétrica nos Estados Unidos é de aproximadamente 10^6 MW, que é uma porcentagem substancial do total mundial e corresponde a cerca de 3 kW *per capita*. A Figura 3.2 mostra a geração de energia elétrica para diferentes fontes de combustível em 2004. Nos próximos anos e décadas a energia (incluindo a energia elétrica) vai tornar-se uma *commodity* cada vez mais preciosa. Portanto, o modo como utilizamos a energia será crítico do ponto de vista geopolítico, social e ambiental. Neste capítulo serão examinadas brevemente as escolhas presente e potenciais e suas consequências ambientais.

3.2   ESCOLHAS E CONSEQUÊNCIAS

Como ilustrado na Figura 3.2, a energia elétrica é derivada de várias fontes, listadas a seguir, a maioria delas direta ou indiretamente derivadas do sol, exceto a derivada da energia nuclear, que é originada pelo processo de fissão ou fusão nuclear.

- Hidráulica
- Combustíveis fósseis: carvão, gás natural e petróleo
- Nuclear
- Renovável: eólica, solar, biomassa e geotérmica

Existem consequências ambientais para a utilização de energia; de fato, há impacto ambiental em todas as atividades humanas. As consequências são listadas a seguir:

- Gases de efeito estufa, principalmente dióxido de carbono
- Dióxido de enxofre
- Óxidos de nitrogênio
- Mercúrio
- Poluição térmica

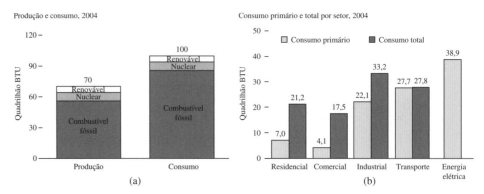

FIGURA 3.1 Produção e consumo de energia nos Estados Unidos em 2004 [1].

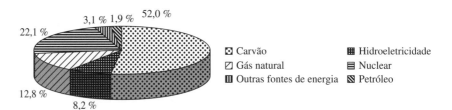

FIGURA 3.2 Geração de energia elétrica por vários tipos de combustível nos Estados Unidos em 2005 [1].

3.3 ENERGIA HIDRÁULICA

Esta é uma das formas mais antigas de produzir eletricidade. Em usinas hidrelétricas, como mostrado na Figura 3.3, a água de um reservatório ou de uma represa construída a partir de um rio é descarregada através de um conduto forçado nas turbinas, que giram os geradores e produzem eletricidade. Nessas usinas, os rendimentos das turbinas podem ser maiores que 93 % [2].

A energia hidráulica pode ser classificada com base na disponibilidade do nível de queda d'água: alto, médio ou baixo. Quanto maior a queda d'água (H, na Figura 3.3), maior será a energia potencial a ser convertida em energia mecânica na saída da turbina. Devido ao impacto ambiental e a implicações sociais, que podem ser enormes, incluindo evasão de pessoas, as hidrelétricas de alta e média queda geralmente não são consideradas como pertencentes à categoria de energia renovável, apesar de tecnicamente o serem. Em contraste, hidrelétricas de baixa queda, em que a energia cinética associada à água fluindo é convertida em energia mecânica na saída da turbina, é considerada renovável. Como exemplo, em um recente estudo quedas abaixo de 20 m (66 pés) foram colocadas na categoria de energia renovável. As usinas hidrelétricas podem responder muito rapidamente, em questão de segundos, alterando a potência de saída para se ajustar às mudanças na potência demandada.

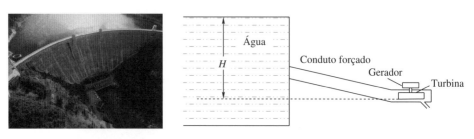

FIGURA 3.3 Energia hidráulica (Fonte: www.bpa.gov).

3.4 USINAS DE ENERGIA BASEADA EM COMBUSTÍVEIS FÓSSEIS

Os combustíveis fósseis são a principal fonte de energia elétrica em todo o mundo, exceto em alguns países como Noruega (predominantemente hidráulica) e França (predominantemente nuclear). Esses combustíveis fósseis são essencialmente:

- Carvão
- Gás natural
- Petróleo

Os combustíveis fósseis são derivados da energia do sol por meio da decomposição da vegetação. Neste sentido, os combustíveis fósseis são também renováveis, mas em uma escala de tempo muito grande quando comparada à existência humana, centenas de milhões de anos. Todas as fontes de geração são discutidas brevemente nas seções seguintes.

3.4.1 Usinas de Energia Alimentadas com Carvão

Como mencionados anteriormente, as usinas de energia alimentadas com carvão são as principais fontes de eletricidade em muitos países. Os Estados Unidos são amplamente dotados com esse recurso, detendo 30 % do total mundial, o suficiente para durar centenas de anos. Mesmo assim, há sérias consequências ambientais em queimar o carvão, especialmente a produção de gases de efeito estufa, discutidos no final deste capítulo. O carvão disponível pode ser dividido nas seguintes categorias, cada uma contendo características próprias em termos de conteúdo de energia e de poluição resultante: antracite ou antracito (carvão mineral com mais de 90 % de carbono), betuminoso ou hulha (carvão mineral que contém betume e apresenta teor de carbono elevado, mas inferior ao do antracite), sub-betuminoso, linhito ou lenhito (apresenta 65 a 75 % de carbono e turfa).

O carvão é queimado utilizando-se vários mecanismos de queima, com diferentes eficiências e emissão de carbono na atmosfera: alimentador mecânico, queima de carvão pulverizado, queima de forno ciclone, combustão de leito fluidizado e gasificação. O calor da queima do carvão produz vapor de água, que é utilizado no ciclo termodinâmico de Rankine, mostrado na Figura 3.4, em que a água é utilizada como fluido de trabalho. O calor é adicionado à água em alta pressão na caldeira para produzir vapor, que se expande através das pás da turbina e logo é esfriada no condensador. As eficiências térmicas de tais ciclos estão tipicamente em uma faixa de 35 % a 40 %, em que, por exemplo, 9000 BTU/kWh é típico e corresponde a uma eficiência de conversão de aproximadamente 38 %.

Na discussão sobre rendimentos ou eficiências, deve-se observar que o limite de qualquer eficiência térmica é inferior ao valor da eficiência do ciclo de Carnot [3] η_c dado abaixo:

$$\eta_C = \frac{T_H - T_L}{T_H} \quad (3.1)$$

em que as temperaturas estão em Kelvin, T_H é a maior temperatura na qual o calor é adicionado e T_L é a menor temperatura em que o calor é rejeitado.

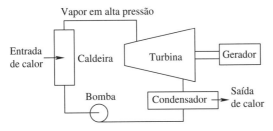

FIGURA 3.4 Ciclo termodinâmico de Rankine em usinas termelétricas alimentadas com carvão.

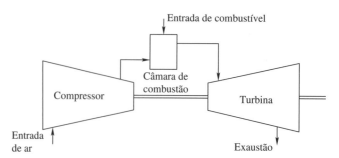

FIGURA 3.5 Ciclo termodinâmico de Brayton em usinas termelétricas a gás natural.

As usinas termelétricas alimentadas a carvão têm uma enorme consequência ambiental, como discutido ao final deste capítulo, mas a disponibilidade de carvão com custo acessível faz dele uma escolha atrativa. Termelétricas a carvão levam um tempo considerável para entrar em operação considerando a "partida fria", e também apresentam tempo de resposta elevado para variar a potência de saída em relação à variação de demanda, de um nível para outro.

3.4.2 Usinas de Energia Alimentadas com Gás natural e Petróleo

O gás natural é abundante em certas regiões do mundo. As usinas a gás não têm as mesmas consequências ambientais que as usinas de energia alimentadas com carvão, tal como poluição por mercúrio, mas o gás natural, sendo um combustível baseado em hidrocarbonetos, também contribui com gases de efeito estufa. Essas usinas são relativamente baratas e rápidas de serem construídas e podem ter eficiências razoáveis, como discutido a seguir. As usinas de potência de petróleo são similares às usinas alimentadas a gás em operação e eficiência.

3.4.2.1 Turbinas a Gás de Ciclo Simples

As usinas a gás de ciclo simples utilizam o ciclo termodinâmico de Brayton, que pode tomar muitas formas diferentes. A forma mais simples é apresentada na Figura 3.5, em que o gás natural é queimado em uma câmara de combustão na presença de ar comprimido e em seguida expande-se através das pás da turbina, de modo similar ao vapor no ciclo de Rankine.

Nas usinas de potência alimentadas com gás de ciclo simples, as eficiências são de aproximadamente 35 %, o que é satisfatório quando a função primária é alimentar cargas de pico.

3.4.2.2 Turbinas a Gás de Ciclo Combinado

Nas turbinas a gás de ciclo combinado, o calor na exaustão do ciclo Brayton mencionado acima é recuperado para operar outro ciclo de Rankine, baseado em vapor de água, e a eficiência pode ser incrementada até chegar à faixa de 55 % a 60 %. Devido a essas altas eficiências, as usinas de potência de ciclo combinado podem estar na base do atendimento de cargas, e os tamanhos de tais usinas podem chegar a 500 MW.

3.5 ENERGIA NUCLEAR

Como mencionado anteriormente, a energia nuclear em questão remonta ao tempo da criação, o assim denominado "*big bang*", de forma que um grama de material completamente fissionável pode produzir 1000 MW-dia de energia! Uma grande usina nuclear pode economizar 50.000 barris de petróleo em um dia, que, no atual preço acima de 60 dólares por barril, supera a quantia de 3 milhões de dólares por dia. A energia nuclear não contribui com os gases de efeito estufa, mas cria um sério problema de armazenamento de resíduos radioativos para gerações futuras. Este é um problema que não foi resolvido nos Estados Unidos, onde há uma moratória de fato na construção de novas usinas nucleares.

O processo nuclear resulta na liberação de energia no reator nuclear, que produz vapor para girar a turbina, que tem um gerador acoplado a ela, de forma similar ao processo em usinas de energia alimentadas a carvão que utilizam o ciclo termodinâmico de Rankine. O processo nuclear pode ser genericamente classificado em duas categorias, que serão brevemente examinadas abaixo.

3.5.1 Fusão Nuclear

A fusão é uma reação termonuclear que é similar à reação que ocorre incessantemente no sol, onde os átomos de hidrogênio se fundem, liberando energia no processo. Esses átomos devem estar aquecidos a temperaturas extremamente elevadas para essa reação acontecer. Nos reatores de fusão, dois átomos de deutério (H^2 ou D) fundem-se, resultando em um átomo de trítio (H^3 ou T) e um próton (p), liberando, no processo, 4 MeV de energia, como mostrado a seguir, em que 1 MeV de energia equivale a $4,44 \times 10^{-20}$ kWh:

$$D + D \rightarrow T + p + 4 \text{ MeV} \tag{3.2}$$

Ao contrário dos reatores de fissão, que serão discutidos na seção seguinte, os reatores de fusão têm problemas menores de resíduos radioativos. Mesmo assim, o plasma, que consiste em átomos fundidos a temperaturas elevadíssimas (milhões de graus), deve ser confinado longe das paredes do reator, e esse problema é pouco provável de ser resolvido em um futuro próximo em escala comercial, apesar de uma nova tentativa estar em desenvolvimento atualmente [4].

3.5.2 Reatores de Fissão Nuclear

Todos os grandes reatores comerciais dependem do processo de fissão. Nesse processo, os nêutrons batem em átomos de material físsil, como o urânio, "quebrando-os" (*splitting*) e, no processo, liberando mais nêutrons para manter a reação em cadeia ocorrendo e liberam energia. Essa reação pode ser expressa como se segue:

$$_{92}U^{235} + {}_0n^1 \rightarrow {}_{54}Xe^{140} + {}_{38}Sr^{94} + 2\,{}_0n^1 + 196 \text{ MeV} \tag{3.3}$$

em que os subscritos correspondem ao número atômico e os sobrescritos à massa atômica. A reação acima mostra que um nêutron impactando um átomo $92U^{235}$ resulta em dois produtos de fissão, xenônio $54Xe^{140}$ e estrôncio $38Sr^{94}$, dois nêutrons, e libera 196 MeV de energia. Os nêutrons resultantes impactam outros átomos de urânio e mantêm a reação em cadeia de forma controlada.

No processo de fissão descrita acima, os nêutrons produzidos têm energia muito elevada, que, se não for diminuída, pode causar falhas no processo de impactar outros átomos de urânio e manter a reação em cadeia ativa. Portanto, os nêutrons devem ser "moderados", geralmente pelos fluidos de arrefecimento, que transportam o calor e também atuam como "moderadores". A reação em cadeia é controlada por hastes de controle, as quais consistem em, por exemplo, boro, que absorve nêutrons e por conseguinte permite o controle da taxa na qual a reação em cadeia é mantida. Geralmente, as usinas nucleares estão na base do atendimento de cargas, implicando que elas são operadas em sua capacidade nominal. Em caso de emergência, os reatores nucleares podem ser retirados de serviço por calço químico, que atua como um "veneno" que "mata" a reação nuclear. Mesmo assim, o uso de calço químico pode resultar em um reator inoperável durante dias, que necessitará de limpeza para afastar seu efeito.

3.5.2.1 Reatores de Água Pressurizada (RAP)

No passado, alguns reatores de água em ebulição (RAE), como mostrado na Figura 3.6a, foram construídos em adição a alguns reatores refrigerados a gás (RRG). Mas a maioria dos reatores modernos são reatores de água pressurizada (RAP). Nos RAPs, como mostrado na

Figura 3.6b, a água sob pressão, que é o que impede a ebulição, atua como fluido de arrefecimento, para transportar calor, e também como moderador, para continuar a reação em cadeia. Utilizando um trocador de calor, o ciclo secundário resulta em água em ebulição e o vapor produzido é utilizado no ciclo termodinâmico de Rankine, de forma similar às usinas de carvão, para fazer girar a turbina e o gerador.

3.5.2.2 Reatores de Água Pesada Pressurizada (RAPP)

O urânio natural é composto de menos de 1 % de U^{235} e aproximadamente 99 % de U^{238}. Nos reatores RAP e era, em que água natural é utilizada como moderador, o urânio enriquecido deve ser utilizado, de modo que ele tenha uma porcentagem maior de U^{235} que o urânio natural tem. Mesmo assim, o urânio enriquecido requer centrífugas que são extremamente caras (energeticamente) e difíceis de justificar na ausência de um programa de armas de grande porte. Portanto, em países como o Canadá, os reatores *Canada Deuterium Uranium* (CANDU) usam urânio natural, mas utilizam água pesada como moderador e fluido de arrefecimento. A água pesada é derivada da água natural, em uma forma que tem o isótopo mais pesado de hidrogênio presente. Exceto por essa diferença, os RAPPs, em princípio, são similares aos RAPs.

3.5.2.3 Reatores Rápidos de Nêutrons

Esses reatores utilizam plutônio e produzem mais combustível nuclear do que eles consomem. Portanto, eles podem ser autossustentáveis. Mesmo assim, seu extensivo uso de plutônio, um elemento usado para fazer armas nucleares, faz desses reatores uma proposta extremamente arriscada, particularmente depois do Onze de Setembro. Com seus grandes reatores Superfênix, a França tem feito uma grande implementação desses reatores.

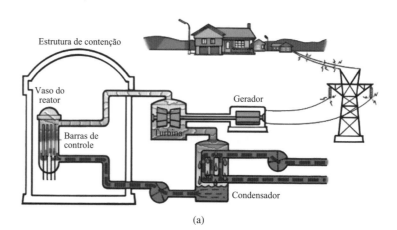

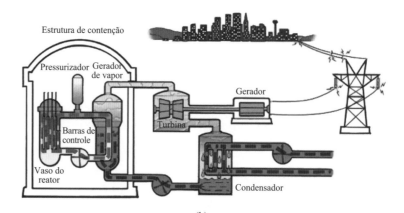

FIGURA 3.6 Reatores: (a) RAP e (b) RAF [5].

3.6 ENERGIA RENOVÁVEL

A energia renovável é um meio de reduzir o alto índice de poluição causada por usinas de energia baseada em combustíveis fósseis. As fontes renováveis incluem o vento, o sol, a biomassa e outras. Alguns desses meios são descritos brevemente.

3.6.1 Energia Eólica

A energia eólica é uma manifestação indireta da energia solar, causada pelo aquecimento desigual da superfície da terra pelo sol. Diferentemente de todas as energias renováveis, a energia eólica já percorreu um longo caminho e ainda a utilização de seu potencial está apenas começando. A Figura 3.7 mostra o potencial eólico dos Estados Unidos, onde há algumas áreas com boas e até excelentes condições de vento.

No vento, a variação do fluxo de massa $\dot{m}$ em kg/s é

$$\dot{m} = \rho A V \tag{3.4}$$

em que ρ é a densidade do ar em kg/m^3, A é a área transversal em m^2 perpendicular à velocidade do vento e V é a velocidade do vento em m/s.

Portanto, a potência no vento é a variação temporal da energia cinética do fluxo de vento:

$$P_{tot} = \frac{1}{2}\dot{m}V^2 = \frac{1}{2}\rho A V^3 \tag{3.5}$$

que mostra a dependência altamente não linear da potência do vento com o cubo da velocidade do vento. Toda essa potência não pode ser transferida do vento, senão ela se acumularia atrás da turbina; o que é uma impossibilidade. A potência que pode ser derivada é a potência total vezes o coeficiente de desempenho (ou coeficiente de potência), C_p, que é o percentual da potência disponível no vento a ser aproveitado:

$$P_v = C_p P_{tot} = C_p \left(\frac{1}{2}\rho A V^3\right) \tag{3.6}$$

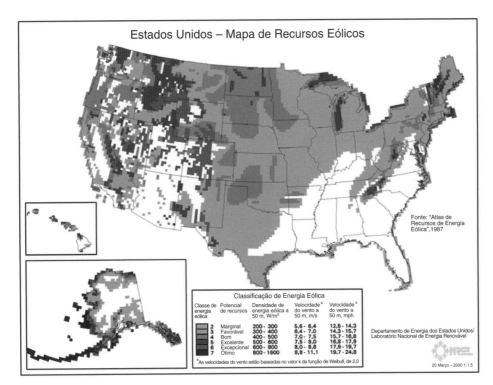

FIGURA 3.7 Mapa de recursos eólicos dos Estados Unidos [6].

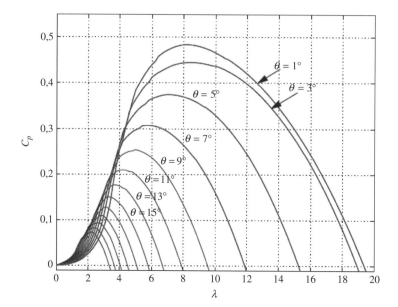

FIGURA 3.8 C_p, em função de λ [7]; esses valores poderão variar dependendo do desenho da turbina.

em que a derivação detalhada em [3] mostra que seu limite é, teoricamente, $C_{p,max} = 0,5926$. Conforme o vento se aproxima do plano em que as pás da turbina estão girando, a pressão aumenta e a velocidade começa a diminuir. Depois do plano das pás, que tem uma espessura curta, a pressão começa a diminuir até igualar-se à pressão existente muito antes da turbina. Entretanto, a velocidade do fluxo de vento permanece decaindo e estabiliza-se em um valor inferior ao da velocidade inicial, devido à energia extraída dele.

A característica C_p, na Equação 3.6, é uma função de λ, que é a relação entre a velocidade tangencial da ponta da pá e a velocidade incidente do vento (também denominada como velocidade específica), como representado graficamente na Figura 3.8, na qual

$$\text{Relação da velocidade na ponta da pá } \lambda = \frac{\omega_m r}{V} \qquad (3.7)$$

em que r é o raio das pás da turbina em m, ω_m é a velocidade de rotação da turbina em rad/s e V é a velocidade do vento em m/s.

Na prática, o máximo valor atingível de C_p é geralmente ao redor de 0,45 em um ângulo de inclinação de $\theta = 0°$ (este ângulo é zero quando as pás estão verticais à direção do vento). Como mostrado na Figura 3.8, para cada ângulo de passo (ou de inclinação) das pás θ, C_p alcança o máximo em um valor particular de velocidade específica λ, que, para uma velocidade de vento V, pode ser obtida controlando-se a velocidade de rotação da turbina ω_m. As curvas para vários valores do ângulo de passo θ mostram que a potência aproveitada do vento pode ser regulada controlando-se o ângulo de passo das pás e, assim, "despejando" a quantidade de vento necessária para prevenir que a potência de saída exceda a potência nominal.

3.6.1.1 Tipos de Esquemas de Geração em Turbinas Eólicas

Os esquemas comumente utilizados para geração de potência em turbinas eólicas necessitam de um mecanismo de engrenagens devido às turbinas girarem em baixas velocidades, enquanto o gerador funciona em altas velocidades, próximas à velocidade síncrona, que, a 60 Hz de frequência elétrica da rede, será de 1.800 rpm para uma máquina de quatro polos e 900 rpm para uma de oito polos. Assim, a cobertura aerodinâmica (nacele) contém um mecanismo de engrenagens para aumentar a velocidade da turbina de forma a acionar o gerador em uma velocidade alta. A necessidade de um mecanismo de engrenagens é um dos obstáculos inerentes de tais esquemas. Em tamanhos muito grandes, para aplicações no mar, há esforços para utilizar-se acionamento direto (sem engrenagem) de turbinas eólicas, entretanto, a maioria das turbinas eólicas usam engrenagens. Esta subseção descreve vários tipos de esquemas de geração eólica.

Geradores de Indução, Diretamente Conectados à Rede. Como apresentado na Figura 3.9, este é o esquema mais simples, no qual uma turbina eólica aciona um gerador de indução do tipo gaiola de esquilo que está diretamente conectado à rede por meio de um par de tiristores conectados em antiparalelo para partida suave. Esse esquema, portanto, é o menos caro e utiliza uma máquina de indução de rotor tipo gaiola de esquilo.

Para a máquina de indução funcionar em seu modo gerador, a velocidade do rotor deve ser maior que a velocidade síncrona. O obstáculo deste esquema é que a máquina de indução funciona sempre em uma velocidade próxima à velocidade síncrona, impossibilitando alcançar-se o C_p ótimo em qualquer tempo, e não é um esquema ótimo em altas e baixas velocidades de vento, se comparado aos esquemas de velocidade variável descritos a seguir. Outra desvantagem deste esquema é que a máquina de indução do tipo gaiola de esquilo sempre funciona com um fator de potência atrasado (isto é, ele absorve potência reativa da rede, como se fosse uma carga indutiva). Assim, uma fonte separada, por exemplo, capacitores conectados em derivação, é frequentemente necessária para fornecer a potência reativa capaz de superar a operação da máquina de indução com fator de potência atrasado.

Geradores de Indução de Rotor Bobinado e Duplamente Alimentados. O esquema da Figura 3.10 utiliza uma máquina de indução do tipo rotor bobinado em que o estator está diretamente conectado à rede e ao rotor, injetando nele as correntes necessárias por meio de uma interface com eletrônica de potência, que é discutida no Capítulo 7. Tipicamente, quatro quintos de potência fluem diretamente do estator à rede e somente um quinto da potência flui através dos elementos da eletrônica de potência no circuito do rotor. O obstáculo desse esquema é que ele utiliza uma máquina de indução de rotor bobinado na qual as correntes do rotor trifásico bobinado são fornecidas por meio de anéis deslizantes e escovas que requerem manutenção. Apesar do fato de o circuito de eletrônica de potência ser caro, desde que o custo com a eletrônica de potência seja avaliado em somente um quinto da avaliação do sistema, o custo total desse esquema não será muito maior que o do esquema prévio. De qualquer forma, há algumas vantagens distintas sobre o esquema anterior, como descrito a seguir.

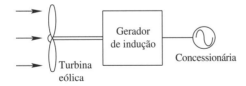

FIGURA 3.9 Gerador de indução diretamente conectado à rede [8].

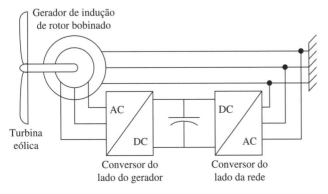

FIGURA 3.10 Gerador de indução de rotor bobinado duplamente alimentado [8-9].

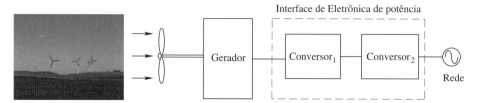

FIGURA 3.11 Interface de eletrônica de potência conectada ao gerador [10].

O esquema da máquina de indução de rotor bobinado duplamente alimentado pode tipicamente operar em uma faixa de ± 30 % ao redor da velocidade síncrona, e por isso ele é capaz de captar mais potência em baixas e altas velocidades de vento em comparação com o esquema anterior. Ele pode também fornecer potência reativa, enquanto o esquema prévio, a máquina de indução de gaiola de esquilo, somente absorve potência reativa. Consequentemente, o esquema que utiliza uma máquina de indução de rotor bobinado duplamente alimentado é comum em parques eólicos dos Estados Unidos.

Dispositivos de Eletrônica de Potência Conectados ao Gerador. No terceiro esquema, apresentado na Figura 3.11, um gerador de indução gaiola de esquilo ou um gerador de ímã permanente é conectado à rede por meio de interface de eletrônica de potência, descrita no Capítulo 7. Essa interface consiste em dois conversores. O conversor no terminal do gerador fornece a potência reativa para a excitação necessária, se for um gerador de indução. Sua frequência de operação é controlada para ser ótima na velocidade do vento predominante. O conversor no terminal da linha é capaz de absorver ou fornecer potência reativa de forma contínua. Este é o arranjo mais flexível utilizando uma máquina gaiola de esquilo robusta ou um gerador de ímã permanente de eficiência elevada, que podem funcionar em uma faixa muito ampla de velocidades de vento. Ele é o provável concorrente para que futuros arranjos, conforme o custo da interface de eletrônica de potência, que tem de dar conta de toda a potência de saída do sistema, continuem a diminuir.

3.6.1.2 Desafios no Aproveitamento da Energia Eólica

A energia eólica tem enorme potencial. Somente os estados americanos da Dakota do Sul e do Norte podem potencialmente fornecer dois terços da energia elétrica de que atualmente necessitam os Estados Unidos. Mas a energia eólica também tem muitos desafios. O vento é variável, e sua potência varia com o cubo de sua velocidade. Logo, é difícil usá-lo como uma fonte convencional despachável pelos centros de controle de energia. Para superar esse problema de despacho, pesquisas estão sendo conduzidas em armazenamento de energia, por exemplo, volantes de inércia para curta duração suplementados por outros geradores, como biodiesel, quando o vento diminui por longos períodos. Outro problema com os recursos eólicos é que eles estão localizados longe dos centros de carga e o aproveitamento dessa energia pode requerer a construção de novas linhas de transmissão.

3.6.2 Energia Fotovoltaica

Como mencionado anteriormente, exceto para a nuclear, todas as formas de recursos de energia são baseadas indiretamente na energia solar. As células fotovoltaicas (FV) convertem diretamente os raios do sol em eletricidade.

As células fotovoltaicas consistem em junções *pn* nas quais a incidência dos fótons dos raios do sol causa excesso de elétrons e lacunas, em decorrência de o seu equilíbrio térmico normal ser extrapolado. Isto causa um potencial a ser desenvolvido e, se o circuito externo estiver completo, resulta em um fluxo de elétrons e, por conseguinte, um fluxo de corrente. A característica $v - i$ de uma célula fotovoltaica é como apresentada na Figura 3.12, que mostra que cada célula produz uma tensão de circuito aberto de aproximadamente 0,6 V. A corrente de curto-circuito é limitada e a potência disponível em seu valor ótimo está próxima ao "joelho" da característica $v - i$.

Em sistemas fotovoltaicos, os arranjos fotovoltaicos (tipicamente quatro deles conectados em série) fornecem uma tensão de 53 V a 90 V CC, sendo que os sistemas de eletrônica de potência, como mostrado na Figura 3.13, convertem a tensão CC a uma senoidal de 120 V/60 Hz, apropriada para interagir com uma rede monofásica. Um circuito rastreador de máxima potência, na Figura 3.13, permite que essas células sejam operadas no ponto de máxima potência.

Há alguns tipos de células fotovoltaicas, como as de silício monocristalino, com eficiência de 15 % a 18 %, ou as de silício multicristalino, com eficiência de 13 % a 18 %, e as de silício amorfo, com eficiência de 5 % a 8 %.

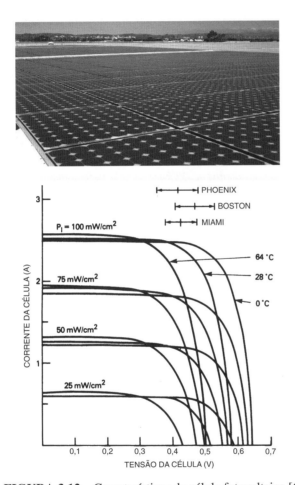

FIGURA 3.12 Características da célula fotovoltaica [6].

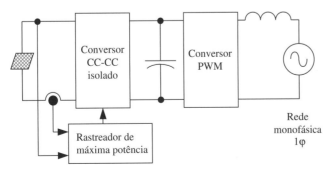

FIGURA 3.13 Sistemas fotovoltaicos.

3.6.3 Células Combustíveis

Ultimamente, houve muito interesse e muito esforço dedicado aos sistemas de células combustíveis. As células combustíveis usam hidrogênio (e possivelmente outros combustíveis) como entrada e, por meio de uma reação química, produzem eletricidade diretamente, com água e calor como subprodutos. Nas células combustíveis, o hidrogênio reage com o catalisador para produzir elétrons e prótons. Os prótons passam através de uma membrana. Os elétrons fluem através de um circuito externo e combinam-se com os prótons e o oxigênio para produzir água. Gera-se calor nesse processo como um subproduto. Dessa forma, ele não tem as consequências ambientais dos combustíveis convencionais e sua eficiência pode chegar até 60 %.

A saída das células combustíveis é uma tensão CC, como apresentado na Figura 3.14, portanto a necessidade de conversores de eletrônica de potência para interligar-se com a rede é a mesma apresentada em sistemas fotovoltaicos.

Atualmente, as células combustíveis não são comercialmente competitivas e existem alguns desafios a ser superados. Não está claro qual deve ser a melhor forma para produzir e transportar hidrogênio. Se algum outro combustível, tal como o gás natural, for empregado, qual seria a viabilidade econômica de utilizar os reformadores necessários para a operação em conjunto com as células combustíveis?*

Contudo, uma pesquisa intensa está sendo conduzida no desenvolvimento de várias células combustíveis, e algumas delas são listadas aqui, com a eficiência esperada do sistema em parênteses: *Proton Exchange Membrane* (PEM) (32 % a 40 %), alcalino (32 % a 45 %), ácido fosfórico (36 % a 45 %), carbonato derretido (43 % a 55 %) e óxido sólido (43 % a 55 %).

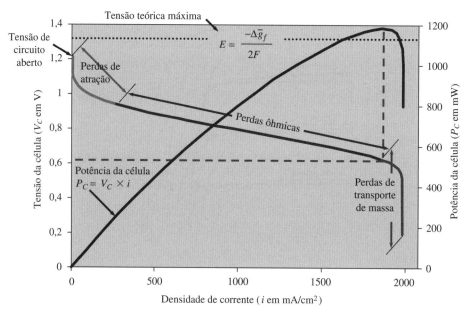

FIGURA 3.14 Relação $v - i$ da célula combustível e potência da célula [12].

3.6.4 Biomassa

Há vários outros tipos de fontes para geração elétrica sendo considerados. A biomassa consiste em material biológico, como resíduos agrícolas, madeira e esterco. Outra possibilidade são óleos vegetais, etanol de milho e outros grãos e gás de decomposição anaeróbica. A biomassa ainda inclui combustível derivado de resíduos. O uso de biomassa e de seus derivados para produção de energia comercial está apenas começando, mas esforço significativo está sendo realizado nesse campo.

---

*O reformador recupera o hidrogênio do gás natural, sem a necessidade de estocar o gás em cilindros. (N.T.)

3.7 GERAÇÃO DISTRIBUÍDA (GD)

Como mencionado no Capítulo 1, o cenário do setor elétrico está mudando e, apesar de estar em sua infância, há um crescente uso da geração distribuída. Esse tipo de geração, como o nome implica, é distribuída e normalmente muito menor em quantidade de potência do que as usinas de potência convencionais. Assim, a geração distribuída é geralmente estimulada por recursos renováveis, tais como os parques eólicos. Além disso, há um movimento para gerar eletricidade no mesmo local que carga e assim minimizar o custo das linhas de transmissão e distribuição e as perdas a elas associadas. Essa geração distribuída pode dar-se por microturbinas e células combustíveis, que podem ser capazes de utilizar gás natural por meio de um reformador. Uma das vantagens significativas dessa geração distribuída seria o uso do calor produzido como subproduto dessa geração, em vez de "jogá-lo", como é comum em usinas elétricas, resultando assim em eficiência energética muito maior, em comparação. A grande conquista da geração distribuída poderia ser a fotovoltaica, se o custo das células fotovoltaicas decrescesse significativamente.

3.8 CONSEQUÊNCIAS AMBIENTAIS E AÇÕES CORRETIVAS

3.8.1 Consequências Ambientais

A queima de combustíveis fósseis em usinas de potência produz gases de efeito estufa, como o CO_2, que provoca mudanças no clima. O efeito estufa do gás CO_2 é ilustrado na Figura 3.15. De forma similar às vidraças de uma estufa, a radiação do sol na forma de luz ultravioleta passa através da atmosfera, onde uma parcela dessa radiação é absorvida e outra parcela refletida de volta. A radiação que atravessa é absorvida principalmente pela terra, aquecendo-a. O calor é irradiado de volta, mas, devido à baixa temperatura da superfície da terra, essa radiação está na forma de infravermelhos. Como os vidros de uma estufa, os gases de efeito estufa, como o dióxido de carvão e óxidos de nitrogênio, retêm na atmosfera o calor infravermelho, e assim menos radiação volta ao espaço. O efeito estufa provoca mudanças climáticas, com consequências desastrosas prognosticadas.

Existem também outras consequências. A queima de combustíveis fósseis resulta no aumento da concentração de enxofre e óxidos de nitrogênio na atmosfera. Esses convertem-se em chuva ácida ou neve ácida, com riscos para a saúde e para a vida aquática.

Certos tipo de carvão provocam poluição por mercúrio, que é extremamente danoso para a saúde, o qual fica concentrado nos peixes, por exemplo. Como a eficiência do ciclo termodinâmico em usinas com combustível fóssil é de somente cerca de 40 %, o resto da energia

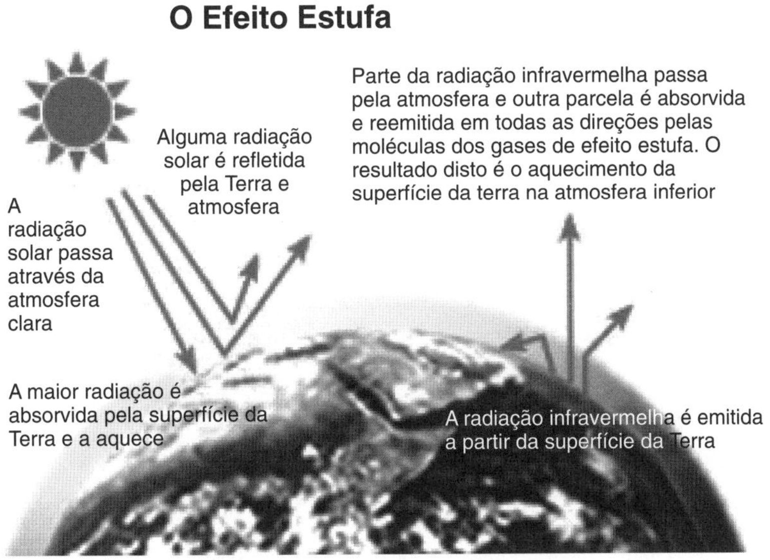

O Efeito Estufa

FIGURA 3.15   Efeito estufa [13].

atua diretamente na criação de poluição térmica da água que é usada na refrigeração. Isto pode ter consequências adversas, como o crescimento de algas etc.

3.8.2 Ações Corretivas

Incluem a remoção de dióxido de enxofre, purificadores para remoção de óxidos de nitrogênio e precipitadores eletrostáticos. Essas ações corretivas incrementam os custos das usinas de potência e, assim, o preço da eletricidade gerada. O "sequestro" de carbono também está sendo investigado.

3.9 PLANEJAMENTO DE RECURSOS

A escolha na utilização dos recursos disponíveis para a geração de eletricidade baseia-se em várias considerações, investimento inicial, custo da eletricidade, considerações ambientais etc. Além disso, as concessionárias usam misturas de recursos, como ilustrado na Figura 3.16 [14]. Esses recursos incluem carvão, energia nuclear, gás e petróleo, renováveis e compras de outras concessionárias.

O custo do combustível para eletricidade no ano de 2005 nos Estados Unidos é apresentado na Figura 3.17, por meses.

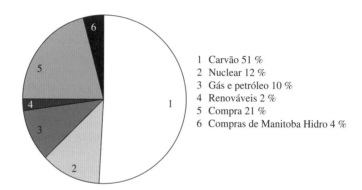

FIGURA 3.16 Combinação de recursos na XcelEnergia [14].

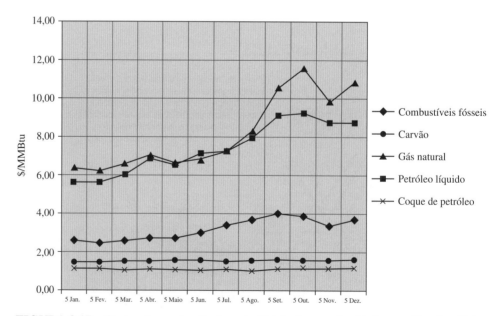

FIGURA 3.17 Custos de combustíveis na indústria de energia elétrica nos Estados Unidos [1].

Alguns dados e quantidades aproximadas do ano de 2007 para uma concessionária em Minnesota são os seguintes:

- Usinas a carvão: essas usinas levam de 6 a 8 anos para serem construídas e custam 2000 dólares por kW. Sua eficiência térmica está na faixa de 33 % a 37 %. O tempo de partida associado às usinas de carvão é de 6 a 8 horas. Incluindo o combustível e os outros custos, o custo da eletricidade dessas usinas é de 2,0 a 2,5 centavos de dólar por kWh. (Esse custo é baixo assim devido à disponibilidade de carvão para essa concessionária a preços baratos, em virtude da proximidade com a mina de carvão e devido à transmissão da eletricidade com linhas HVDC.)
- Usinas a gás de ciclo simples: essas usinas levam aproximadamente um ano para serem construídas e custam 500 dólares por kW. Sua eficiência térmica é a mesma que a das usinas a carvão, na faixa de 33 % a 37 %. O tempo de partida associado às usinas a gás pode ser de apenas 10 minutos ou pode chegar a mais de 30 minutos. Incluindo o combustível e outros custos, o custo de eletricidade dessas usinas é de 20 centavos de dólar por kWh.
- Usinas a gás de ciclo combinado: comparadas a usinas a gás de ciclo simples, sua eficiência térmica pode ser duas vezes maior, acima de 60 %. Como regra prática, se uma usina é usada por menos que 20 % do tempo em um ano, então a turbina a gás de ciclo simples é escolhida. Em uma faixa de 20 % a 60 % do tempo, a usina a gás de ciclo combinado é utilizada, e qualquer eficiência maior que 60 % favorece o uso de usina a gás na base do diagrama de carga. Incluindo o combustível e outros custos, o custo de eletricidade dessas usinas está ao redor de 10 centavos de dólar por kWh.
- Turbinas eólicas: o vento tornou-se um recurso comercial, com o custo de eletricidade de aproximadamente 4,5 centavos de dólar por kWh, com os Créditos Tributários da Produção Federal, e 6,4 centavos por kWh sem esses créditos.

Deve-se notar que a energia fotovoltaica, na escala da concessionária, e a energia maremotriz têm um potencial que chega a ser economicamente viável e pesquisas nessas áreas estão sendo realizadas agressivamente.

REFERÊNCIAS

1. U.S. Department of Energy (www.eia.doe.gov).
2. Homer M. Rustebakke (editor), *Electric Utility Systems and Practices*. 4th edition, John Wiley & Sons, 1983.
3. M. M. El-Wakil, *Powerplant Technology*, McGraw-Hill Companies, 1984.
4. *Technology Review Magazine*, MIT, September 2005.
5. http://www.nrc.gov/reading-rm/basic-ref/students/reactors.html.
6. National Renewable Energy Lab (www.nrel.gov).
7. Kara Clark, Nicholas W. Miller, Juan J. Sanchez-Gasca, *Modeling of GE Wind Turbine-Generators for Grid Studies*, GE Energy Report, Version 4.4, September 9, 2009.
8. Ned Mohan, *Electric Machines and Drives: A First Course*, John Wiley & Sons (www.wiley.com), 2011.
9. Ned Mohan, *Advanced Electric Drives* (www.mnpere.com).
10. Ned Mohan, *Power Electronics: A First Course*, John Wiley & Sons (www.wiley.com), 2011.
11. N. Mohan, *Power Electronics: Converters, Applications and Design*, T. Undeland, and W. P. Robbins, John Wiley & Sons (www.wiley.com).
12. www.NETL.DOE.gov.
13. http://www.epa.gov/climatechange/kids/index.html.
14. 2004 Environmental Report, www.xcelenergy.com.

50 *Capítulo 3*

EXERCÍCIOS

3.1 Quais são as fontes de energia elétrica?

3.2 Quais são as consequências ambientais da utilização da energia elétrica?

3.3 Descreva as usinas de energia hidráulicas.

3.4 Descreva dois processos nucleares e aponte qual deles é utilizado na produção de energia nuclear comercial.

3.5 Descreva os diferentes tipos de reatores nucleares.

3.6 Descreva as usinas termelétricas a carvão.

3.7 Descreva as usinas termelétricas a gás.

3.8 Qual é o potencial e quais os desafios associados à energia eólica?

3.9 Como a eficiência de uma turbina eólica depende da relação da velocidade tangencial na ponta da pá e do ângulo de passo das pás?

3.10 Quais são os três esquemas mais comuns de geração usados associados ao aproveitamento da energia eólica?

3.11 Qual é o princípio fundamental da operação de células fotovoltaicas?

3.12 Qual é o princípio fundamental da operação de células combustíveis?

3.13 O que é o efeito estufa?

3.14 Quais são as consequências ambientais da produção de energia a partir de combustíveis fósseis?

3.15 Quais são os atuais e potenciais corretivos para minimizar os impactos ambientais da utilização de combustíveis fósseis?

3.16 O Departamento de Energia dos Estados Unidos estima que mais de 122 bilhões de kWh/ano podem ser economizados no setor de manufatura norte-americano com a utilização de tecnologias de conservação bem desenvolvidas e de baixo custo. Calcule (a) quantas usinas de geração de 1000 MW são necessárias para alimentar constantemente a energia desperdiçada, e (b) a economia anual em dólares se o custo de eletricidade é 0,10 centavos de dólares por kWh.

3.17 A geração de eletricidade nos Estados Unidos no ano 2000 foi de aproximadamente $3,8 \times 10^9$ MW-h, 16% dos quais são utilizados para sistemas de aquecimento, ventilação e ar-condicionado. De acordo com um relatório do Departamento de Energia dos Estados Unidos, 30 % dessa energia pode ser economizada em tais sistemas por meios de dispositivos de ajuste de eletricidade. Com base nessa informação, calcule a economia de energia por ano e relacione-a às usinas de geração de 1000 MW operando plenamente necessárias para fornecer essa energia desperdiçada.

3.18 A quantidade total de eletricidade que poderia potencialmente ser gerada do vento nos Estados Unidos é estimada em $10,8 \times 10^9$ MW-h anualmente. Se um décimo desse potencial é desenvolvido, estime o número de geradores eólicos de 2 MW necessários, supondo que um gerador eólico produz em média somente 25 % da energia que é capaz de gerar.

3.19 No Exercício 3.18, se cada gerador eólico de 2 MW tem 20 % de sua potência de saída fluindo através da interface de eletrônica de potência, estime a potência total dessas interfaces em kW.

3.20 A iluminação nos Estados Unidos consume 19 % da eletricidade gerada. As lâmpadas fluorescentes compactas (LFC) consomem um quarto da potência consumida por lâmpadas incandescentes para a mesma iluminação de saída. A geração de eletricidade nos Estados Unidos no ano 2000 foi de aproximadamente $3,8 \times 10^9$ MW-h. Com base nessas informações, estime a economia de energia em MW-h anualmente, supondo que toda a iluminação no presente é feita por lâmpadas incandescentes que serão substituídas por LFCs.

3.21 Os sistemas de células combustíveis que também utilizam o calor produzido podem alcançar eficiências próximas a 80 %, mais do dobro da geração elétrica baseada na turbina a gás. Considere que 25 milhões de lares produzem uma média de 5 kW. Calcule a porcentagem de eletricidade gerada pelos sistemas de células combustíveis em comparação à geração de eletricidade anual nos Estados Unidos de $3,8 \times 10^9$ MW-h.

3.22 Estima-se que o aquecimento de alimentos por indução baseado em dispositivos de eletrônica de potência tenha eficiência de 80 % enquanto o aquecimento elétrico tradicional apresenta eficiência de 55 %. Se uma casa em média consumir 2 kW-h diariamente com o aquecimento elétrico tradicional e 50 milhões de lares mudarem para cozinhas por indução nos Estados Unidos, calcule a economia anual no uso da eletricidade.

3.23 Considere que a densidade de energia média da luz solar seja 800 W/m^2 e a eficiência global do sistema fotovoltaico seja de 10 %. Calcule a área de terreno coberta com células fotovoltaicas necessárias para produzir 1000 MW, o tamanho de uma típica usina elétrica grande.

3.24 No Exercício 3.23, as células solares são distribuídas na parte superior de telhados, cada um com área de 50 m^2. Calcule o número de casas necessárias para produzir a mesma potência.

4

LINHAS DE TRANSMISSÃO CA E CABOS SUBTERRÂNEOS

4.1 INTRODUÇÃO

A eletricidade é normalmente gerada em áreas afastadas dos centros de carga, como áreas metropolitanas. As linhas de transmissão formam um importante enlace na estrutura dos sistemas de potência ao transportar grandes quantidades de energia elétrica com a menor perda de energia possível, mantendo o sistema estável operacionalmente e tudo isso a um custo mínimo. O acesso às linhas de transmissão tornou-se um gargalo importante na operação dos sistemas de potência atualmente, fazendo com que a construção de linhas de transmissão adicionais seja um sério obstáculo a ser superado. Este é, por exemplo, um dos desafios a serem encarados no aproveitamento em grande escala da energia eólica.

Muitos sistemas de transmissão consistem em linhas de transmissão aéreas. Embora se discutam mais as linhas de transmissão CA, a análise apresentada neste capítulo também se aplica a cabos CA subterrâneos, como descrito brevemente adiante, os quais são utilizados em áreas metropolitanas.

Há alguns sistemas de transmissão em alta-tensão CC (ou HVDC) que também são utilizados para transportar grandes quantidades de potência por grandes distâncias. Espera-se que tais sistemas sejam utilizados mais frequentemente. Os sistemas HVDC requerem conversores de eletrônica de potência e, por conseguinte, são discutidos em um capítulo separado, juntamente com outras aplicações de eletrônica de potência em sistemas de potência.

4.2 LINHAS DE TRANSMISSÃO CA AÉREAS

A discussão apresentada aqui se aplica tanto às linhas de transmissão como às redes de distribuição, embora o enfoque seja sobre linhas de transmissão. As linhas de transmissão sempre consistem em três fases nas tensões comumente usadas, 115 kV, 161 kV, 230 kV, 345 kV, 500 kV e 765 kV. As tensões menores que 115 kV são geralmente consideradas para distribuição. As tensões maiores que 765 kV são consideradas para transmissão a longa distância.

Uma torre de transmissão típica de 500 kV é mostrada na Figura 4.1a. Há três fases (a, b e c) e cada uma delas consiste em três condutores agrupados, que são pendurados nos braços das torres de aço por meio de isoladores, como mostrado na Figura 4.1b. Os condutores com múltiplos fios de alumínio na parte externa e com aço no núcleo, como mostrado na Figura 4.1c, são denominados condutores de alumínio de aço reforçado ou condutores de alumínio com alma de aço (CAA) (*aluminium conductors steel reinforced* — ACSR). A corrente através do condutor flui principalmente através do alumínio, que tem uma condutividade sete vezes maior que a do aço, o qual é utilizado no núcleo para prover força de tração e, desse modo, evitar o encurvamento excessivo das linhas entre as torres. Tipicamente, há aproximadamente cinco torres em cada quilômetro e meio.

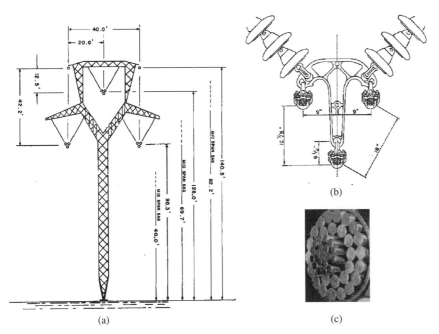

FIGURA 4.1 Linha de transmissão de 500 kV (Fonte: Universidade de Minnesota, curso de EMTP).

Os parâmetros das linhas de transmissão dependem do nível de tensão para a qual foram projetadas, uma vez que linhas de alta-tensão requerem valores elevados de separação entre condutores, de altura dos condutores e de sua separação da torre aterrada. Uma adequada distância mínima de segurança (*clearance*) é necessária para manter a intensidade do campo elétrico no nível do solo, abaixo das linhas de transmissão, dentro dos limites, que é especificado em, por exemplo, 8 kV (rms)/m pelo Conselho de Qualidade Ambiental de Minnesota.

4.2.1 Cabos de Proteção, Agrupamentos de Condutores e Custo

Cabos de proteção: Como mostrado na Figura 4.1a, os cabos de proteção são geralmente utilizados para proteger os condutores de fase caso sejam atingidos por descargas atmosféricas. Estes também são chamados cabos de aterramento, ou para-raios, e são periodicamente aterrados por meio da torre. Portanto, é importante obter uma resistência na base da torre com o menor valor possível.

Agrupamento de condutores ou cabos múltiplos: Condutores agrupados ou cabos múltiplos são utilizados, como mostrado na Figura 4.1b, para minimizar a intensidade do campo elétrico na superfície do condutor para evitar o efeito corona, que será discutido adiante neste capítulo. De acordo com [1], o máximo gradiente da superfície do condutor deve ser menor que 16 kV/cm. O agrupamento de condutores também resulta na redução das indutâncias série da linha e no aumento da capacitância *shunt*, cada uma das quais benéficas à capacidade de carregamento das linhas para níveis mais elevados de potência. Entretanto, o agrupamento de condutores resulta na elevação dos custos e no aumento da distância mínima de segurança necessária entre as torres [2]. Nas linhas de tensão menores que 345 kV, a maior parte das linhas de transmissão consiste em condutores simples. Em 345 kV, a maior parte das linhas consiste em condutores múltiplos, usualmente um agrupamento com dois condutores espaçados em 45,72 cm (ou 18 polegadas). Em 500 kV, as linhas de transmissão utilizam condutores múltiplos, tal como o agrupamento de três condutores mostrado na Figura 4.1b, com espaçamento de 45,72 cm (ou 18 polegadas).

Custo: O custo de tais linhas depende de uma variedade de fatores, mas, como uma estimação aproximada, uma linha de 345 kV custa na faixa de 312.500 dólares por km em áreas rurais e acima de 1.250.000 dólares por km em áreas urbanas, em Minnesota, com um média de 468.750 dólares por km. Estimativas aproximadas similares estão disponíveis para outras tensões de transmissão.

4.3 TRANSPOSIÇÃO DAS FASES DA LINHA DE TRANSMISSÃO

Na estrutura mostrada na Figura 4.1a, as fases estão arranjadas de forma triangular. Em outras estruturas, essas fases podem ser todas horizontais ou todas verticais, como apresentado na Figura 4.2a. Fica claro, a partir desses arranjos, que os acoplamentos magnéticos e elétricos não são iguais entre as fases. Por exemplo, na Figura 4.2a, o acoplamento entre as fases a e b poderia diferir daquele entre as fases a e c. Para balancear essas três fases, elas são transpostas, como apresentado na Figura 4.2b. Esse desequilíbrio não é muito significativo em linhas curtas, por exemplo, menores que 100 km de comprimento. Mas em linhas longas, recomenda-se que um ciclo de transposição, igual a três seções, como apresentado na figura 4.2b, seja efetuado a cada 150 km de extensão, para uma configuração triangular, e com comprimento menor para arranjos horizontais ou verticais [3]. Apesar do fato de que as linhas de transmissão são raramente transpostas, assumiremos que as três fases estão perfeitamente balanceadas na análise simplificada a seguir.

4.4 PARÂMETROS DA LINHA DE TRANSMISSÃO

As resistências, indutâncias e capacitâncias das linhas de transmissão são distribuídas por todo o comprimento da linha. Supondo que as três fases sejam balanceadas, pode-se facilmente calcular os parâmetros da linha de transmissão em um modelo por fase, como apresentado na Figura 4.3, em que o condutor inferior é o neutro (em geral, hipotético) que não conduz corrente em um arranjo trifásico perfeitamente balanceado sob operação em regime permanente senoidal. Para arranjos desbalanceados, incluindo o efeito do nivelamento do terreno e dos cabos de proteção, programas de computador tais como PSCAD/EMTDC[1] [4] e EMTP — Programa de Transitórios Eletromagnéticos (ElectroMagnetic Transients Program) — estão disponíveis, os quais podem ainda incluir a dependência da frequência dos parâmetros das linhas de transmissão.

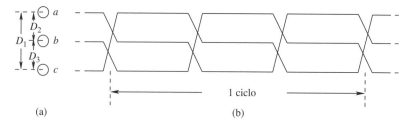

FIGURA 4.2 Transposição de linhas de transmissão.

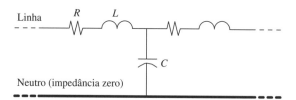

FIGURA 4.3 Representação dos parâmetros distribuídos em um modelo por fase.

---

[1]Simulador computacional de sistemas de potência, ele engloba o EMTDC e o PSCAD em um único pacote. EMTDC: Simulador de Transitórios Eletromagnéticos e Eletromecânicos registrado pela empresa Manitoba HVDC Research Centre Inc. PSCAD ou Power System CAD: Programa de Interface Gráfica do EMTDC registrado pela empresa Manitoba Hidro. (N.T.)

4.4.1 Resistência R

A resistência de uma linha de transmissão em "por unidade" é projetada para ter valor baixo e, assim, minimizar as perdas I^2R. Essas perdas diminuem conforme a dimensão do condutor aumenta, mas os custos dos condutores e torres sobem. Nos Estados Unidos, o Departamento de Energia estima que aproximadamente 9 % da eletricidade gerada é perdida na transmissão e distribuição. Portanto, é importante manter baixo o valor da resistência da linha de transmissão. Em um arranjo com condutores múltiplos, é a resistência paralela dos condutores agrupados que deve ser considerada.

Há tabelas [2] que fornecem a resistência em CC e em 60 Hz para várias temperaturas. Condutores ACSR, tal como apresentado na Figura 4.1c, são considerados ocos, como na Figura 4.4a, porque a resistência elétrica do núcleo de aço é muito maior que a resistência dos fios externos de alumínio.

Além disso, o fenômeno do efeito pelicular (*skin*) desempenha um papel importante em 60 Hz (ou 50 Hz). A resistência da linha R depende do comprimento l do condutor, da resistividade ρ do material (que aumenta com a temperatura) e inversamente da seção transversal A do condutor através do qual a corrente flui:

$$R = \frac{\rho l}{A} \tag{4.1}$$

A área efetiva A na Equação 4.1 depende da frequência devido ao efeito pelicular, em que a corrente em 60 Hz de frequência não é uniformemente distribuída por toda a área da seção transversal; na realidade, a corrente concentra-se na direção da periferia do condutor com uma elevada densidade de corrente J, como apresentado na Figura 4.4b para um condutor *sólido* (esta será mais uniforme para um condutor oco),

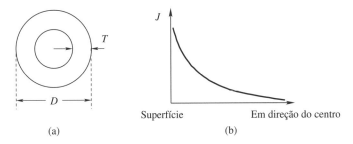

FIGURA 4.4 (a) Seção transversal de condutores ACSR. (b) Efeito pelicular em um condutor sólido.

e decresce exponencialmente, de forma que na profundidade pelicular a densidade da corrente é um fator de e ($= 2,718$) menor que aquele na superfície. A profundidade do efeito pelicular de um material em uma frequência f é [5]:

$$\delta = \sqrt{\frac{2\rho}{(2\pi f)\mu}} \tag{4.2}$$

que é calculada para o alumínio no exemplo a seguir.

Exemplo 4.1

Na Figura 4.4a, o condutor é alumínio com resistividade $\rho = 2{,}65 \times 10^{-2}$ $\mu\Omega$-m. Calcule a profundidade pelicular δ na frequência de 60 Hz.

Solução A permeabilidade do alumínio pode ser considerada a do vácuo, qual seja, $\mu = 4\pi \times 10^{-7}$ H/m. A resistividade é aquela especificada anteriormente. Substituindo esses valores na Equação 4.2,

$$\delta = 18{,}75 \text{ mm}$$

Portanto, nos condutores ACSR, a espessura do alumínio *T*, como mostrado na Figura 4.4a, é mantida na ordem da profundidade pelicular e qualquer espessura adicional do alumínio será essencialmente um desperdício que não resultará em diminuição da resistência total para as correntes CA. No caso do tipo de condutor ACSR, o denominado condutor *Bunting*, mostrado na Figura 4.4a, $T/D = 0{,}3748$, em que $D = 3{,}307$ cm. Portanto, o efeito pelicular resulta em uma resistência ligeiramente maior em 60 Hz se comparada à resistência em CC, para o caso de condutor "oco", para o qual a resistência em CC é listada como 0,0492 ohms/km, contra 0,0507 ohms/km em 60 Hz, ambos na temperatura de 25°C [2].

4.4.2 Condutância em Derivação (*Shunt*) G

Nas linhas de transmissão, em adição às perdas de potência devido a I^2R na resistência série, existe uma pequena perda de energia devido à corrente de fuga fluindo através do isolador. Esse efeito é amplificado devido ao efeito corona, no qual o ar próximo aos condutores é ionizado e um som sibilante pode ser escutado sob clima nebuloso e enevoado. O problema do efeito corona pode ser evitado incrementando-se o tamanho do condutor e pelo uso do condutor agrupado, como discutido anteriormente [2]. Essas perdas podem ser representadas colocando-se uma condutância G em derivação (*shunt*) com a capacitância na Figura 4.3, pois tais perdas dependem aproximadamente do quadrado da tensão. Entretanto, essas perdas são insignificantes e, por conseguinte, em nossas análises será negligenciada a presença de G.

4.4.3 Indutância Série L

A Figura 4.5a mostra uma linha trifásica balanceada com correntes i_a, i_b e i_c, que somadas resultam zero em condições balanceadas, isto é, em qualquer tempo

$$i_a + i_b + i_c = 0 \tag{4.3}$$

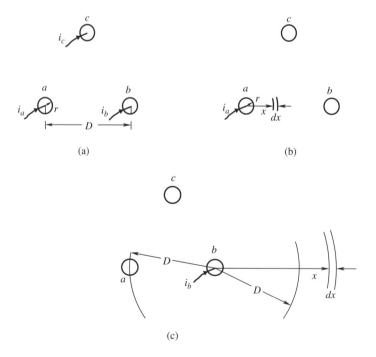

FIGURA 4.5 Fluxo de enlace ou concatenado com o condutor a.

Calcula-se a indutância de cada fase, por exemplo, a fase a, como a relação do fluxo total que enlaça (ou concatena) essa fase e sua corrente. O fluxo total que enlaça o condutor da fase a, causado pelas três correntes, pode ser obtido por superposição e, assim, a indutância por fase pode ser calculada como

$$L_a = \frac{\lambda_{a,total}}{i_a} = \frac{1}{i_a}\left(\lambda_{a,i_a} + \lambda_{a,i_b} + \lambda_{a,i_c}\right) \tag{4.4}$$

Considerando i_a sozinha, como na Figura 4.5b, pela Lei de Ampère, a uma distância x do condutor a,

$$H_x = \frac{i_a}{2\pi x} \quad \text{e} \quad B_x = \mu_0 H_x = \left(\frac{\mu_0}{2\pi x}\right)i_a \tag{4.5}$$

Portanto, na Figura 4.5b, o fluxo de enlace diferencial ou incremental em uma distância diferencial ou incremental dx sobre uma unidade de comprimento ao longo do condutor ($\ell = 1$) é

$$d\lambda_{x,i_a} = B_x \cdot dx = \left(\frac{\mu_0}{2\pi x}\right)i_a \cdot dx \tag{4.6}$$

Supondo que a corrente em cada condutor esteja na superfície (uma suposição razoável, com base na discussão do efeito pelicular no cálculo das resistências de linha), integrando x a partir do raio do condutor até o infinito,

$$\lambda_{a,i_a} = \int_r^\infty d\lambda_{x,i_a} = \left(\frac{\mu_0}{2\pi}\right)i_a \int_r^\infty \frac{1}{x} \cdot dx = \left(\frac{\mu_0}{2\pi}\right)i_a \ln\frac{\infty}{r} \tag{4.7}$$

A seguir, calcula-se o fluxo mútuo enlaçando o condutor da fase a devido a i_b, como apresentado na Figura 4.5c. Notando-se que $D \gg r$, o fluxo enlaçando o condutor a devido a i_b está entre uma distância D e o infinito. Assim, utilizando-se o procedimento acima e a Equação 4.7,

$$\lambda_{a,i_b} = \left(\frac{\mu_0}{2\pi}\right)i_b \ln\frac{\infty}{D} \tag{4.8}$$

De forma similar, devido a i_c,

$$\lambda_{a,i_c} = \left(\frac{\mu_0}{2\pi}\right)i_c \ln\frac{\infty}{D} \tag{4.9}$$

Logo, somando os componentes do fluxo de enlace das Equações 4.7 a 4.9,

$$\lambda_{a,total} = \lambda_{a,i_a} + \lambda_{a,i_b} + \lambda_{a,i_c} = \left(\frac{\mu_0}{2\pi}\right)\left[i_a\ln\frac{\infty}{r} + (i_b + i_c)\ln\frac{\infty}{D}\right] \tag{4.10}$$

A partir da Equação 4.3, a soma de i_b e i_c é igual a $(-i_a)$ da Equação 4.10, a qual, simplificando,

$$\lambda_{a,total} = \left(\frac{\mu_0}{2\pi}\right)i_a\ln\frac{D}{r} \tag{4.11}$$

Portanto, da Equação 4.4, a indutância L por unidade de comprimento associada a cada fase é

$$L = \left(\frac{\mu_0}{2\pi}\right)\ln\frac{D}{r} \quad \text{(em H/m)} \tag{4.12}$$

Se os condutores estiverem distantes D_1, D_2 e D_3 um em relação ao outro, como apresentada na Figura 4.2, mas com transposição, então a distância equivalente D (também conhecida como a distância média geométrica — DMG) entre eles, para utilização na Equação 4.12, pode ser calculada como

$$D = \sqrt[3]{D_1 D_2 D_3} \tag{4.13}$$

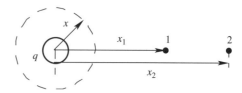

FIGURA 4.6 Campo elétrico devido a uma carga.

Nos cálculos mostrados, supõe-se que a corrente de cada condutor flui completamente na superfície. Mesmo assim, os programas de computador como PSCAD/EMTDC podem levar em conta a indutância interna do condutor com base na distribuição interna da densidade de corrente para o condutor em uma frequência dada.

Em condutores agrupados, a indutância por unidade de comprimento é menor, por exemplo, por um fator de 0,7, se um agrupamento de três condutores for utilizado com um espaçamento de 45,72 cm, como apresentado na Figura 4.1b [2]. Esse fator é de aproximadamente 0,8 em um agrupamento de dois condutores com um espaçamento de 45,72 cm.

4.4.4 Capacitância em Derivação (*Shunt*) C

Para calcular as capacitâncias da linha, considere uma carga q em um condutor, como na Figura 4.6, que resulte em linhas de fluxo no dielétrico e a intensidade de campo elétrico E. Considere uma superfície Gaussiana a uma distância x do condutor com comprimento unitário. A área da superfície é $(2\pi x) \times 1$ por unidade de comprimento, perpendicular às linhas de campo. Desse modo, a densidade de fluxo D e o campo elétrico E podem ser calculados como

$$D = \frac{q}{(2\pi x) \times 1} \quad \text{e} \quad E = \frac{D}{\varepsilon_0} = \frac{q}{(2\pi x)\,\varepsilon_0} \qquad (4.14)$$

em que $\varepsilon_0 = 8{,}85 \times 10^{-12}$ *F/m* é a permissividade do vácuo, aproximadamente a mesma do ar.

Portanto, na Figura 4.6, a tensão do ponto 1 em relação ao ponto 2, ou seja, v_{12}, é

$$v_{12} = -\int_{x_2}^{x_1} E(x) \cdot dx = \left(\frac{q}{2\pi\varepsilon_0}\right)\ln\frac{x_2}{x_1} \qquad (4.15)$$

Considerando três condutores dispostos simetricamente a uma distância D (não confundir com a densidade de fluxo do dielétrico), como apresentado na Figura 4.7a, pode-se calcular a tensão v_{ab}, por exemplo, superpondo-se os efeitos de q_a, q_b e q_c, como segue.

Da Equação 4.15, em que r é o raio do condutor, a tensão v_{ab} devido a q_a

$$v_{ab,q_a} = \left(\frac{q_a}{2\pi\varepsilon_0}\right)\ln\frac{D}{r} \qquad (4.16)$$

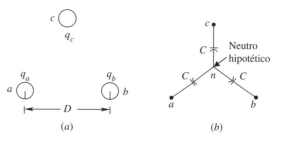

FIGURA 4.7 Capacitâncias em derivação ou *shunt*.

De forma similar, a tensão v_{ba}, devido a q_b,

$$v_{ba,q_b} = \left(\frac{q_b}{2\pi\varepsilon_0}\right)\ln\frac{D}{r} = -v_{ab,q_b} \tag{4.17}$$

em que $v_{ab,q_b} = -\left(\dfrac{q_b}{2\pi\varepsilon_0}\right)\ln\dfrac{D}{r}$.

Note que q_c, sendo equidistante de ambos os condutores a e b, não produz nenhuma tensão entre a e b, isto é, $v_{ab,\,qc} = 0$. Portanto, superpondo os efeitos das três cargas

$$v_{ab} = v_{ab,q_a} + v_{ab,q_b} + \underbrace{v_{ab,q_c}}_{(=0)} = \frac{1}{2\pi\varepsilon_0}(q_a - q_b)\ln\frac{D}{r} \tag{4.18}$$

Considere agora um ponto neutro n hipotético, como apresentado na Figura 4.7b, e as capacitâncias C de cada fase como indicadas, em que

$$v_{ab} = v_{an} - v_{bn} = \frac{q_a}{C} - \frac{q_b}{C} = \frac{1}{C}(q_a - q_b) \tag{4.19}$$

Comparando as Equações 4.18 e 4.19, a capacitância *shunt* por unidade de comprimento é

$$C = \frac{2\pi\varepsilon_0}{\ln\dfrac{D}{r}} \quad \text{(em F/m)} \tag{4.20}$$

Se os condutores estão nas distâncias D_1, D_2 e D_3, como mostrado na Figura 4.2, mas transpostos, então a distância equivalente (DMG) D entre eles, para utilizar a Equação 4.20, pode ser calculada como

$$D = \sqrt[3]{D_1 D_2 D_3} \tag{4.21}$$

Na Equação 4.20, deve-se observar que a capacitância por fase não inclui o efeito da terra e a presença dos cabos de proteção. Esse efeito é incluído em [4].

Em condutores agrupados ou múltiplos, a capacitância *shunt* é maior por um fator de aproximadamente 1,4 se um agrupamento de três condutores é utilizado com espaçamento de 45,72 cm [2]. Esse fator é de aproximadamente 1,25 em um agrupamento de dois condutores com espaçamento de 45,72 cm.

Os valores típicos de parâmetros de linhas de transmissão em vários níveis de tensão são dados na Tabela 4.1, em que se supõe que os condutores estão arranjados em um agrupamento de três condutores por fase com espaçamento de 45,72 cm [6].

Exemplo 4.2

Considere uma linha de transmissão de 345 kV consistindo em torres tipo 3L3 como apresentadas na Figura 4.8. Esse sistema de transmissão consiste em um condutor simples por fase,

TABELA 4.1 Parâmetros Aproximados das Linhas de Transmissão com Condutores Agrupados em 60 Hz

Tensão Nominal	R (Ω/km)	ωL (Ω/km)	ωC ($\mu\mho$/km)
230 kV	0,06	0,5	3,4
345 kV	0,04	0,38	4,6
500 kV	0,03	0,33	5,3
765 kV	0,01	0,34	5,0

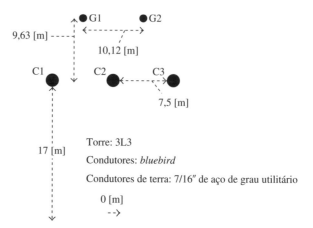

FIGURA 4.8 Um sistema de transmissão de 345 kV, com um condutor simples por fase.

do tipo ACSR Bluebird (código do condutor) com diâmetro de 4,48 cm. Ignorando o efeito da terra, os cabos para-raios (de proteção) e a flecha do condutor, calcule ωL (Ω/km) e ωC ($\mu\mho^{-1}$/km ou μ Siemens/km) e compare os resultados com aqueles dados na Tabela 4.1.

Solução As distâncias entre os condutores na Figura 4.8 são 7,5 m, 7,5 m e 15 m, respectivamente. Portanto, da Equação 4.21, a distância equivalente entre eles é $D = \sqrt[3]{7,5 \times 7,5 \times 15} =$ 9,45 m e o raio é $r = 0,0224$ m. Assim, em 60 Hz, das Equações 4.12 e 4.20, $\omega L = 0,456$ Ω/km e $\omega C = 3,467$ $\mu\mho$/km. Esses valores são para uma geometria específica do condutor não agrupado, ao passo que os parâmetros da Tabela 4.1 são valores típicos para condutores agrupados. Logo, os valores das indutâncias e capacitâncias calculadas a partir das Equações 4.12 e 4.20, modificados pelos fatores para levar em conta o agrupamento de condutores mencionado anteriormente, são aproximações (*ballpark*), enquanto valores mais precisos são calculados utilizando EMTDC em um dos exercícios propostos.

4.5 REPRESENTAÇÃO DOS PARÂMETROS DISTRIBUÍDOS DAS LINHAS DE TRANSMISSÃO EM REGIME PERMANENTE SENOIDAL

As linhas de transmissão trifásicas, considerando-as transpostas perfeitamente, podem ser tratadas por um modelo monofásico, como demonstrado na Figura 4.9 sob operação balanceada em regime permanente senoidal.

As linhas de transmissão são projetadas para ter sua resistência tão pequena quanto seja economicamente viável. Desse modo, em linhas de transmissão de comprimento médio (valores próximos a 300 km) ou curto, é razoável supor que a resistência seja concentrada. Tal resistência pode ser tomada em conta separadamente.

Com a distância x medida a partir do terminal de recepção, como apresentado na Figura 4.9, e omitindo-se a resistência R, para uma distância pequena Δx

$$\Delta \overline{V}_x = j\omega(L\Delta x)\overline{I}_x \quad \text{ou} \quad \frac{d\overline{V}_x}{dx} = j\omega L \overline{I}_x \tag{4.22}$$

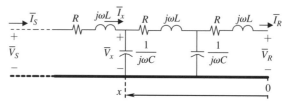

FIGURA 4.9 Linha de transmissão distribuída por fase (G não mostrado).

De forma similar, a corrente fluindo através da capacitância *shunt* distribuída, para uma distância pequena Δx

$$\Delta \overline{I}_x = j\omega(C\Delta x)\overline{V}_x \quad \text{ou} \quad \frac{d\overline{I}_x}{dx} = j\omega C\overline{V}_x \tag{4.23}$$

Derivando a Equação 4.22 em relação a x e fazendo a substituição na Equação 4.23,

$$\frac{d^2\overline{V}_x}{dx^2} + \beta^2\overline{V}_x = 0 \tag{4.24}$$

em que

$$\beta = \omega\sqrt{LC} \tag{4.25}$$

é a constante de propagação. De forma similar, para a corrente,

$$\frac{d^2\overline{I}_x}{dx^2} + \beta^2\overline{I}_x = 0 \tag{4.26}$$

Note que sob a suposição de transposição perfeita, que permite tratar uma linha de transmissão trifásica como monofásica, a equação da tensão da Equação 4.24 é independente da corrente, enquanto a equação de corrente da Equação 4.26 é independente da tensão. A solução da Equação 4.24 é da seguinte forma:

$$\overline{V}_x(s) = \overline{V}_1 e^{\beta jx} + \overline{V}_2 e^{-j\beta x} \tag{4.27}$$

em que $\overline{V}_1$ e $\overline{V}_2$ são coeficientes que serão calculados com base nas condições de contorno. A corrente na Equação 4.26 terá uma solução com forma similar à da Equação 4.27.

Derivando a Equação 4.27 em relação a x,

$$\frac{d\overline{V}_x}{dx} = j\beta\left(\overline{V}_1 e^{j\beta x} - \overline{V}_2 e^{-j\beta x}\right) \tag{4.28}$$

A partir da Equação 4.28 e da Equação 4.22,

$$\overline{I}_x = \left(\overline{V}_1 e^{j\beta x} - \overline{V}_2 e^{-j\beta x}\right)/Z_c \tag{4.29}$$

em que Z_C é a impedância de surto

$$Z_c = \sqrt{\frac{L}{C}} \tag{4.30}$$

Aplicando as condições de contorno nas Equações 4.27 e 4.29, isto é, no terminal receptor, $x = 0$, $\overline{V}_{x=0} = \overline{V}_R$ e $\overline{I}_{x=0} = \overline{I}_R$,

$$\overline{V}_1 + \overline{V}_2 = \overline{V}_R \quad \text{e} \quad \overline{V}_1 - \overline{V}_2 = Z_c\overline{I}_R \tag{4.31}$$

Da Equação 4.31,

$$\overline{V}_1 = \frac{\overline{V}_R + Z_c\overline{I}_R}{2} \quad \text{e} \quad \overline{V}_2 = \frac{\overline{V}_R - Z_c\overline{I}_R}{2} \tag{4.32}$$

Substituindo a Equação 4.32 na Equação 4.27 e reconhecendo que $\dfrac{e^{j\beta x} + e^{-j\beta x}}{2} = \cos\beta x$ e $\dfrac{e^{-j\beta x} - e^{-j\beta x}}{2} = j\text{sen}\,\beta x$,

$$\overline{V}_x = \overline{V}_R\cos\beta x + jZ_c\overline{I}_R\text{sen}\,\beta x \tag{4.33}$$

De forma similar, substituindo a Equação 4.32 na Equação 4.29

$$\overline{I}_x = \overline{I}_R \cos\beta x + j\frac{\overline{V}_R}{Z_c}\text{sen}\beta x \tag{4.34}$$

4.6 IMPEDÂNCIA DE SURTO Z_c E A POTÊNCIA NATURAL

Considere que uma linha de transmissão sem perdas seja carregada por uma resistência igual a Z_C, como apresentado na Figura 4.10a. Supondo que a tensão no terminal receptor seja o fasor de referência,

$$\overline{V}_R = V_R \angle 0° \quad \text{e} \quad \overline{I}_R = \frac{V_R}{Z_c} \angle 0° \tag{4.35}$$

Portanto, com base nas Equações 4.33 e 4.35, e sabendo-se que $\overline{V}_R = \overline{V}_R \angle 0°$

$$\overline{V}_x = V_R(\cos\beta x + j\text{sen}\beta x) = V_R e^{j\beta x} \tag{4.36}$$

Similarmente,

$$\overline{I}_x = I_R(\cos\beta x + j\text{sen}\beta x) = I_R e^{j\beta x} \tag{4.37}$$

A equação de tensão dada pela Equação 4.36 mostra que a magnitude da tensão tem perfil constante, como apresentado na Figura 4.10b, isto é, é a mesma em qualquer lugar na linha, e somente o ângulo aumenta com a distância x. Essa carga é chamada de carregamento da linha pela impedância de surto (*Surge Impedance Loading — SIL*) ou potência natural; a potência reativa consumida pela linha em qualquer lugar é a mesma que a potência reativa produzida:

$$\omega L I_x^2 = V_x^2 \omega C \tag{4.38}$$

o que é verdade, uma vez que sob hipótese de SIL, das Equações 4.36 e 4.37, $\overline{V}_x/\overline{I}_x = Z_c$.

Para um dado nível de tensão, a impedância característica de uma linha de transmissão cai em uma faixa estreita, pois a separação e a altura dos condutores acima do solo dependem desse nível de tensão. A Tabela 4.2 mostra os valores típicos para a impedância de surto e a potência natural (*SIL*), em que

$$SIL = \frac{V_{LL}^2}{Z_c} \tag{4.39}$$

Da Tabela 4.2 fica claro que para uma grande potência transferida, por exemplo, 1000 MW, necessita-se de uma alta-tensão, tal como 345 kV ou 500 kV, caso contrário muitos circuitos em paralelo serão necessários.

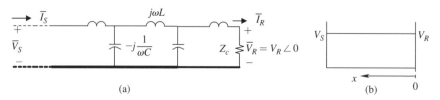

FIGURA 4.10 Linha de transmissão monofásica com resistência igual a Z_C conectada ao terminal receptor.

TABELA 4.2 Impedância de Surto Aproximada e
Potência Natural Trifásica

Tensão Nominal	Z_c (Ω)	*SIL* (MW)
230 KV	385	135 MW
345 KV	275	430 MW
500 KV	245	1020 MW
765 KV	255	2300 MW

Exemplo 4.3

Para a linha de transmissão de 345 kV descrita no Exemplo 4.2, calcule a impedância de surto Z_c e a potência natural *SIL*. Se a linha é de 100 km de comprimento e a resistência da linha é 0,031 Ω/km, calcule a porcentagem de perdas se a linha for carregada com a impedância de surto.

Solução Na linha de transmissão de simples condutor do Exemplo 4.2, foi calculado que $\omega L = 0{,}456$ Ω/km e $\omega C = 3{,}467$ $\mu\mho^{-1}$/km. Portanto, da Equação 4.30, $Z_c \simeq 363$ Ω e, da Equação 4.39, $SIL = 328$ MW. Na potência natural dessa linha de transmissão, a corrente por fase através da linha é

$$I = \frac{345 \times 10^3 / \sqrt{3}}{Z_c} = 548{,}7 \text{ A}$$

e, assim, as perdas de potência como porcentagem da SIL nessa linha de 100 km de comprimento é

$$\% I^2 R = 100 \times \frac{3 \times 548{,}7^2 \times (0{,}031 \times 100)}{328 \times 10^6} \simeq 0{,}85 \%$$

4.6.1 Capacidade de Carga de uma Linha [2, 6, 7]

A potência natural (*SIL*) fornece uma referência em termos de quantidade de carga máxima em que uma linha de transmissão pode ser expressa. Essa carga é uma função do comprimento da linha de transmissão de modo que certas restrições sejam satisfeitas. Essa capacidade de carga aproximada é uma função do comprimento da linha. Linhas curtas, menores que 100 km de comprimento, podem ser carregadas com mais de três vezes o *SIL*, com base em não exceder os limites térmicos. Linhas de comprimento médio, entre 100 km e 300 km, podem ser carregadas de 1,5 a 3 vezes o *SIL* sem que a queda da tensão através delas exceda 5 %. Linhas longas, acima de 300 km, podem ser carregadas com valor próximo ao do *SIL*, dado o limite de estabilidade (discutido adiante neste livro), de modo que o ângulo de fase da tensão entre os dois terminais não exceda 40° a 45°. A capacidade de carga de linhas médias e longas pode ser incrementada providenciando-se compensadores em série e em derivação (*shunt*), que serão discutidos no capítulo que trata da estabilidade. Esses resultados são resumidos na Tabela 4.3.

TABELA 4.3 Capacidade de Carga Aproximada de Linhas de Transmissão

Comprimento da Linha (km)	Fator Limitante	Múltiplo do *SIL*
<100	Térmico	>3
100–300	Queda de Tensão 5 %	1,5-3
>300	Estabilidade	1,0-1,5

4.7 MODELOS DAS LINHAS DE TRANSMISSÃO COM PARÂMETROS CONCENTRADOS EM REGIME PERMANENTE

Em um regime permanente balanceado senoidal, é muito útil ter o modelo da linha de transmissão monofásica sobre a suposição de que as três fases são perfeitamente transpostas e as tensões e correntes são balanceadas e estão em regime permanente senoidal.

Na representação da linha de transmissão de parâmetros distribuídos, na seção anterior, no terminal transmissor, com $x = \ell$,

$$\overline{V}_S = \overline{V}_R \cos\beta\ell + jZ_c\overline{I}_R \operatorname{sen}\beta\ell \tag{4.40}$$

e

$$\overline{I}_S = j\frac{\overline{V}_R}{2}\operatorname{sen}\beta\ell + \overline{I}_R\cos\beta\ell \tag{4.41}$$

Essa linha de transmissão pode ser representada por um circuito de dois terminais, como apresentado na Figura 4.11, no qual a simetria é necessária em ambos os terminais devido à natureza bilateral da linha de transmissão. Para encontrar $Z_{série}$ e $Y_{shunt}/2$, segue-se o seguinte procedimento: um hipotético curto-circuito no terminal receptor resulta em $\overline{V}_R = 0$ e, da Figura 4.11 e da Equação 4.43,

$$\left.\frac{\overline{V}_S}{\overline{I}_R}\right|_{\overline{V}_R=0} = Z_{séries} = jZ_c\operatorname{sen}\beta\ell \tag{4.42}$$

Para linhas de transmissão de comprimento médio ou menores, $\beta\ell$ é pequeno (ver exercícios). Assuma-se que, para valores pequenos de $\beta\ell$, sen $\beta\ell \simeq \beta\ell$. Fazendo uso dessa aproximação na Equação 4.42 e sabendo-se que $\beta = \omega\sqrt{LC}$ e $Z_c = \sqrt{L/C}$,

$$Z_{séries} = j\omega L_{linha} \quad \text{em que} \quad L_{linha} = \ell L \tag{4.43}$$

Com o terminal receptor em circuito aberto na Figura 4.11, $\overline{I}_R = 0$ e, da Equação 4.40,

$$\left.\frac{\overline{V}_S}{\overline{V}_R}\right|_{\overline{I}_R=0} = 1 + Z_{séries}\frac{Y_{shunt}}{2} = \cos\beta\ell \tag{4.44}$$

Portanto, das Equações 4.43 e 4.44,

$$\left(\frac{Y_{shunt}}{2}\right) = \frac{\cos\beta\ell - 1}{j\omega L_{linha}} \tag{4.45}$$

Com base na expansão em série de Taylor para pequenos valores de $\beta\ell$, $\cos\beta\ell \simeq 1 - \frac{(\beta l)^2}{2}$, assim, na Equação 4.45,

$$\frac{Y_{shunt}}{2} = j\frac{\omega C_{linha}}{2} \quad \text{em que} \quad C_{linha} = C\ell \tag{4.46}$$

Dessa forma, a representação do circuito equivalente monofásico na Figura 4.11 torna-se como o apresentado na Figura 4.12, em que a resistência série é explicitamente colocada

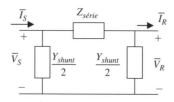

FIGURA 4.11 Representação de parâmetros concentrados.

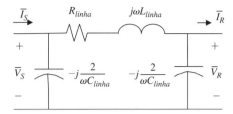

FIGURA 4.12 Representação monofásica para linhas de transmissão de comprimento médio.

como elemento concentrado. Isto pode ser confirmado das expressões derivadas no apêndice para linhas longas, em que a resistência da linha R é também considerada como distribuída e simplificada para linhas de comprimento médio (ver exercícios).

4.7.1 Linhas de Comprimento Curto

Em linhas curtas menores que 100 km, o efeito dos vars capacitivos é pequeno, se comparado à capacidade do sistema de prover potência reativa Q, e geralmente pode ser omitido. Desse modo, as capacitâncias em derivação (*shunt*) apresentadas na Figura 4.12 podem ser negligenciadas. Isto resulta somente na impedância série, na qual a resistência série também pode ser omitida em alguns estudos simplificados.

4.7.2 Linhas de Comprimento Longo

Como obtido no Apêndice A, para linhas longas excedendo 300 km de comprimento, seria prudente utilizar uma representação mais exata, em que os parâmetros no circuito equivalente monofásico da Figura 4.11 são como segue:

$$Z_{séries} = Z_c \operatorname{senh} \gamma \ell \qquad (4.47)$$

$$\frac{Y_{shunt}}{2} = \frac{\tanh\left(\frac{\gamma \ell}{2}\right)}{Z_c} \qquad (4.48)$$

em que

$$Z_c = \sqrt{\frac{R+j\omega L}{G+j\omega C}} \qquad \text{e} \qquad (4.49)$$

$$\gamma = \sqrt{(R+j\omega L)(G+j\omega C)} \qquad (4.50)$$

4.8 CABOS [8]

Como estabelecido em [8], o uso de cabos subterrâneos de transmissão nos Estados Unidos é muito pequeno: menos de 1 % da extensão das linhas aéreas. A tensão mais alta de cabos subterrâneos geralmente utilizada nos Estados Unidos é 345 kV, e grande parte desse sistema de cabos está confinado em um tipo de duto preenchido com fluido altamente pressurizado. Cabos com dielétricos extrudados são comumente utilizados nos Estados Unidos até 230 kV, e até 500 kV em serviços em ultramar. Cabos de transmissão subterrâneos são geralmente mais caros que cabos de linhas aéreas. Por causa de todas as variáveis (desenho do sistema, considerações de trajetória, tipo de cabo, tipo de canal etc.), deve-se verificar caso por caso se o cabo de transmissão subterrâneo é uma alternativa viável. Como regra prática, o cabo de transmissão subterrâneo custará de três a 20 vezes o custo de construção de uma linha aérea. Em consequência do alto custo, o uso de cabos de potência de alta-tensão para transmissão e subtransmissão é geralmente limitado a aplicações especiais, devido

66   *Capítulo 4*

a restrições ambientais e/ou de passagens por uma rota. Se o cabo de transmissão subterrâneo for considerado, um estudo de engenharia será necessário para avaliar apropriadamente as possíveis alternativas subterrâneas.

No entanto, os cabos subterrâneos são utilizados para transferir potência nas áreas metropolitanas e ao redor delas por causa do reduzido espaço para linhas de transmissão aéreas bem como por questões estéticas. Os cabos são também mais confiáveis, já que não ficam expostos aos elementos da natureza como as linhas aéreas. Para transmissão de grandes quantidades potência em longa distância, os cabos não são geralmente utilizados por causa de seu custo comparado ao das linhas de transmissão aéreas, embora novas tecnologias de escavação e de materiais dos cabos possam reduzir a desvantagem do custo.

Os cabos subterrâneos têm capacitância muito maior que as linhas de transmissão aéreas e, por isso, a impedância característica Z_C deles é muito menor. Entretanto, apesar dos valores baixos de Z_C e valores altos de *SIL*, a carga dos cabos é limitada por problemas de liberação do calor dissipado. Para transmissão submersa, os cabos são utilizados em sistemas CC pela seguinte razão: dada a alta capacitância dos cabos subterrâneos, operar a 60/50 Hz CA exigiria reatores *shunt* colocados a distâncias periódicas para compensar as correntes de carga capacitiva. Tais reatores de compensação submersos não são viáveis.

Há vários tipos de cabos em uso: cabos impregnados em óleo sob alta pressão (tipo *Pipe*), cabos impregnados em óleo contido no próprio cabo (conhecidos como cabos a óleo fluido, no Brasil) com um núcleo simples, cabos de seção enlaçada com isolamento de polietileno e cabos isolados a gás SF_6 comprimido [9]. Há também pesquisas sendo realizadas sobre cabos supercondutores. A modelagem de parâmetros de cabos para estudos de sistemas de potência é similar àqueles aplicados a linhas de transmissão aéreas.

REFERÊNCIAS

1. United States Department of Agriculture, Design Manual for High Voltage Transmission Lines, RUS BULLETIN 1724E-200.
2. Electric Power Research Institute (EPRI), *Transmission Line Reference Book*: 345 kV *and above*, 2nd edition.
3. Hermann W. Dommel, *EMTP Theory Book*, BPA, August 1986.
4. PSCAD/EMTDC, Manitoba HVDC Research Centre: www.hvdc.ca.
5. N. Mohan, T. Undeland and W.P. Robbins, Power Electronics: Converters, Applications, and Design, 3rd edition, *Year* 2003, John Wiley & Sons.
6. Prabha Kundur, *Power System Stability and Control*, McGraw Hill, 1994.
7. R. Dunlop et al., "Analytical Development of Loadability Characteristics for EHV and UHV Transmission Lines," IEEE Transaction on PAS, Vol PAS-98, No.2, March/April 1979.
8. United States Department of Agriculture, Rural Utilities Service, Design Guide for Rural Substations, RUS BULLETIN 1724E-300 (http://www.rurdev.usda.gov/RDU_Bulletins_-Electric.html).
9. EPRI's *Underground Transmission Systems Reference Book*.

EXERCÍCIOS

4.1   De acordo com [1], o gradiente na superfície do condutor em uma linha de transmissão de condutor simples por fase pode ser calculado como segue:

$$g = \frac{kV_{LL}}{\sqrt{3}\; r\ln\frac{D}{r}}$$

em que kV_{LL} é a tensão linha-linha ou fase-fase em kV, r é o raio do condutor em cm, D é a distância média geométrica (DMG) dos condutores de fase em cm e g é o gradiente na superfície do condutor em kV/cm.

Calcule o gradiente na superfície do condutor para uma linha de 230 kV (a) com condutores ACSR Dove, para os quais $r = 1,18$ cm e (b) com condutores ACSR Pheasant, para os quais $r = 1,755$ cm. Supor que $D = 784,9$ cm em ambos os casos.

Linhas de Transmissão CA e Cabos Subterrâneos 67

4.2 De acordo com [1], o gradiente na superfície do condutor em uma linha de transmissão de dois condutores agrupados por fase pode ser calculado como segue:

$$g = \frac{kV_{LL}(1 + 2r/s)}{2\sqrt{3}\, r\ln \frac{D}{\sqrt{rs}}}$$

em que kV_{LL} é a tensão linha-linha ou fase-fase em kV, r é o raio do condutor em cm, D é a distância média geométrica (DMG) dos condutores de fase em cm, s é a separação entre condutores em cm e g é o gradiente na superfície do condutor em kV/cm.

Calcule o gradiente na superfície do condutor para uma linha de 345 kV com dois condutores agrupados por fase, do tipo ACSR Drake, para o qual $r = 1,407$ cm. Supor que $D = 914$ cm e $s = 45,72$ cm.

4.3 Os parâmetros para um sistema de transmissão de 500 kV, apresentado na Figura 4.1, com condutores agrupados são como segue: $Z_C = 258\ \Omega$ e $R = 1,76 \times 10^{-2}\ \Omega$/km. Calcule o valor da potência natural SIL e a porcentagem de perdas de potência nessa linha de transmissão, se o comprimento for de 300 km e estiver carregada para seu SIL.

4.4 A linha de 500 kV do Exercício 4.3 é do tipo linha de comprimento curto, 80 km. Está carregada com três vezes seu SIL. Calcule as perdas de potência nessa linha em porcentagem de sua carga.

4.5 A linha de 345 kV do tipo descrito no Exemplo 4.3 é de 300 km de comprimento. Calcule os parâmetros para seu modelo como linha longa. Compare esses valores de parâmetros com os valores obtidos no modelo que a supõe linha de comprimento médio. Compare os erros percentuais ao supor uma linha de comprimento médio.

4.6 Considere uma linha de transmissão de 345 kV que tem parâmetros similares aos descritos na Tabela 4.1. Supondo uma base de 100 MVA, obtenha seus parâmetros em pu, "por unidade".

4.7 Considere uma linha de transmissão de 345 kV de 300 km de comprimento que tem parâmetros similares aos descritos na Tabela 4.1. Suponha que a tensão no terminal de recepção seja $V_R = 1,0$ pu. Desenhe o gráfico da relação de tensão V_s/V_R em função de P_R/SIL, em que P_R é a potência considerando fator de potência unitário na carga no terminal receptor. P_R/SIL varia na faixa de 0 a 3.

4.8 Repita o Exercício 4.7 se a impedância da carga tiver um fator de potência de (a) 0,9 atrasado e (b) 0,9 adiantado. Compare esses resultados com uma carga de fator de potência unitário.

4.9 Calcule a diferença do ângulo de fase das tensões entre os dois terminais da linha do Exercício 4.7, que é uma carga de fator de potência unitário.

4.10 Uma linha de 200 km de comprimento e de 345 kV tem os parâmetros dados na Tabela 4.1. Desconsidere a resistência. Calcule o perfil de tensão ao longo da linha se ela estiver carregada a (a) 1,5 vez o SIL e (b) 0,75 vez o SIL, se ambas as tensões nos terminais se mantiverem em 1 pu.

4.11 No Exercício 4.10, calcule a potência reativa em ambos terminais nos dois níveis de carga.

4.12 Em um sistema de cabos subterrâneos de 230 kV, a impedância de surto (ignorando perdas) é 25 ohms e a carga é de 14,5 MVA/km. O comprimento do cabo é 20 km. A resistência é 0,05 ohms/km. Ambos os terminais desse sistema de cabos subterrâneos estão mantidos em 1 pu, com uma tensão no terminal de envio $\bar{V}_s = 1,0 \angle 10°$ pu e uma tensão no terminal receptor $\bar{V}_r = 1,0 \angle 0°$ pu. Calcule a potência de perdas no cabo e expresse-a como porcentagem da potência recebida na extremidade receptora.

4.13 Mostre que as expressões derivadas no apêndice para linhas longas, nas quais a resistência da linha R também é considerada como distribuída, são simplificadas para linhas de comprimento médio, como apresentado na Figura 4.12.

4.14 Mostre que, para uma linha de comprimento médio de 345 kV e de 200 km, $\beta\ell$ é tão pequeno que as aproximações $\beta\ell \simeq \beta\ell$ e $\cos\beta\ell \simeq 1 \dfrac{(\beta\ell)^2}{2}$ são razoáveis.

68 *Capítulo 4*

EXERCÍCIOS BASEADOS EM EMTDC

4.15 Calcule os parâmetros da linha de transmissão de 345 kV de condutor simples por fase no Exemplo 4.2. Material disponível no *site* da LTC Editora.

4.16 Calcule os parâmetros de uma linha de transmissão de 345 kV de dois condutores agrupados por fase. Material disponível no *site* da LTC Editora.

4.17 Calcule os parâmetros de uma linha de transmissão de 500 kV de três condutores agrupados por fase. Material disponível no *site* da LTC Editora.

4.18 Obtenha os resultados do Exercício 4.11 em EMTDC. Material disponível no *site* da LTC Editora.

APÊNDICE 4A LINHAS DE TRANSMISSÃO LONGAS

Neste apêndice, consideram-se as linhas de transmissão de comprimento superior a 300 km. O procedimento para determinar sua representação é similar ao procedimento feito para linhas de comprimento médio, exceto que a resistência R da linha também é considerada como distribuída e a condutância *shunt* G também é incluída.

Com a distância x medida a partir da extremidade receptora, como apresentado na Figura 4.9, em uma distância x

$$\frac{d\overline{V}_x}{dx} = (j\omega L + R)\overline{I}_x \tag{A4.1}$$

De forma similar, devido à corrente fluindo através das capacitâncias *shunt* distribuídas,

$$\frac{d\overline{I}_x}{dx} = (j\omega C + G)\overline{V}_x \tag{A4.2}$$

Derivando a Equação A4.1 em relação a x e fazendo a substituição na Equação A4.2,

$$\frac{d^2\overline{V}_x}{dx^2} = (j\omega L + R)(j\omega C + G)\overline{V}_x = \gamma^2\overline{V}_x \tag{A4.3}$$

em que

$$\gamma = \sqrt{(R + j\omega L)(G + j\omega C)} = \alpha + j\beta \tag{A4.4}$$

é a constante de propagação em que α e β são valores positivos. De forma similar, para a corrente,

$$\frac{d^2\overline{I}_x}{dx^2} = (R + j\omega L)(G + j\omega C)\overline{I}_x = \gamma^2\overline{I}_x \tag{A4.5}$$

A solução da Equação A4.3 dá-se da seguinte forma:

$$\overline{V}_x = \overline{V}_1 e^{\gamma x} + \overline{V}_2 e^{-\gamma x} \tag{A4.6}$$

em que $\overline{V}_1$ e $\overline{V}_2$ são coeficientes que serão calculados com base nas condições de contorno. A corrente na Equação A4.5 terá solução de forma similar à Equação A4.6. Derivando a Equação A4.6 em relação a x,

$$\frac{d\overline{V}_x}{dx} = \gamma\left(\overline{V}_1 e^{\gamma x} - \overline{V}_2 e^{-\gamma x}\right) \tag{A4.7}$$

Comparando a Equação A4.7 com a Equação A4.1,

$$\overline{I}_x = \left(\overline{V}_1 e^{\gamma x} - \overline{V}_2 e^{-\gamma x}\right)/Z_c \tag{A4.8}$$

em que Z_c é a impedância característica

$$Z_c = \sqrt{\frac{R + j\omega L}{G + j\omega C}} \tag{A4.9}$$

Aplicando as condições de contorno às Equações A4.6 e A4.8, isto é, na extremidade de recepção $x = 0$, $\overline{V}_{x=0} = \overline{V}_R$ e $\overline{I}_{x=0} = \overline{I}_R$

$$\overline{V}_1 + \overline{V}_2 = \overline{V}_R \quad \text{e} \quad \overline{V}_1 - \overline{V}_2 = Z_c\overline{I}_R \tag{A4.10}$$

A partir da Equação A4.10

$$\overline{V}_1 = \frac{\overline{V}_R + Z_c\overline{I}_R}{2} \quad \text{e} \quad \overline{V}_2 = \frac{\overline{V}_R - Z_c\overline{I}_R}{2} \tag{A4.11}$$

Fazendo a substituição da Equação A4.11 e reconhecendo que $\dfrac{e^{\gamma x} + e^{-\gamma x}}{2} = \cosh\gamma x$ e $\dfrac{e^{\gamma x} - e^{-\gamma x}}{2} = \operatorname{senh}\gamma x$,

$$\overline{V}_x = \overline{V}_R\cosh\gamma x + Z_c\overline{I}_R\operatorname{senh}\gamma x \tag{A4.12}$$

De forma similar,

$$\overline{I}_x = \frac{\overline{V}_R}{Z_c}\operatorname{senh}\gamma x + \overline{I}_R\cosh\gamma x \tag{A4.13}$$

4A.1 Modelo de Linhas de Transmissão de Parâmetros Concentrados em Regime Permanente

Na representação de parâmetros distribuídos da linha de transmissão na seção anterior, na extremidade de envio, com $x = \ell$,

$$\overline{V}_S = \overline{V}_R\cosh\gamma\ell + Z_c\overline{I}_R\operatorname{senh}\gamma\ell \tag{A4.14}$$

e

$$\overline{I}_S = \frac{\overline{V}_R}{2}\operatorname{senh}\gamma\ell + \overline{I}_R\cosh\gamma\ell \tag{A4.15}$$

Essa linha de transmissão pode ser representada por um circuito de dois terminais, apresentado na Figura 4.11, no qual a simetria é necessária em ambos terminais devido à natureza bilateral da linha de transmissão. Para encontrar $Z_{série}$ e $Y_{shunt}/2$, o seguinte procedimento é feito: provocar um curto-circuito no terminal de recepção resulta em $\overline{V}_R = 0$ e, da Figura 4.11,

$$\frac{\overline{V}_S}{\overline{I}_R}\bigg|_{\overline{V}_R=0} = Z_{séries} = Z_c\operatorname{senh}\gamma\ell \tag{A4.16}$$

Com o terminal receptor em aberto, na Figura 4.11, $\overline{I}_R = 0$,

$$\frac{\overline{V}_S}{\overline{V}_R}\bigg|_{\overline{I}_R=0} = 1 + Z_{séries}\frac{Y_{shunt}}{2} = \cosh\gamma\ell \tag{A4.17}$$

Portanto,

$$\frac{Y_{shunt}}{2} = \frac{1}{Z_c}\left(\frac{\cosh\gamma\ell - 1}{\operatorname{senh}\gamma\ell}\right) \tag{A4.18}$$

Com base em tabelas matemáticas, para um parâmetro arbitrário A,

$$\frac{\cosh A - 1}{\operatorname{senh} A} = \tanh\left(\frac{A}{2}\right) \tag{A4.19}$$

e assim,

$$\frac{Y_{shunt}}{2} = \frac{\tanh\left(\frac{\gamma\ell}{2}\right)}{Z_c} \tag{A4.20}$$

5

FLUXO DE POTÊNCIA EM REDES DE SISTEMAS DE POTÊNCIA

5.1 INTRODUÇÃO

Para propósitos de planejamento, é importante conhecer a capacidade de transferência de potência das linhas de transmissão para atender à demanda de carga antecipada. Também é importante conhecer os níveis de fluxo de potência através das várias linhas de transmissão sob condições normais, assim como em condições de contingência de indisponibilidade de equipamentos para manter a continuidade de serviço. O conhecimento dos fluxos de potência e níveis de tensão sob condições de operação normal são também necessários a fim de determinarem-se as correntes de falta se, por exemplo, uma linha estiver em curto-circuito, e as consequências subsequentes na estabilidade transitória do sistema.

Um programa de fluxo de potência é comumente utilizado por todas as companhias de energia para propósitos de planejamento e operação. Esses cálculos de fluxo de potência são usualmente executados nas redes de geração e transmissão, em que o efeito da rede subjacente secundária (sistema de distribuição) é incluído implicitamente.

A determinação do fluxo de potência requer a medição de certas condições do sistema de potência. Teoricamente, se todas as tensões dos barramentos pudessem ser medidas com confiança em termos de suas magnitudes e ângulos de fase, então os cálculos de fluxo de potência poderiam ser obtidos pela solução do círculo linear, em que as tensões e as impedâncias dos ramos, incluindo as impedâncias das cargas, são todas fornecidas e não haveria necessidade do procedimento delineado neste capítulo.

De qualquer forma, as companhias medem uma combinação de quantidades tal como a magnitude da tensão V, a potência ativa P e a potência reativa Q em vários barramentos. (Muitos relés de proteção de faltas já fazem essas medições para executar sua função e essa informação coletada por eles é utilizada para cálculos de fluxo de potência.) A informação medida é transmitida para um equipamento de recepção para monitoramento em uma estação central de operação, geralmente por meio de transmissores e receptores de micro-ondas dedicados. Essa informação tem que ser instantânea, isto é, medida simultaneamente em um dado momento. O sistema de aquisição e teletransmissão dessas medidas até um centro de controle é chamado sistema SCADA (*supervisory control and data acquisition*). É reconhecido que nem todos os transdutores das medições fornecem informação exata todo o tempo. Para superar esse problema, o sistema apresenta redundância de informações medindo mais quantidades do que são necessárias. Logo, um estimador de estados é utilizado para descartar medidas errôneas (erros grosseiros) e redundantes de forma probabilística.

Neste capítulo, estuda-se a formulação básica do problema do fluxo de potência e discutem-se os métodos de solução numérica mais utilizados para resolvê-lo. Para simplificar a discussão, supõe-se um sistema trifásico balanceado, portanto, apenas uma representação monofásica é necessária.

A seguir, descreve-se como o sistema de potência é representado para este estudo. As linhas de transmissão são representadas por seu circuito pi-equivalente com impedância série $Z_{série}$ ($= R + j\omega L$) e susceptância $B_{shunt}/2$ ($= \omega C/2$) em cada extremidade da linha. Essas são expressas em "por unidade", pu, em uma base comum MVA e kV. É habitual utilizar uma potência base trifásica 100 MVA. De forma similar, os transformadores são representados por sua impedância de dispersão total expressa em "por unidade" em termos da base comum MVA, ignorando suas correntes de excitação. Supõe-se que os transformadores estejam em sua relação de espiras nominal, e assim as relações de espiras não entram nos cálculos na base por unidade. As cargas podem ser representadas em uma combinação de diferentes formas: por especificação de suas potências ativa e reativa (P e Q), como uma fonte de corrente constante ou por sua impedância, que é tratada como uma constante.

5.2 DESCRIÇÃO DO SISTEMA DE POTÊNCIA

Um sistema de potência pode ser considerado como consistindo nos seguintes barramentos (ou barras) que estão interconectados por meio de linhas de transmissão:

1. Barramentos de carga, em que P e Q são especificados. Esses são chamados barramentos *PQ*.
2. Barramentos de geradores, em que a magnitude de tensão V e a potência P são especificadas. Esses são chamados barramentos *PV*. Se os limites superior e/ou inferior da potência reativa Q em um barramento *PV* são especificados e esse limite é alcançado, então tal barramento é tratado como um barramento *PQ* no qual a potência reativa é especificada no valor-limite que é alcançado.
3. Um barramento de folga ou referência (*slack*), que é essencialmente um barramento "infinito", em que a magnitude da tensão V é especificada (normalmente 1 pu) e o ângulo de fase também é especificado (geralmente 0 radiano) como um ângulo de referência. Nesse barramento, P pode ser a potência necessária para fechar o balanço de potência ativa do sistema e as perdas de transmissão, e é, portanto, chamada de barra de folga, a qual assume a diferença de potência entre geração e as cargas/perdas do sistema. De forma similar, Q nesse barramento pode ser a potência reativa para fechar o balanço reativo do sistema e para manter a tensão em valor especificado.
4. Há barramentos nos quais não há injeções especificadas de P e Q e a tensão também é não especificada. Geralmente, esses barramentos tornam-se necessários por incluir transformadores. Esses podem ser considerados um subgrupo de barramentos *PQ* com injeções especificadas de $P = 0$ e $Q = 0$.

5.3 EXEMPLO DE SISTEMA DE POTÊNCIA

Para ilustrar os cálculos de fluxo de potência, um sistema de potência extremamente simples, consistindo em três barramentos, é apresentado na Figura 5.1. Esses três barramentos são conectados por três linhas de transmissão de 345 kV, de 200 km, 150 km e 150 km de com-

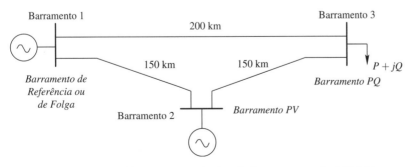

FIGURA 5.1 Sistema exemplo de três barramentos de 345 kV.

TABELA 5.1 Valores por Unidade no Sistema Exemplo

Linha	Impedância Série Z em Ω (pu)	Susceptância Total B em $\mu\mho$ (pu)
1-2	$Z_{12} = (5,55 + j56,4)\ \Omega = 0,0047 + j0,0474)$ pu	$B_{Total} = 675\mu\mho = (0,8034)$ pu
1-3	$Z_{13} = (7,40 + j75,2)\ \Omega = 0,0062 + j0,0632)$ pu	$B_{Total} = 900\mu\mho = (1,0712)$ pu
2-3	$Z_{23} = (5,55 + j56,4)\ \Omega = 0,0047 + j0,0474)$ pu	$B_{Total} = 675\mu\mho = (0,8034)$ pu

primento, como mostra a Figura 5.1. De forma similar aos valores listados na Tabela 4.1, do Capítulo 4, considere que essas linhas de transmissão com condutores agrupados têm uma reatância série de 0,376 Ω/km em 60 Hz e a resistência série de 0,037 Ω/km. A susceptância *shunt* $B(=\omega C)$ é 4,5 $\mu\mho$/km ou μ Siemens/km.

Para converter as quantidades em valores por unidade, a tensão base é 345 kV (L-L). Seguindo a convenção, uma base de potência trifásica comum de 100 MVA é escolhida. Portanto, a impedância base é

$$Z_{base} = \frac{kV_{base}^2(fase)}{MVA_{base}(1 - \phi)} = \frac{kV_{base}^2(L - L)}{MVA_{base}(3 - \phi)} = 1190,25\ \Omega \tag{5.1}$$

A admitância base $Y_{base} = 1/Z_{base}$. Com referência nos valores de base de impedância e admitância e nos comprimentos das linhas, os parâmetros e seus valores por unidade são como os apresentados na Tabela 5.1.

5.4 CONSTRUÇÃO DA MATRIZ DE ADMITÂNCIAS

É mais fácil encontrar a solução da rede de forma nodal que escrever equações de malhas, que são mais numerosas. Ao escrever as equações nodais, a corrente $\overline{I}_k$ é a corrente *injetada* no barramento k, como apresentado na Figura 5.2, para o sistema exemplo da Figura 5.1 [1-3].

Pelas leis de corrente de Kirchhoff, a injeção da corrente no barramento k é relacionada às tensões dos barramentos como segue:

$$\overline{I}_k = \overline{V}_k Y_{kG} + \sum_{\substack{m \\ m \neq k}} \frac{\overline{V}_k - \overline{V}_m}{Z_{km}} \tag{5.2}$$

em que Y_{kG} é a soma das admitâncias conectadas no barramento k ao terra e o segundo termo consiste nos fluxos de corrente em todas as linhas conectadas ao barramento k, com a impedância série sendo Z_{km}, por exemplo entre os barramentos k e m. Portanto,

$$\overline{I}_k = \overline{V}_k \left(Y_{kG} + \sum_{\substack{m \\ m \neq k}} \frac{1}{Z_{km}} \right) - \sum_{\substack{m \\ m \neq k}} \frac{\overline{V}_m}{Z_{km}} \tag{5.3}$$

Na Equação 5.3, as quantidades dentro do parênteses no lado direito são designadas como

$$Y_{kk} = Y_{kG} + \sum_{\substack{m \\ m \neq k}} \frac{1}{Z_{km}} \tag{5.4}$$

que é a autoadmitância, ou admitância própria, e a soma das admitâncias conectadas entre o barramento k e os outros barramentos, incluindo o terra. De forma similar à Equação 5.3, entre os barramentos k e m a admitância mútua é

$$Y_{km} = -\frac{1}{Z_{km}} \tag{5.5}$$

que é o negativo do inverso da impedância série entre os barramentos k e m. Esse procedimento permite a formulação da matriz admitância dos barramentos ou nodal $[Y]$, para um sistema de n barramentos, como

$$\begin{bmatrix} \bar{I}_1 \\ \bar{I}_2 \\ .. \\ .. \\ .. \\ \bar{I}_n \end{bmatrix} = \begin{bmatrix} Y_{11} & Y_{12} & .. & .. & .. & Y_{1n} \\ Y_{21} & Y_{22} & .. & .. & .. & Y_{2n} \\ .. & .. & .. & .. & .. & .. \\ .. & .. & .. & .. & .. & .. \\ .. & .. & .. & .. & .. & .. \\ Y_{n1} & Y_{n2} & .. & .. & .. & Y_{nn} \end{bmatrix} \begin{bmatrix} \bar{V}_1 \\ \bar{V}_2 \\ .. \\ .. \\ .. \\ \bar{V}_n \end{bmatrix} \quad (5.6)$$

Exemplo 5.1

No sistema exemplo da Figura 5.2, ignore todas as susceptâncias *shunt* e monte a matriz de admitâncias dos barramentos conforme a Equação 5.6.

Solução No sistema exemplo, em "por unidade", com base na Tabela 5.1,

$Z_{12} = (0{,}0047 + j0{,}0474)$ pu, $Z_{13} = (0{,}0062 + j0{,}0632)$ pu, $Z_{23} = (0{,}0047 + j0{,}0474)$ pu

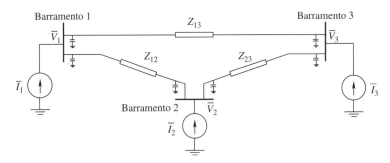

FIGURA 5.2 Sistema exemplo da Figura 5.1 para montagem da matriz Y-*bus*.

Portanto,

$$\begin{bmatrix} \bar{I}_1 \\ \bar{I}_2 \\ \bar{I}_3 \end{bmatrix} = \begin{bmatrix} 3{,}6090 - j36{,}5636 & -2{,}0715 + j20{,}8916 & -1{,}5374 + j15{,}6720 \\ -2{,}0715 + j20{,}8916 & 4{,}1431 - j41{,}7833 & -2{,}0715 + j20{,}8916 \\ -1{,}5374 + j15{,}6720 & -2{,}0715 + j20{,}8916 & 3{,}6090 - j36{,}5636 \end{bmatrix} \begin{bmatrix} \bar{V}_1 \\ \bar{V}_2 \\ \bar{V}_3 \end{bmatrix}$$

5.5 EQUAÇÕES BÁSICAS DE FLUXO DE POTÊNCIA

Na equação de redes da Equação 5.6, as injeções de corrente nos barramentos não são explicitamente especificadas. Ao invés disso, a potência ativa injetada P é especificada em barramentos PV, e as injeções de P e Q são especificadas em barramentos PQ como

$$P_k + jQ_k = \bar{V}_k \bar{I}_k^* \quad (5.7)$$

Com base na equação nodal na Equação 5.6,

$$\bar{I}_k = \sum_{m=1}^{n} Y_{km} \bar{V}_m \quad \text{em que} \quad (Y_{km} = G_{km} + jB_{km}) \quad (5.8)$$

Com base na Equação 5.8 e reconhecendo que, em termos das variáveis complexas, se $a = bc$, então $a^* = b^*c^*$,

$$\overline{I}_k^* = \sum_{m=1}^{n} Y_{km}^* \overline{V}_m^* = \sum_{m=1}^{n} (G_{km} - jB_{km})\overline{V}_m^* \tag{5.9}$$

Substituindo a Equação 5.9 na Equação 5.7,

$$P_k + jQ_k = \overline{V}_k \overline{I}_k^* = \sum_{m=1}^{n} \left[(G_{km} - jB_{km})\left(\overline{V}_k \overline{V}_m^* \right) \right] \tag{5.10}$$

Na Equação 5.10, $\overline{V}_k \overline{V}_m^*$ pode ser escrita na forma polar como

$$\overline{V}_k \overline{V}_m^* = \left(V_k e^{j\theta_k} \right)\left(V_m e^{-j\theta_m} \right) = V_k V_m e^{j\theta_{km}} = V_k V_m (\cos\theta_{km} + j\,\text{sen}\,\theta_{km}) \tag{5.11}$$

em que $\theta_{km} = \theta_k - \theta_m$.

Substituindo a Equação 5.11 na Equação 5.10 e separando a parte real e a parte imaginária (note que $\cos\theta_{kk} = 1$ e $\text{sen}\,\theta_{kk} = 0$),

$$P_k = G_{kk}V_k^2 + V_k \sum_{\substack{m=1 \\ m \neq k}}^{n} V_m(G_{km}\cos\theta_{km} + B_{km}\,\text{sen}\,\theta_{km}) \tag{5.12}$$

e

$$Q_k = -B_{kk}V_k^2 + V_k \sum_{\substack{m=1 \\ m \neq k}}^{n} V_m(G_{km}\,\text{sen}\,\theta_{km} - B_{km}\cos\theta_{km}) \tag{5.13}$$

em que os primeiros termos no lado direito da Equações 5.12 e 5.13 correspondem a $m = k$. Em um sistema de n barramentos, especificam-se os tipos de barramentos como segue: um barramento de referência, n_{PV} barramentos PV e n_{PQ} barramentos PQ, de forma que

$$\underbrace{1}_{\substack{\text{barramento} \\ \text{de referência}}} + n_{PV} + n_{PQ} = n \tag{5.14}$$

Neste sistema tem-se o número de equações seguinte:

$(n_{PV} + n_{PQ})$ equações: em que P são especificados
n_{PQ} equações: em que Q são especificados

Portanto, há um total de $(n_{PV} + 2n_{PQ})$ equações similares na forma às Equações 5.12 ou 5.13.

Da mesma forma, tem-se o número de variáveis desconhecidas:

n_{PQ}: magnitudes de tensões desconhecidas
$(n_{PV} + n_{PQ})$: ângulos de fase das tensões desconhecidas

Logo, há um total de $(n_{PV} + 2n_{PQ})$ variáveis desconhecidas para resolver e o mesmo número de equações.

Não há solução de forma fechada para as Equações 5.12 e 5.13, que são equações não lineares; por conseguinte, utiliza-se uma abordagem de tentativa e erro. Utilizando a expansão em séries de Taylor, as equações são linearizadas e então aplica-se um procedimento iterativo chamado método de Newton-Raphson até que a solução seja alcançada. Para tanto, podemos escrever as Equações 5.12 e 5.13 como segue, em que P_k^{sp} e Q_k^{sp} são valores especificados das potências injetadas ativa e reativa:

$$P_k^{sp} - P_k(V_1, \ldots, V_n, \theta_1, \ldots, \theta_n) = 0$$
$$(k \equiv \text{todos os barramento exceto o barramento de referência}) \tag{5.15}$$

e

$$Q_k^{sp} - Q_k(V_1, \ldots, V_n, \theta_1, \ldots, \theta_n) = 0$$
$$(k \equiv \text{todos os barramento PQ}) \tag{5.16}$$

5.6 PROCEDIMENTO DE NEWTON-RAPHSON

Para resolver equações da forma dada pelas Equações 5.15 e 5.16, o procedimento de Newton-Raphson tornou-se a abordagem mais utilizada devido a sua velocidade e sua probabilidade de conversão. Por isso focaremos somente nesse procedimento, reconhecendo que há outros procedimentos que também são utilizados, tal como o método de Gauss-Seidel, descrito no Apêndice A.

O procedimento de Newton-Raphson é explicado por meio de uma simples equação não linear, da mesma forma que as Equações 5.15 e 5.16

$$c - f(x) = 0 \qquad (5.17)$$

em que c é uma constante e $f(x)$ é a função não linear de uma variável x. A fim de determinar o valor de x que satisfaça a Equação 5.17, começa-se com uma estimativa inicial $x^{(0)}$, que não é exatamente a solução, mas está perto dela. Um pequeno ajuste Δx é necessário, de modo que $(x^{(0)} + \Delta x)$ fique mais próximo à solução real:

$$c - f(x^{(0)} + \Delta x) \simeq 0 \qquad (5.18)$$

Utilizando a expansão da série de Taylor, a função na Equação 5.18 pode ser expressa como segue, em que os termos envolvendo ordens elevadas de Δx são ignorados:

$$c - \left[f(x^{(0)}) + \frac{\partial f}{\partial x}\bigg|_0 \Delta x \right] = 0 \qquad (5.19)$$

ou

$$c - f(x^{(0)}) = \frac{\partial f}{\partial x}\bigg|_0 \Delta x \qquad (5.20)$$

em que a derivada parcial é tomada em $x = x^{(0)}$. O objetivo da Equação 5.20 é calcular a variação Δx, que pode ser calculada como

$$\Delta x = \frac{c - f(x^{(0)})}{\frac{\partial f}{\partial x}\big|_0} \qquad (5.21)$$

Esse resultado na nova estimação de x,

$$x^{(1)} = x^{(0)} + \Delta x \qquad (5.22)$$

Agora, de forma similar à Equação 5.21, a nova correção para a estimação pode ser calculada como

$$\Delta x = \frac{c - f(x^{(1)})}{\frac{\partial f}{\partial x}\big|_1} \qquad (5.23)$$

em que a derivada parcial é tomada em $x = x^{(1)}$. Portanto,

$$x^{(2)} = x^{(1)} + \Delta x \qquad (5.24)$$

Esse processo é repetido até que o erro $\varepsilon = |c - f(x)|$ esteja abaixo do valor de tolerância de erro especificado e a convergência seja considerada alcançada, de modo tal que a equação original, a Equação 5.17, seja satisfeita. O procedimento de Newton-Raphson é ilustrado por meio de um simples exemplo.

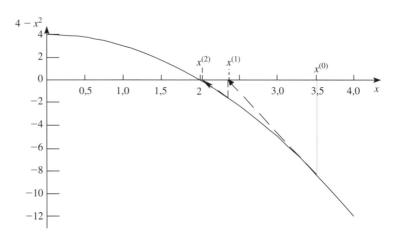

FIGURA 5.3 Gráfico de $4 - x^2$ em função de x.

Exemplo 5.2

Considere uma simples equação:

$$4 - x^2 = 0 \tag{5.25}$$

em que, de forma correspondente à Equação 5.17, $c = 4$ e $f(x) = x^2$. Encontre o x que satisfaça a Equação 5.25 com uma tolerância de erro ε inferior a 0,0002.

Solução A solução dessa equação é obvia: $x = 2$. Entretanto, para ilustrar o procedimento de Newton-Raphson, o lado esquerdo da Equação 5.25 é desenhado na Figura 5.3 como função de x.

Para $f(x) = x^2$, $\dfrac{\partial f}{\partial x} = 2x$. Utilizando essa derivada parcial e a aproximação inicial como $x^{(0)} = 3,5$, com base na Equação 5.21,

$$\Delta x = \frac{c - f(x^{(0)})}{\left.\dfrac{\partial f}{\partial x}\right|_0} = -1{,}17857, \quad x^{(1)} = x^{(0)} + \Delta x = 2{,}3214 \quad \text{e} \quad \varepsilon = \left|4 - \left(x^{(1)}\right)^2\right| = 0{,}3214,$$

Utilizando-se $x^{(1)} = 2{,}3214$, da Equação 5.23,

$$\Delta x = \frac{c - f(x^{(1)})}{\left.\dfrac{\partial f}{\partial x}\right|_1} = -0{,}29915, \quad x^{(2)} = x^{(1)} + \Delta x = 2{,}022 \quad \text{e} \quad \varepsilon = \left|4 - \left(x^{(2)}\right)^2\right| = 0{,}022$$

Repentindo-se o procedimento

$$\Delta x = \frac{c - f(x^{(2)})}{\left.\dfrac{\partial f}{\partial x}\right|_2} = -0{,}02188, \quad x^{(3)} = x^{(2)} + \Delta x = 2{,}000122, \quad \varepsilon = \left|4 - \left(x^{(3)}\right)^2\right| = 0{,}000122$$

O erro $\varepsilon = 0{,}000122$ é agora inferior à tolerância especificada e a convergência é alcançada.

5.7 SOLUÇÃO DAS EQUAÇÕES DE FLUXO DE POTÊNCIA UTILIZANDO O MÉTODO N-R

Tendo observado a base do procedimento de Newton-Raphson, estamos prontos para aplicá-lo às Equações de fluxo de potência 5.15 e 5.16. Nas Equações 5.12 e 5.13, P_k e Q_k estão em termos dos ângulos de fase e das magnitudes das tensões estimados, alguns dos quais são desconhecidos, e por isso ainda têm que ser determinados. De forma similar à Equação

Fluxo de Potência em Redes de Sistemas de Potência 77

5.20, pode-se escrever a equação matricial seguinte, na qual as correções são expressas por ΔV e $\Delta\theta$:

$$\underbrace{\begin{bmatrix} P^{sp} - P \\ Q^{sp} - Q \end{bmatrix}}_{(2n_{PQ}+n_{PV})\times 1} = \underbrace{\begin{bmatrix} \dfrac{\partial P}{\partial \theta} & \dfrac{\partial P}{\partial V} \\ \dfrac{\partial Q}{\partial \theta} & \dfrac{\partial Q}{\partial V} \end{bmatrix}}_{\substack{[J] \\ (2n_{PQ}+n_{PV})\times(2n_{PQ}+n_{PV})}} \underbrace{\begin{bmatrix} \Delta\theta \\ \Delta V \end{bmatrix}}_{(2n_{PQ}+n_{PV})\times 1} \tag{5.26}$$

Os elementos da matriz $[J]$ acima, $\frac{\partial P}{\partial \theta}$ e assim por diante, são submatrizes, e $\Delta\theta$ e ΔV são vetores.

A fim de avaliar as derivadas parciais, deve-se reconhecer o que segue, notando que

$$\theta_{km} = \theta_k - \theta_m, \quad \frac{\partial(\cos\theta_{km})}{\partial\theta_k} = -\operatorname{sen}\theta_{km}, \quad \frac{\partial(\cos\theta_{km})}{\partial\theta_m} = \operatorname{sen}\theta_{km}, \quad \frac{\partial(\operatorname{sen}\theta_{km})}{\partial\theta_k}$$

$$= \cos\theta_{km} \quad \text{e} \quad \frac{\partial(\operatorname{sen}\theta_{km})}{\partial\theta_m} = -\cos\theta_{km}.$$

Os passos são como segue:

Passo 1: Cálculo de $\frac{\partial P}{\partial\theta}$ em todos os barramentos PV e PQ

Em um barramento k, com base na Equação 5.12, as derivadas parciais relativas a θ para a potência ativa são como segue:

$$\frac{\partial P_k}{\partial\theta_k} = V_k \sum_{\substack{m=1 \\ m\neq k}}^{n} V_m(-G_{km}\operatorname{sen}\theta_{km} + B_{km}\cos\theta_{km}), \quad (\text{para } \theta_k) \tag{5.27}$$

e

$$\frac{\partial P_k}{\partial\theta_j} = V_k V_j\big(G_{kj}\operatorname{sen}\theta_{kj} - B_{kj}\cos\theta_{kj}\big) \quad (\text{para } \theta_j, \text{ em que } j\neq k) \tag{5.28}$$

Passo 2: Cálculo de $\frac{\partial P}{\partial V}$ em todos os barramentos PQ

Em um barramento k, com base na Equação 5.12, as derivadas parciais relativas a V para a potência ativa são como segue:

$$\frac{\partial P_k}{\partial V_k} = 2G_{kk}V_k + \sum_{\substack{m=1 \\ m\neq k}}^{n} V_m(G_{km}\cos\theta_{km} + B_{km}\operatorname{sen}\theta_{km}) \quad (\text{para } V_k) \tag{5.29}$$

e

$$\frac{\partial P_k}{\partial V_j} = V_k\big(G_{kj}\cos\theta_{kj} + B_{kj}\operatorname{sen}\theta_{kj}\big) \quad (\text{para } V_j \text{ em que } j\neq k) \tag{5.30}$$

Passo 3: Cálculo de $\frac{\partial Q}{\partial\theta}$ em todos os barramentos PV e PQ

Em um barramento k, com base na Equação 5.13, as derivadas parciais relativas a θ para a potência reativa são como segue:

$$\frac{\partial Q_k}{\partial\theta_k} = V_k \sum_{\substack{m=1 \\ m\neq k}}^{n} V_m(G_{km}\cos\theta_{km} + B_{km}\operatorname{sen}\theta_{km}) \quad (\text{para } \theta_k) \tag{5.31}$$

e

$$\frac{\partial Q_k}{\partial\theta_j} = V_k V_j\big(-G_{kj}\cos\theta_{kj} - B_{kj}\operatorname{sen}\theta_{kj}\big) \quad (\text{para } \theta_j, \text{em que } j\neq k) \tag{5.32}$$

Passo 4: Cálculo de $\frac{\partial Q}{\partial V}$ em todos os barramentos *PQ*

Em um barramento k, com base na Equação 5.13, as derivadas parciais relativas a *V* para a potência reativa são como segue:

$$\frac{\partial Q_k}{\partial V_k} = -2B_{kk}V_k + \sum_{\substack{m=1 \\ m \neq k}}^{n} V_m(G_{km} \operatorname{sen} \theta_{km} - B_{km} \cos \theta_{km}) \quad (\text{para } V_k) \tag{5.33}$$

e

$$\frac{\partial Q_k}{\partial V_j} = V_k(G_{kj} \operatorname{sen} \theta_{kj} - B_{kj} \cos \theta_{kj}) \quad (\text{para } V_j, \text{em que } j \neq k) \tag{5.34}$$

Deve-se notar que outra linha na Equação 5.26 é adicionada para cada barramento *PV* que se torna um barramento *PQ*, devido a sua potência reativa alcançar um de seus limites, se estes forem especificados. Isto é explicado mais adiante, na seção 5.10.

Convergência para a solução correta: O procedimento iterativo N-R continua até que todas as discrepâncias no vetor do lado esquerdo na Equação 5.26 sejam menores que os valores de tolerância especificados, ponto no qual se supõe que a solução convergiu para os valores corretos. Até que a convergência seja alcançada, em cada passo iterativo a equação matricial anterior é calculada para obter as correções necessárias, como os $\Delta\theta$s e os ΔVs. Em uma rede de potência com milhares de barramentos, o Jacobiano (ou Jacobiana) *J* é calculado utilizando-se técnicas de esparsidade e ordenamento ótimo. Essa discussão está fora do escopo deste livro e, para o sistema exemplo considerado, será utilizada a inversão matricial da Equação 5.26 para calcular os termos de correção em cada passo iterativo, como segue:

$$\begin{bmatrix} \Delta\theta \\ \Delta V \end{bmatrix} = [J]^{-1} \begin{bmatrix} P^{sp} - P \\ Q^{sp} - Q \end{bmatrix} \tag{5.35}$$

Exemplo 5.3

No sistema exemplo da Figura 5.1, ignore todas as susceptâncias *shunt*. O barramento 1 é um barramento de referência, o barramento 2 é um barramento *PV* e o barramento 3 é um barramento *PQ*. Utilizando o procedimento N-R descrito anteriormente, monte a matriz Jacobiana para o sistema exemplo de potência.

Solução Nesse sistema, há três barramentos com $n = 3$, $n_{pv} = 1$ e $n_{pq} = 1$. Há três potências injetadas especificadas (P_2^{sp}, P_3^{sp} e Q_3^{sp}) e três incógnitas (θ_2, θ_3 e V_3) relacionadas às tensões dos barramentos. Portanto, os termos de correção na Equação 5.34 têm a seguinte forma:

$$\begin{bmatrix} P_2^{sp} - P_2 \\ P_3^{sp} - P_3 \\ Q_3^{sp} - Q_3 \end{bmatrix} = \underbrace{\begin{bmatrix} \dfrac{\partial P_2}{\partial \theta_2} & \dfrac{\partial P_2}{\partial \theta_3} & \dfrac{\partial P_2}{\partial V_3} \\[2mm] \dfrac{\partial P_3}{\partial \theta_2} & \dfrac{\partial P_3}{\partial \theta_3} & \dfrac{\partial P_3}{\partial V_3} \\[2mm] \dfrac{\partial Q_3}{\partial \theta_2} & \dfrac{\partial Q_3}{\partial \theta_3} & \dfrac{\partial Q_3}{\partial V_3} \end{bmatrix}}_{J} \begin{bmatrix} \Delta\theta_2 \\ \Delta\theta_3 \\ \Delta V_3 \end{bmatrix} \tag{5.36}$$

Para montar a matriz Jacobiana *J* da Equação 5.36, os valores dos barramentos k, j e m nas equações relacionadas ao procedimento N-R podem ser reconhecidas, para cada elemento, como apresentado na Tabela 5.2.

As equações para os elementos do Jacobiano acima são como segue:

$$J(1,1) = V_2V_1(-G_{21} \operatorname{sen} \theta_{21} + B_{21} \cos \theta_{21}) + V_2V_3(-G_{23} \operatorname{sen} \theta_{23} + B_{23} \cos \theta_{23}) \tag{5.37}$$

$$J(1,2) = V_2V_3(G_{23} \operatorname{sen} \theta_{23} - B_{23} \cos \theta_{23}) \tag{5.38}$$

$$J(1,3) = V_2(G_{23} \cos \theta_{23} + B_{23} \operatorname{sen} \theta_{23}) \tag{5.39}$$

$$J(2,1) = V_3V_2(G_{32}\operatorname{sen}\theta_{32} - B_{32}\cos\theta_{32}) \tag{5.40}$$

$$J(2,2) = V_3V_1(-G_{31}\operatorname{sen}\theta_{31} + B_{31}\cos\theta_{31}) + V_3V_2(-G_{32}\operatorname{sen}\theta_{32} + B_{32}\cos\theta_{32}) \tag{5.41}$$

$$J(2,3) = 2G_{33}V_3 + V_1(G_{31}\cos\theta_{31} + B_{31}\operatorname{sen}\theta_{31}) + V_2(G_{32}\cos\theta_{32} + B_{32}\operatorname{sen}\theta_{32}) \tag{5.42}$$

$$J(3,1) = V_3V_2(-G_{32}\cos\theta_{32} - B_{32}\operatorname{sen}\theta_{32}) \tag{5.43}$$

$$J(3,2) = V_3V_1(G_{31}\cos\theta_{31} + B_{31}\operatorname{sen}\theta_{31}) + V_3V_2(G_{32}\cos\theta_{32} + B_{32}\operatorname{sen}\theta_{32}) \tag{5.44}$$

$$J(3,3) = -2B_{33}V_3 + V_1(G_{31}\operatorname{sen}\theta_{31} - B_{31}\cos\theta_{31}) + V_2(G_{32}\operatorname{sen}\theta_{32} - B_{32}\cos\theta_{32}) \tag{5.45}$$

TABELA 5.2 Barramentos Relacionados à Matriz Jacobiana da Equação 5.36

Equação 5.27	Equação 5.28	Equação 5.30
$\dfrac{\partial P_2}{\partial \theta_2}: \; k=2; \; m=1,3$	$\dfrac{\partial P_2}{\partial \theta_3}: \; k=2; \; j=3$	$\dfrac{\partial P_2}{\partial V_3}: \; k=2; \; j=3$
Equação 5.28	Equação 5.27	Equação 5.29
$\dfrac{\partial P_3}{\partial \theta_2}: \; k=3; \; j=2$	$\dfrac{\partial P_3}{\partial \theta_3}: \; k=3; \; m=1,2$	$\dfrac{\partial P_3}{\partial V_3}: \; k=3; \; m=1,2$
Equação 5.32	Equação 5.31	Equação 5.33
$\dfrac{\partial Q_3}{\partial \theta_2}: \; k=3; \; j=2$	$\dfrac{\partial Q_3}{\partial \theta_3}: \; k=3; \; m=1,2$	$\dfrac{\partial Q_3}{\partial V_3}: \; k=3; \; m=1,2$

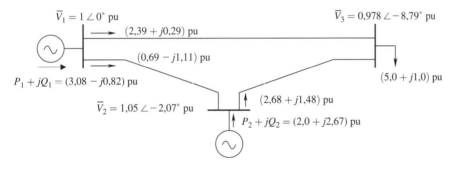

FIGURA 5.4 Resultados do fluxo de potência do Exemplo 5.4.

Exemplo 5.4

No sistema exemplo da Figura 5.1, ignore todas as susceptâncias *shunt*. O barramento 1 é um barramento de referência, com $V_1 = 1,0$ pu e $\theta_1 = 0$. O barramento 2 é um barramento PV, com $V_2 = 1,05$ pu e $P_2^{sp} = 2,0$ pu. O barramento 3 é um barramento PQ, com injeções de $P_3^{sp} = -5,0$ pu e $Q_3^{sp} = -1,0$ pu. Utilizando o procedimento N-R descrito anteriormente, a matriz Jacobiana foi montada no Exemplo 5.3. Calcule o fluxo de potência nas três linhas desse sistema exemplo de potência.

Solução O programa MATLAB para esse exemplo está disponível no *site* da LTC Editora, e os resultados são como segue.

Depois da convergência do método N-R, a matriz Jacobiana é:

$$J = \begin{bmatrix} 43,42 & -21,56 & 0,4237 \\ -21,07 & 35,99 & -1,5913 \\ 0,414 & -8,44 & 34,75 \end{bmatrix}$$

80 *Capítulo 5*

As tensões nos barramentos são as seguintes:

$$\overline{V}_1 = 1 \angle 0° \text{ pu}, \ \overline{V}_2 = 1,05 \angle -2,07° \text{ pu}, \ \overline{V}_3 = 0,978 \angle -8,79° \text{ pu}$$

$$\text{No barramento 1, } P_{1-2} + jQ_{1-2} = (0,69 - j1,11) \text{ pu}$$

$$\text{No barramento 1, } P_{1-3} + jQ_{1-3} = (2,39 + j0,29) \text{ pu}$$

$$\text{No barramento 2, } P_{2-3} + jQ_{2-3} = (2,68 + j1,48) \text{ pu}$$

As potências ativa e reativa fornecidas pelos geradores nos barramentos 1 e 2 são:

$$P_1 + jQ_1 = (3,08 - j0,82) \text{ pu} \quad \text{e} \quad P_2 + jQ_2 = (2,0 + j2,67) \text{ pu}$$

Esses resultados são graficamente mostrados na Figura 5.4, e podem ser verificados por um software comercial como o [4].

5.8 MÉTODO N-R DESACOPLADO RÁPIDO PARA O FLUXO DE POTÊNCIA

Em sistemas de potência, geralmente as potências reativas Q influenciam as magnitudes das tensões, e as potências ativas P influenciam os ângulos de fase θ. Portanto, a solução utilizando o método N-R pode ser consideravelmente simplificada com a inclusão somente dos acoplamentos mencionados acima, ignorando os termos $\partial P/\partial V$ e $\partial Q/\partial \theta$ na matriz Jacobiana da Equação 5.26. Assim,

$$[P^{sp} - P] = \left[\frac{\partial P}{\partial \theta}\right][\Delta \theta] \tag{5.46}$$

$$[Q^{sp} - Q] = \left[\frac{\partial Q}{\partial V}\right][\Delta V] \tag{5.47}$$

Essas duas equações são muito mais rápidas de resolver que o conjunto de equações acopladas no procedimento N-R completo. Simplificações posteriores podem ser feitas, de modo que os elementos das matrizes Jacobianas das Equações 5.46 e 5.47 sejam constantes, e assim não necessitem ser calculados a cada iteração, diferentemente do cenário do método N-R completo [5]. Essa técnica pode ser muito útil para calcular o fluxo de potência para contingências em que a velocidade dos cálculos é de importância primordial, mesmo que a exatidão seja um tanto sacrificada, se comparada à exatidão do método N-R completo.

5.9 ANÁLISE DE SENSIBILIDADE

A formulação do método N-R desacoplado rápido na seção 5.8 também mostra que essas equações podem ser utilizadas para análise de sensibilidade para, por exemplo, determinar onde instalar um equipamento de fornecimento de potência reativa para controlar a magnitude da tensão em um barramento. Isto pode ser visto reescrevendo a Equação 5.47 como

$$[\Delta Q] = \left[\frac{\partial Q}{\partial V}\right][\Delta V] \tag{5.48}$$

Assim,

$$[\Delta V] = \left[\frac{\partial Q}{\partial V}\right]^{-1}[\Delta Q] \tag{5.49}$$

A Equação 5.49 demonstra a sensibilidade das várias magnitudes das tensões nos barramentos em relação à variação incremental na potência reativa em um barramento selecionado.

5.10 ALCANÇANDO O LIMITE DE VAR NO BARRAMENTO

Como discutido no Capítulo 9, os geradores síncronos têm limites na quantidade de potência reativa (VAR) que eles podem fornecer. Certos barramentos contêm equipamentos adicionais para fornecer VARs, mas tais equipamentos também têm seus limites. Logo, em uma condição de fluxo de potência, se a demanda de VARs em qualquer barramento *PV* alcança seu limite, então a tensão no barramento não pode ser mantida em sua magnitude especificada e aquele deve então ser tratado como um barramento *PQ*.

Como exemplo, no sistema de três barramentos da Figura 5.1, o barramento 2 é um barramento *PV*. Se os VARs necessários do gerador nesse barramento alcançam seu limite, então o barramento 2 deve ser tratado como um barramento *PQ*. Portanto, a Equação 5.36 sem o limite é modificada como segue, em que $Q_2^{\lim}$ é o limite no barramento 2 e uma coluna e uma linha, mostradas em negrito, devem ser adicionadas à matriz Jacobiana:

$$\begin{bmatrix} P_2^{sp} - P_2 \\ P_3^{sp} - P_3 \\ Q_3^{sp} - Q_3 \\ \boldsymbol{Q_2^{lim} - Q_2} \end{bmatrix} = \underbrace{\begin{bmatrix} \dfrac{\partial P_2}{\partial \theta_2} & \dfrac{\partial P_2}{\partial \theta_3} & \dfrac{\partial P_2}{\partial V_3} & \dfrac{\partial \boldsymbol{P_2}}{\partial \boldsymbol{V_2}} \\[2ex] \dfrac{\partial P_3}{\partial \theta_2} & \dfrac{\partial P_3}{\partial \theta_3} & \dfrac{\partial P_3}{\partial V_3} & \dfrac{\partial \boldsymbol{P_3}}{\partial \boldsymbol{V_2}} \\[2ex] \dfrac{\partial Q_3}{\partial \theta_2} & \dfrac{\partial Q_3}{\partial \theta_3} & \dfrac{\partial Q_3}{\partial V_3} & \dfrac{\partial \boldsymbol{Q_3}}{\partial \boldsymbol{V_2}} \\[2ex] \dfrac{\partial \boldsymbol{Q_2}}{\partial \boldsymbol{\theta_2}} & \dfrac{\partial \boldsymbol{Q_2}}{\partial \boldsymbol{\theta_3}} & \dfrac{\partial \boldsymbol{Q_2}}{\partial \boldsymbol{V_3}} & \dfrac{\partial \boldsymbol{Q_2}}{\partial \boldsymbol{V_2}} \end{bmatrix}}_{J} \begin{bmatrix} \Delta \theta_2 \\ \Delta \theta_3 \\ \Delta V_3 \\ \boldsymbol{\Delta V_2} \end{bmatrix} \qquad (5.50)$$

No caso de *n* barramentos, modificações similares são necessárias em todos os barramentos *PV* que alcancem seus limites e devem ser tratados como barramentos *PQ*.

5.11 MEDIÇÕES FASORIAIS SINCRONIZADAS, UNIDADES DE MEDIÇÃO DOS FASORES E SISTEMAS DE MEDIÇÃO DE GRANDES ÁREAS

Em relés digitais, os quais estão sendo cada vez mais utilizados para proteção de sistemas de potência, como discutido no Capítulo 13, é possível medir os ângulos de fase e as tensões dos barramentos no mesmo momento. Essas medições de fasores sincronizados, em unidades de medição de fasores — *phasor measurement units* (PMUs) implantados sobre uma grande parte de sistemas de potência, são conhecidas como sistemas de medição de grandes áreas e podem ser utilizadas para controle, monitoramento e proteção. Todos esses elementos são parte da iniciativa das redes inteligentes.

REFERÊNCIAS

1. W. D. Stevenson, *Elements of Power System Analysis*, 4th edition, McGraw-Hill, 1982.
2. Prabha Kundur, *Power System Stability and Control*, McGraw-Hill, 1994.
3. Glenn Stagg and A. H. El-Abiad, *Computer Methods in Power System Analysis*, McGraw-Hill, 1968.
4. PowerWorld Computer Program (www.powerworld.com).
5. B. Stott and D. Alsac, "Fast Decoupled Load Flow," IEEE Trans., Vol. PAS-93, 859–869, May/June 1974.

EXERCÍCIOS

5.1 No Exemplo 5.1, inclua as susceptâncias das linhas e monte a matriz Y de admitâncias nodais.

82   *Capítulo 5*

5.2   Inclua as susceptâncias das linhas no Exemplo 5.4 e compare os resultados com a solução que as ignora.

5.3   No Exemplo 5.4, desconsidere os termos $\partial P/\partial V$ e $\partial Q/\partial \theta$ na matriz Jacobiana para uma solução N-R desacoplada e compare os resultados e as iterações necessárias com o procedimento N-R completo.

5.4   No Exemplo 5.4, calcule a sensibilidade de potência reativa para a tensão no barramento 3. Compare o resultado da utilização dessa análise de sensibilidade com a injeção de 1,0 pu de potência reativa no barramento 3 na solução N-R do Exemplo 5.4 e calcule o aumento da tensão no barramento 3.

5.5   No Exemplo 5.4, demonstre o efeito da redução da demanda de potência reativa no barramento 3 a zero sobre a tensão do barramento 3.

5.6   No Exemplo 5.4, demonstre o efeito da compensação série na linha 1-2 no exemplo do sistema de três barramentos da Figura 5.1 sobre os fluxos de potência das linhas e as tensões nos barramentos, em que a reatância série da linha é reduzida em 50 % com a inserção de um capacitor em série com a linha 1-2.

5.7   Calcule o fluxo de potência no Exemplo 5.4 utilizando o método de Gauss-Seidel descrito no apêndice.

EXERCÍCIOS BASEADOS NO PROGRAMA *POWERWORLD*

5.8   Calcule o fluxo de potência no Exemplo 5.4.

5.9   No Exercício 5.8, inclua as susceptâncias da linha e compare os resultados com aqueles do Exercício 5.2.

5.10   Compare os resultados da compensação série com aquele do Exercício 5.6.

5.11   Calcule o fluxo de potência no Exemplo 5.4, considerando que a capacidade para fornecer VARs no barramento 2 é limitado a 2 pu.

APÊNDICE 5A   PROCEDIMENTO DE GAUSS-SEIDEL PARA CÁLCULOS DE FLUXO DE POTÊNCIA

Em um barramento k tipo PQ, com base na Equação 5.6,

$$\overline{I}_k = \sum_{m=1}^{n} Y_{km}\overline{V}_m \tag{A5.1}$$

Da Equação 5.7,

$$\overline{I}_k = \frac{P_k - jQ_k}{\overline{V}_k^*} \tag{A5.2}$$

Substituindo a Equação A5.2 na Equação A5.1,

$$\frac{P_k - jQ_k}{\overline{V}_k^*} = \sum_{m=1}^{n} Y_{km}\overline{V}_m \tag{A5.3}$$

Portanto, rearranjando a Equação A5.3,

$$\overline{V}_k = \frac{1}{Y_{kk}}\left[\frac{P_k - jQ_k}{\overline{V}_k^*} - \sum_{\substack{m=1 \\ m \neq k}}^{n} Y_{km}\overline{V}_m\right] \tag{A5.4}$$

No lado direito da Equação A5.4, P_k e Q_k são especificados e os valores da tensão são as estimativas originais para calcular os novos valores de $\overline{V}_k$. Os novos valores estimados são utilizados à medida que são atualizados.

Em um barramento k tipo PV, em que P_k e a magnitude da tensão V_k são especificadas, com base na Equação A5.3,

$$P_k - jQ_k = \overline{V}_k^* \sum_{m=1}^{n} Y_{km} \overline{V}_m \qquad (A5.5)$$

Assim, utilizando a última estimativa das tensões,

$$Q_k = -\mathrm{Im}\left[\overline{V}_k^* \sum_{m=1}^{n} Y_{km} \overline{V}_m\right] \qquad (A5.6)$$

O valor de Q_k calculado na equação acima é utilizado na Equação A5.4 para conseguir a nova estimativa do ângulo de fase de $\overline{V}_k$, que, mantendo a magnitude V_k da tensão especificada no barramento PV, fornece a nova estimativa de $\overline{V}_k$. Se o valor de Q_k calculado pela Equação A5.6 estiver fora da faixa do mínimo e máximo da potência reativa que pode ser fornecida nesse barramento, então o valor limite é utilizado na Equação A5.4.

Esse procedimento é repetido até a solução convergir.

6

TRANSFORMADORES EM SISTEMAS DE POTÊNCIA

6.1 INTRODUÇÃO

Os transformadores são absolutamente essenciais para tornar viável a transferência de potência em grande escala por longas distâncias. A função primária dos transformadores é alterar o nível de tensão. Por exemplo, a geração em sistemas de potência, principalmente por geradores síncronos, é feita através de tensões próximas ao nível de 20 kV. Entretanto, esse valor é muito baixo para transmitir economicamente uma quantidade significativa de potência por grandes distâncias. Portanto, tensões de transmissão de 230 kV, 345 kV e 500 kV são comuns e em algumas situações podem chegar a 765 kV. Na extremidade de carga, essas tensões são baixadas a níveis manejáveis e seguros, tais como 120/240 V monofásico na utilização residencial. Outra razão para utilizar transformadores em muitas aplicações é fornecer isolação elétrica para propósitos de segurança. Os transformadores são também necessários para conversores utilizados em sistemas de transmissão em alta-tensão CC, como discutido no Capítulo 7.

Tipicamente, em sistemas de potência, as tensões são transformadas aproximadamente cinco vezes entre a geração e a entrega aos usuários finais. Por isso, a potência total em MVA instalados dos transformadores chega a ser cinco vezes maior que a dos geradores.

6.2 PRINCÍPIOS BÁSICOS DA OPERAÇÃO DE TRANSFORMADORES

Os transformadores consistem em dois ou mais enrolamentos acoplados firmemente nos quais quase todo o fluxo produzido por um enrolamento enlaça os outros enrolamentos. Para entender os princípios da operação de transformadores, considere uma bobina simples, também conhecida como enrolamento, de N_1 espiras ou voltas, como mostrado na Figura 6.1a.

Inicialmente, supõe-se que a resistência e a indutância de dispersão desse enrolamento são ambas iguais a zero; supor que o fluxo de dispersão seja zero implica que todo o fluxo produzido por esse enrolamento está confinado no núcleo. Aplicando-se uma tensão e_1 variando no tempo a esse enrolamento resulta em um fluxo $\phi_m(t)$. Pela lei de Faraday:

$$e_1(t) = N_1 \frac{d\phi_m}{dt} \tag{6.1}$$

em que $\phi_m(t)$ é completamente imposta pela integral temporal da tensão aplicada, como descrito a seguir (em que se assume que o fluxo no enrolamento é inicialmente zero):

$$\phi_m(t) = \frac{1}{N_1} \int_0^t e_1(\tau) \cdot d\tau \tag{6.2}$$

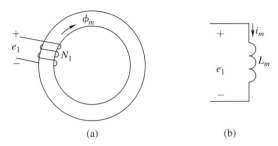

FIGURA 6.1 Princípio dos transformadores, começando com apenas uma bobina.

6.2.1 Corrente de Excitação do Transformador

Os transformadores utilizam materiais ferromagnéticos para guiar as linhas do campo magnético que, devido a suas permeabilidades elevadas, requerem baixos ampère-espiras (uma corrente baixa para um determinado número de espiras) para produzir certo valor de densidade de fluxo. Esses materiais apresentam comportamento não linear de múltiplos valores, como apresentado na curva característica B-H na Figura 6.2a.

Imagine que o toroide da Figura 6.1a consiste em material ferromagnético tal como aço silício. Se a corrente que passa pela bobina for levemente variada de forma senoidal com o tempo, o campo H correspondente causará um dos laços de histerese traçados, como apresentado na Figura 6.2a. Uma vez completado o laço, o resultado é uma dissipação de energia da rede dentro do material, causando perdas de potência chamadas de perdas por histerese. Incrementar o valor de pico do campo H resultará em um laço de histerese maior. Agrupando os valores de pico dos laços de histerese, pode-se aproximar a característica B-H pela curva simples apresentada na Figura 6.2b. Na Figura 6.2b, a relação linear (com um valor constante μ_m) é válida aproximadamente até atingir o "joelho" da curva, acima do qual o material começa a saturar. Os materiais ferromagnéticos operam frequentemente até a densidade máxima de fluxo, ligeiramente acima do "joelho" de 1,6 T a 1,8 T; além desse valor muito mais ampère-espiras são requeridos para aumentar a densidade de fluxo, mesmo que ligeiramente. Na região saturada, a permeabilidade incremental do material magnético aproxima-se de μ_o, como mostrado pela inclinação da curva na Figura 6.2b.

Na curva B-H do material magnético na Figura 6.2b, em concordância com a Lei de Faraday, B_m é proporcional ao fluxo de enlace λ_m ($= N_1 \phi_m$) da bobina e, segundo a Lei de Ampère, H_m é proporcional à corrente de magnetização i_m absorvida pela bobina para estabelecer o fluxo. Portanto, um gráfico similar à curva B-H na Figura 6.2b pode ser desenhado em temos de λ_m e i_m. Na região linear com uma inclinação constante μ_m, essa relação linear entre λ_m e i_m pode ser expressa pela indutância de magnetização L_m:

$$L_m = \frac{\lambda_m}{i_m} \tag{6.3}$$

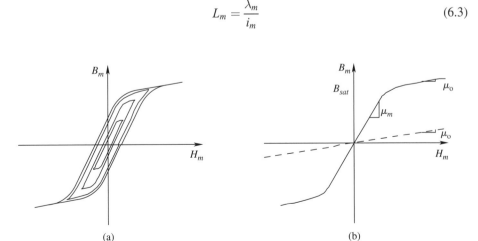

FIGURA 6.2 Característica B-H de materiais ferromagnéticos.

A corrente $i_m(t)$ absorvida para estabelecer o fluxo depende da indutância de magnetização L_m do enrolamento, como mostrado na Figura 6.1b. Com uma tensão senoidal aplicada ao enrolamento como $e_1 = \sqrt{2}E_{1(\text{rms})}\cos\omega t$, com base na Equação 6.2 o fluxo no núcleo será $\phi_m = \hat{\phi}_m\text{sen}\omega t$. No domínio fasorial, a relação entre essas duas grandezas, em concordância com a Lei de Faraday, pode ser expressa como

$$\sqrt{2}E_1(\text{rms}) = (2\pi f)N_1\,\hat{\phi}_m \qquad (6.4)$$

ou

$$\hat{\phi}_m \simeq \frac{E_1(\text{rms})}{4{,}44N_1 f} \qquad (6.5)$$

que mostra claramente que ultrapassar a tensão aplicada $E_1(\text{rms})$ acima de seu valor nominal causará o fluxo máximo $\hat{\phi}_m$ que entra na região de saturação na Figura 6.2b, resultando em uma corrente excessiva de magnetização a ser absorvida. Na região de saturação, a corrente de magnetização absorvida é também distorcida, com uma significativa quantidade de componentes harmônicas de terceira ordem.

Nos transformadores de potência modernos de altas potências kVA, as correntes de magnetização na região de operação normal são muito pequenas, por exemplo, bem abaixo de 0,2 % da corrente nominal na tensão nominal.

6.2.2 Transformação de Tensão

Um segundo enrolamento de N_2 espiras é agora colocado no núcleo, como apresentado na Figura 6.3a. Uma tensão é induzida no segundo enrolamento devido ao fluxo $\phi_m(t)$ que o enlaça. Por meio da Lei de Faraday,

$$e_2(t) = N_2\frac{d\phi_m}{dt} \qquad (6.6)$$

As Equações 6.1 e 6.6 mostram que em cada enrolamento os volts por espira são iguais devido ao mesmo $d\phi_m/dt$:

$$\frac{e_1(t)}{N_1} = \frac{e_2(t)}{N_2} \qquad (6.7)$$

Pode-se representar a relação da Equação 6.7 na Figura 6.3b por meio de um componente de circuito hipotético chamado "transformador ideal", que relaciona as tensões nos dois enrolamentos pela relação de espiras N_1/N_2 em termos instantâneos (ou em um instante de tempo) ou em termos dos fasores em regime permanente senoidal (mostrado entre parênteses):

$$\frac{e_1(t)}{e_2(t)} = \frac{N_1}{N_2} \quad \text{e} \quad \left(\frac{\overline{E}_1}{\overline{E}_2} = \frac{N_1}{N_2}\right) \qquad (6.8)$$

Os pontos na Figura 6.3b expressam a informação de que as tensões no enrolamento serão da mesma polaridade nos terminais pontuados em relação a seus terminais não pontuados.

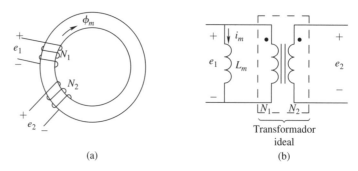

FIGURA 6.3 Transformador com um segundo enrolamento com os terminais abertos.

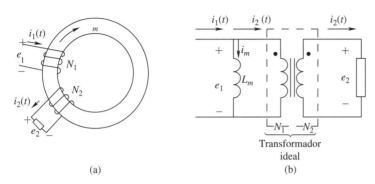

FIGURA 6.4 Transformador com uma carga conectada ao enrolamento secundário.

Por exemplo, se $\phi_m(t)$ é incrementado com o tempo, as tensões em ambos os terminais com pontos serão positivos com respeito aos correspondentes terminais não pontuados. A vantagem de utilizar essa convenção com pontos é que as orientações dos enrolamentos no núcleo não necessitam ser mostradas em detalhe.

Considere que uma carga, combinação R-L, é conectada nos terminais do enrolamento secundário, conforme apresentado na Figura 6.4a. Uma corrente $i_2(t)$ fluirá agora através da carga. A força magnetomotriz (em ampère-espiras) resultante $N_2 i_2$ tenderá a variar o fluxo do núcleo ϕ_m, mas não poderá, pois $\phi_m(t)$ é estabelecido completamente pela tensão aplicada $e_1(t)$, conforme dado na Equação 6.2. Portanto, uma corrente adicional i_2' na Figura 6.4b é absorvida pelo enrolamento 1 de modo a compensar (ou anular) $N_2 i_2$, tal que $N_1 i_2' = N_2 i_2$:

$$\frac{i_2'(t)}{i_2(t)} = \frac{N_2}{N_1} \quad \text{e} \quad \left(\frac{\overline{I}_2'}{\overline{I}_2} = \frac{N_2}{N_1}\right) \tag{6.9}$$

Esta é a segunda propriedade de um "transformador ideal". Assim, a corrente total absorvida dos terminais do enrolamento 1 é

$$i_1(t) = i_m(t) + i_2'(t) \quad \text{e} \quad \left(\overline{I}_1 = \overline{I}_m + \overline{I}_2'\right) \tag{6.10}$$

6.2.3 Circuito Equivalente do Transformador

Na Figura 6.4b, a resistência e a indutância de dispersão associadas ao enrolamento 2 aparecem em série com carga R-L. Assim, a tensão induzida e_2 é diferente de v_2 nos terminais do enrolamento devido à queda de tensão na resistência e à indutância de dispersão do enrolamento, conforme apresentado na Figura 6.5 no domínio fasorial. De forma similar, a tensão aplicada v_1 difere da fem e_1 (induzida pela variação temporal do fluxo ϕ_m) na Figura 6.4b devido à queda de tensão na resistência e à indutância de dispersão do enrolamento 1, representadas pela Figura 6.5 no domínio fasorial.

6.2.4 Perdas no Núcleo

As perdas devido ao laço de histerese na curva característica B-H do material magnético foram discutidas anteriormente. Outra fonte de perdas no núcleo deve-se a correntes parasitas.[1] Todos os materiais magnéticos têm uma resistividade elétrica finita (idealmente, deveria ser infinita). Pela lei da tensão induzida de Faraday, os fluxos que variam com o tempo induzem tensões no núcleo, que resultam em correntes circulantes (correntes parasitas) no interior do núcleo, as quais se opõem a essas variações de fluxo (parcialmente as neutralizam).

Na Figura 6.6a, um incremento do fluxo ϕ estabelecerá muitos laços de corrente (devido às tensões induzidas que se opõem à variação do fluxo no núcleo), que resultam em perdas.

---

[1] "Eddy currents" é traduzido como correntes parasitas. (N.T.)

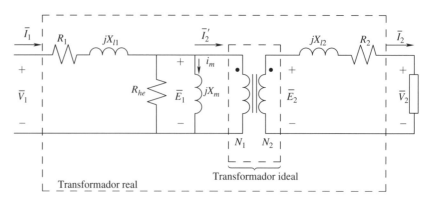

FIGURA 6.5 Circuito equivalente do transformador incluindo as impedâncias de dispersão e as perdas no núcleo.

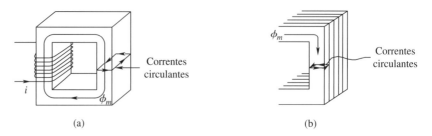

FIGURA 6.6 Correntes parasitas no núcleo do transformador.

Um meio primário de limitar as perdas por correntes parasitas é construir o núcleo com chapas laminadas de aço, que são isoladas umas das outras com finas camadas de verniz, conforme mostrado na Figura 6.6b.

Algumas chapas são mostradas para ilustrar como elas reduzem as perdas por correntes parasitas. Devido ao isolamento entre as chapas, a corrente é forçada a fluir em laços muito menores no interior de cada chapa. As chapas do núcleo reduzem o fluxo e a tensão induzida mais do que reduzem a resistência efetiva às correntes no interior de uma chapa, reduzindo assim todas as perdas. Para operações em 50 Hz e 60 Hz, a espessura das chapas varia entre 0,2 mm e 1 mm. Podemos modelar as perdas no núcleo devidas a histerese e correntes parasitas conectando uma resistência R_{he} em paralelo com X_m, como apresentado na Figura 6.5. Em transformadores modernos e grandes, as perdas no núcleo estão muito abaixo do 0,1% dos MVA nominais do transformador.

6.2.5 Parâmetros do Circuito Equivalente

Com o intuito de utilizar o circuito equivalente do transformador da Figura 6.5, necessita-se dos valores dos diferentes parâmetros. Essas especificações são geralmente fornecidas pelos fabricantes dos transformadores de potência. Esses dados podem também ser obtidos utilizando os ensaios de circuito aberto e curto-circuito. No ensaio de circuito aberto aplica-se ao enrolamento de baixa tensão a tensão nominal, mantendo o lado de alta em circuito aberto. Isto permite estimar a reatância de magnetização e a resistência equivalente do núcleo. No ensaio de curto-circuito, o enrolamento de baixa tensão está em curto-circuito e uma tensão reduzida é aplicada ao enrolamento de alta-tensão, o que resulta na corrente nominal. Isto permite estimar as impedâncias de dispersão no circuito equivalente do transformador. Uma discussão detalhada dos ensaios de circuito aberto e curto-circuito pode ser encontrada em qualquer livro básico que trata de transformadores.

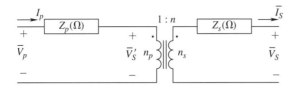

FIGURA 6.7 Modelo simplificado do transformador.

6.3 MODELO SIMPLIFICADO DO TRANSFORMADOR

Considere o circuito equivalente de um transformador real, apresentado na Figura 6.5. Em muitos estudos de sistemas de potência, a corrente de excitação, que é a soma da corrente de magnetização e dos componentes das correntes de perdas no núcleo, é desconsiderada em modelos simplificados, como apresentado na Figura 6.7. Nesse modelo, o subscrito p refere-se ao enrolamento primário e o s, ao enrolamento secundário. Z_p e Z_s são as impedâncias de dispersão dos enrolamentos primário e secundário, e a relação de espiras $n = n_s / n_p$.

6.3.1 Transferência de Impedâncias de Dispersão nos Terminais da Parte Ideal do Transformador

No modelo simplificado da Figura 6.7, se os terminais do enrolamento secundário estão hipoteticamente em curto-circuito, então $\overline{V}_s = 0$ e a tensão $\overline{V}'_s$ pode ser expressa pela relação de espiras do transformador ideal,

$$\overline{V}'_s = \frac{Z_s \overline{I}_s}{n} \quad \text{(em curto-circuito)} \tag{6.11}$$

Também expressa pela relação de espiras do transformador ideal, $\overline{I}_s = \overline{I}_p / n$. Substituindo-se $\overline{I}_s$ na Equação 6.11,

$$\overline{V}'_s = \left(\frac{Z_s}{n^2}\right) \overline{I}_p \quad \text{(em curto-circuito)} \tag{6.12}$$

Na Figura 6.7,

$$\overline{V}_p = \overline{V}'_s + Z_p \overline{I}_p \tag{6.13}$$

E, portanto, a partir dos terminais do enrolamento primário sob esse curto-circuito hipotético, a impedância "vista" pelo lado primário é $\overline{V}_p / \overline{I}_p$, que, utilizando-se as Equações 6.12 e 6.13, é

$$Z_{ps}(\Omega) = Z_p + (Z_s/n^2) \tag{6.14a}$$

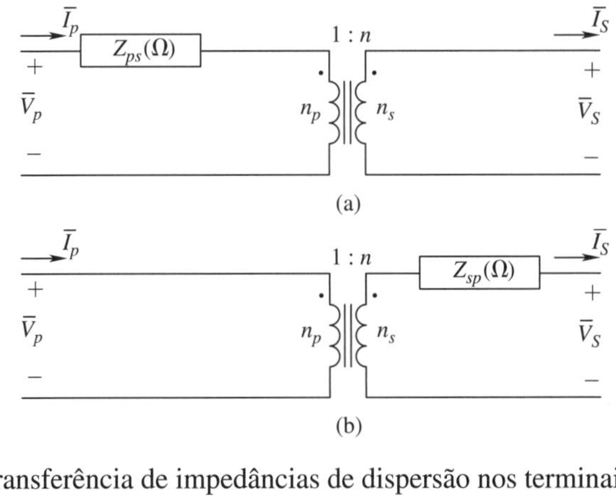

FIGURA 6.8 Transferência de impedâncias de dispersão nos terminais da parte ideal do modelo do transformador.

como mostrado na Figura 6.8a. De forma similar, se a impedância de dispersão do enrolamento primário é transferida ao enrolamento secundário, então

$$Z_{sp}(\Omega) = Z_s + (n^2 Z_p) \tag{6.14b}$$

como mostrado na Figura 6.8b.

6.4 REPRESENTAÇÃO POR UNIDADE

Muitos estudos de sistemas de potência tal como o fluxo de potência, análise transitória e cálculo de faltas de curto-circuito são efetuados em termos de valores por unidade. Em um transformador, as tensões e as correntes em cada lado são consideradas como os valores base. Como as tensões e as correntes nos dois lados estão relacionadas pela relação de espiras, a potência (MVA) base, que é o produto das bases de tensão e da corrente, é a mesma em cada lado. Em termos dos valores base, as magnitudes da impedância base $Z_{p,base}$ e $Z_{s,base}$ são

$$Z_{p,base} = V_{p,nominal}/I_{p,nominal} \quad \text{e} \quad Z_{s,base} = V_{s,nominal}/I_{s,nominal} \tag{6.15}$$

As magnitudes das tensões e das correntes associadas ao transformador ideal na Figura 6.7 estão relacionadas como segue:

$$\frac{V_{p,nominal}}{V_{s,nominal}} = \frac{1}{n} \quad \text{e} \quad \frac{I_{p,nominal}}{I_{s,nominal}} = n \tag{6.16}$$

Portanto, as magnitudes das impedâncias base nos dois lados, dadas pela Equação 6.15, são relacionados como

$$\frac{Z_{p,base}}{Z_{s,base}} = \left(\frac{1}{n}\right)^2 = \left(\frac{n_p}{n_s}\right)^2 \tag{6.17}$$

Utilizando esses valores base, todos os parâmetros e as variáveis nas Figuras 6.8a e 6.8b podem ser expressos em "por unidade" como a relação de seus valores base, conforme apresentado pelo circuito equivalente comum da Figura 6.9, em que $Z_{tr}(pu)$ é a impedância de dispersão do transformador, igual a $Z_{ps}(pu)$ e $Z_{sp}(pu)$:

$$Z_{tr}(\text{pu}) = \underbrace{Z_{ps}(\text{pu})}_{\left(=\frac{Z_{ps}}{Z_{p,base}}\right)} = \underbrace{Z_{sp}(\text{pu})}_{\left(=\frac{Z_{sp}}{Z_{s,base}}\right)} \tag{6.18}$$

Na Figura 6.9, as correntes dos enrolamentos primário e secundário são iguais em "por unidade", isto é, $\bar{I}_p(pu) = \bar{I}_s(pu) = \bar{I}(pu)$, e as tensões nos dois lados diferem pela queda de tensão na impedância de dispersão.

Em sistemas de potência trifásicos, os enrolamentos do transformador são conectados em estrela ou em triângulo, como apresentado na Figura 6.10. O exemplo a seguir mostra sua representação monofásica em "por unidade", supondo que os enrolamentos do lado primário e do lado secundário estejam conectados em estrela-estrela ou em triângulo-triângulo. Se um

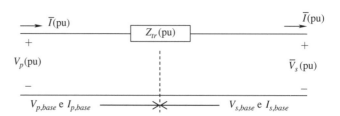

FIGURA 6.9 Circuito equivalente do transformador em "por unidade".

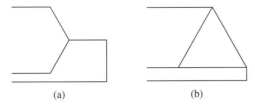

FIGURA 6.10 Conexões dos enrolamentos em um sistema trifásico.

lado é conectado em estrela e o outro é conectado em triângulo, então há um deslocamento de fase de 30° que deve ser levado em conta, como discutido mais adiante.

Exemplo 6.1

Considere a linha de transmissão de 200 km de comprimento, em 500 kV, entre os barramentos 1 e 3 no sistema de potência de três barramentos do Capítulo 5, na Figura 5.1. Dois transformadores 345/500 kV são utilizados em ambas as extremidades, como representado no diagrama unifilar da Figura 6.11. No estudo "por unidade", se a tensão base do sistema é 345 kV, então a impedância de linha e as impedâncias de dispersão são todas calculadas na tensão base 345 kV, e a potência base é 100 MVA. Para essa linha de transmissão de 500 kV, a reatância série é 0,326 Ω/km em 60 Hz e a resistência série é 0,029 Ω/km. Desconsidere as susceptâncias das linhas. Cada um dos transformadores tem uma reatância de dispersão 0,2 pu na base de 100 MVA.

Calcule a impedância série por unidade da linha de transmissão e dos transformadores entre os barramentos 1 e 3, para o estudo de fluxo de potência, como discutido no Capítulo 5, em que a tensão base de linha (ou fase-fase) é 345 kV e a base da potência trifásica é 100 MVA.

Solução A linha de transmissão de 500 kV é de 200 km de comprimento. Por meio dos valores dos parâmetros dados, a impedância série da linha é $Z_{linha} = (5,8 + j65,2)$ Ω. Em um sistema trifásico,

$$Z_{base}(\Omega) = \frac{kV_{base}^2(L\text{-}L)}{MVA_{base}(3\text{-fase})} \qquad (6.19)$$

E, portanto, na tensão base de 500 kV e na base de 1000 MVA (trifásico), a impedância base é $Z_{base} = 250,0$ Ω. Assim, em "por unidade", a impedância série da linha de transmissão é $Z_{linha} = (0,0232 + j0,2608)$ pu. Cada impedância dos transformadores é dada como $Z_{tr} = j0,2$ pu. Todas as impedâncias em "por unidade", na base de 1000 MVA, são apresentadas na Figura 6.11b.

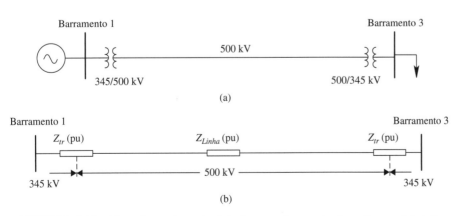

FIGURA 6.11 Transformadores incluindo a tensão nominal em "por unidade".

Utilizando a Equação 6.18, a impedância da linha de transmissão pode ser representada no lado de 345 kV de qualquer um dos transformadores e seu valor por unidade não se modificará. Dessa forma, a impedância entre os barramentos 1 e 3 na base de 345 kV e 1000 MVA é como segue, no diagrama da Figura 6.11b:

$$Z_{13} = j0{,}2 + (0{,}0232 + j0{,}2608) + j0{,}2 = (0{,}0232 + j0{,}6608) \text{ pu}$$

Necessita-se agora expressar essa impedância na base de 345 kV e 100 MVA para utilizá-la nos estudos de fluxo de potência do Capítulo 5. Fazendo uso da Equação 6.19, a impedância por unidade, calculada a partir de uma base original MVA para uma nova base MVA, é como segue:

$$Z_{pu}(\text{novo}) = Z_{pu}(\text{original}) \times \frac{MVA_{base}(\text{novo})}{MVA_{base}(\text{original})} \tag{6.20}$$

Portanto, da Equação 6.20, utilizando 100 MVA como a nova base e 1000 MVA como a base original, a impedância série entre os barramentos 1 e 3 é

$$Z_{13} = (0{,}00232 + j0{,}06608) \text{ pu}$$

6.5 EFICIÊNCIAS DO TRANSFORMADOR E REATÂNCIAS DE DISPERSÃO

Os transformadores são projetados para minimizar as perdas de potência dentro deles. Essas perdas consistem nas perdas I^2R, também chamadas perdas no cobre, perdas nos enrolamentos e perdas no núcleo. As perdas no núcleo são em grande parte independentes do carregamento do transformador, enquanto as perdas nos enrolamentos dependem do quadrado da carga do transformador. A eficiência energética de um transformador, de fato em qualquer equipamento, é definida como segue, em que a potência de saída é igual à potência de entrada menos as perdas:

$$\%\text{Eficiência} = 100 \times \frac{P_{saída}}{P_{entrada}} = 100 \times \left(1 - \frac{P_{perdas}}{P_{entrada}}\right) \tag{6.21}$$

Geralmente, as eficiências dos transformadores estão em seu máximo quando as perdas no núcleo e as perdas nos enrolamentos são iguais entre si. Em grandes transformadores de potência, essas eficiências são geralmente superiores a 99,5 % em plena carga ou perto dela.

Para alcançar eficiências elevadas em transformadores, as resistências de seus enrolamentos estão geralmente bem abaixo de 0,5 % ou 0,005 pu. Assim, suas impedâncias de dispersão são dominadas pelas reatâncias de dispersão, que dependem da classe de tensão do transformador. Essas reatâncias de dispersão estão aproximadamente nas seguintes faixas: 7 % a 10 % em transformadores de 69 kV, 8 % a 12 % em transformadores de 115 kV e 11 % a 16 % em transformadores de 230 kV. Em transformadores de 345 kV e 500 kV, essas reatâncias são de 20 % ou ainda maiores.

6.6 REGULAÇÃO EM TRANSFORMADORES

Grandes valores de reatâncias de dispersão são úteis em reduzir as correntes durante faltas no sistema de potência, como curtos-circuitos nas linhas de transmissão conectadas a esses transformadores. Entretanto, para uma tensão aplicada de entrada constante, a tensão de saída do transformador varia de acordo com a carga do transformador devido à queda de tensão através da reatância de dispersão. Isto é chamado de *Regulação*, que é a variação da tensão de saída expressa como porcentagem da tensão de saída nominal, se a potência nominal de saída (kVA) em um fator de potência específico for reduzida a zero (isto é, se o enrolamento secundário estiver aberto). A partir da Figura 6.9, supondo que a impedância de dispersão seja puramente reativa:

$$\overline{V}_s(\text{pu}) = \overline{V}_P(\text{pu}) - jX_{tr}(\text{pu})\overline{I}(\text{pu}) \quad (6.22)$$

Pode-se observar na Equação 6.22 que quanto menor for o fator de potência (atrasado) da carga, maior será a variação na magnitude de tensão de saída e, por isso, maior será a regulação.

6.6.1 Transformadores com Mecanismo Seletor de Derivações (*Tap Changing*) para o Controle de Tensão

Por meio de transformadores com seletor de derivações (espiras), é possível ajustar a magnitude da tensão de saída. Pode-se variar o seletor de derivações (*tap*) sob carga e tais equipamentos, chamados de seletor de derivações com carga — *load tap changers* (LTC), são descritos em detalhe em [1]. O seletor de espiras normalmente é feito utilizando autotransformadores, discutidos na próxima seção. Os seletores de derivações podem ser incluídos em estudos de sistemas de potência, como ilustrado pelos exercícios utilizando *PowerWorld*.

6.7 AUTOTRANSFORMADORES

Os autotransformadores são utilizados muito frequentemente em sistemas de potência para a transformação de tensões onde a isolação elétrica não é necessária e para a seleção de derivações de espiras (*tap-changing*). Nesta análise, supõe-se um transformador ideal, desprezando as impedâncias de dispersão e a corrente de excitação. Portanto, todas as tensões e correntes estão na mesma fase, respectivamente, e consequentemente são representadas por suas magnitudes, por conveniência, ao invés de representá-las como fasores.

Na conexão com dois enrolamentos, apresentada na Figura 6.12a, em termos da tensão nominal e da corrente nominal associadas a cada enrolamento, a potência do transformador é

$$\text{Potência nominal do transformador de dois enrolamentos} = V_1 I_1 = V_2 I_2 \quad (6.23)$$

Na conexão do autotransformador apresentado na Figura 6.12b, esses dois enrolamentos estão conectados em série. Com V_1 aplicada ao lado de baixa tensão à esquerda, a tensão no lado de alta-tensão é $V_1 + V_2$, como apresentado na Figura 6.12b. O lado de alta é dimensionado em I_2, sem sobrecarregar nenhum dos enrolamentos, e, nessa condição, pela Lei de Correntes de Kirchhoff, a corrente no lado de baixa é $I_1 + I_2$. O produto da tensão no lado de alta e da corrente nominal é (utilizando o produto no lado de baixa conduzirá a resultados similares) a potência do autotransformador, isto é, os volt-ampères que podem ser transferidos através dele:

$$\text{Potência nominal do autotransformador} = (V_1 + V_2)I_2 \quad (6.24)$$

Comparando as Equações 6.23 e 6.24, as potências nominais dos dois arranjos estão relacionadas como

$$\text{Potência Nominal do Autotransformador} = (1 + \frac{V_1}{V_2}) \times$$
$$\text{Potência Nominal do Transformador de Dois Enrolamentos} \quad (6.25)$$

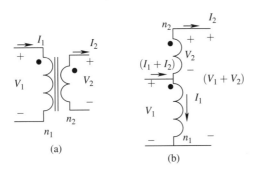

FIGURA 6.12 Autotransformador.

Como a potência nominal do transformador de dois enrolamentos é igual à potência de transferência requisitada (em VA) do sistema, o autotransformador necessário é equivalente a um transformador de dois enrolamentos com a seguinte capacidade nominal:

Potência nominal equivalente do transformador de dois enrolamentos

$$= \text{Potência de transferência requisitada} \div \left(1 + \frac{V_1}{V_2}\right) \qquad (6.26)$$

Da Figura 6.12b, expressando os termos entre parênteses na Equação 6.26 em termos da tensão no lado de alta $V_H (= V_1 + V_2)$ e a tensão do lado de baixa $V_L (= V_1)$:

Potência nominal equivalente do transformador de dois enrolamentos

$$= \left(1 - \frac{V_L}{V_H}\right) \times \text{Potência de transferência requisitada} \qquad (6.27)$$

Se as tensões do lado de alta e do lado de baixa não são muito diferentes, a potência nominal do transformador equivalente de dois enrolamentos de um autotransformador pode ser muito menor que a potência de transferência requisitada.

Exemplo 6.2

Em um sistema, 1 MVA tem que ser transferido com a tensão no lado de baixa de 22 kV e a tensão do lado de alta de 33 kV [2]. Calcule a potência nominal do transformador equivalente de dois enrolamentos de um autotransformador para satisfazer esse requisito de potência.

Solução   Com base na Equação 6.27, isto é 333 kVA.

O exemplo acima mostra que um autotransformador de apenas 333 kVA será suficiente, o que em outro caso poderia requerer um transformador convencional de dois enrolamentos de 1000 kVA. Assim, um autotransformador será fisicamente menor e menos custoso. As eficiências dos autotransformadores são maiores que seus correspondentes de dois enrolamentos, enquanto suas reatâncias de dispersão são comparativamente menores. A principal desvantagem do autotransformador é que não há isolação elétrica (galvânica) entre os dois lados, mas isso nem sempre é necessário. Por isso, os autotransformadores são utilizados com muita frequência em sistemas de potência.

6.8   DESLOCAMENTO DE FASE INTRODUZIDO POR TRANSFORMADORES

Fundamentalmente, há duas formas de realizar deslocamento de fase nas tensões através das conexões dos transformadores em sistemas de potência trifásicos. Uma prática comum é conectar o transformador em estrela de um lado e do outro lado, em triângulo, o que resulta em um deslocamento de fase de 30° nas tensões entre os dois lados. Outro tipo de conexão no transformador é utilizado quando se deseja controlar o deslocamento de fase para regular o fluxo de potência através da linha de transmissão à qual o transformador está conectado. Ambos os casos serão examinados a seguir.

6.8.1   Deslocamento de Fase em Transformadores Δ-Y

Os transformadores conectados em Δ-Y, como na Figura 6.13a, resultam em um deslocamento de fase de 30°, que é representado pelo diagrama fasorial da Figura 6.13b. A fim de elevar as tensões produzidas pelos geradores, os lados de baixa tensão são conectados em triângulo e os lados de alta-tensão são conectados em estrela aterrada. No lado conectado em Δ, as tensões nos terminais, apesar de isolados da terra, podem ser visualizadas pela conexão (hipotética) de resistências muito grandes, mas iguais, inseridas entre cada terminal

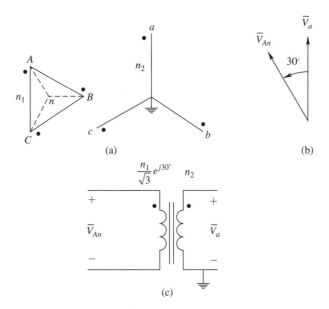

FIGURA 6.13 Deslocamento de fase em transformadores conectados em Δ-Y.

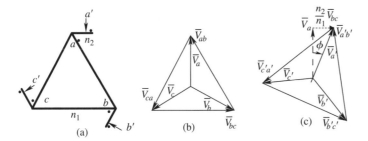

FIGURA 6.14 Transformador para o controle do deslocamento de fase.

e um neutro hipotético n. Como apresentado na Figura 6.13b, $\overline{V}_{An}$ fica adiantada em relação a $\overline{V}_a$ por 30° e as magnitudes das duas tensões podem ser relacionadas como segue:

$$\overline{V}_{AC} = \left(\frac{n_1}{n_2}\right)\overline{V}_a, \text{ e assim} \quad \overline{V}_{An} = \frac{1}{\sqrt{3}}\left(\frac{n_1}{n_2}\right)\overline{V}_a e^{j30°} \quad (6.28)$$

Com base na Equação 6.28, o circuito equivalente por fase é como o apresentado na Figura 6.13c.

6.8.2 Controle do Ângulo de Fase

Como discutido no Capítulo 2, o fluxo de potência entre dois sistemas CA depende do sen δ, em que δ é a diferença dos ângulos de fase entre os sistemas. A Figura 6.11a mostra uma disposição de transformador regulador de fase para conseguir um deslocamento de fase.

O diagrama fasorial das tensões de entrada $a - b - c$ é apresentado na Figura 6.14b e o das tensões de saída $a' - b' - c'$, na Figura 6.14c, que mostra que as tensões de saída ficam atrasadas por um ângulo ϕ em relação às tensões de entrada. Os deslizadores na Figura 6.14a representam as derivações intermediárias finitas.

6.9 TRANSFORMADORES DE TRÊS ENROLAMENTOS

Geralmente nos transformadores e autotransformadores em sistemas de potência, um terceiro enrolamento é adicionado para que neste sejam conectados capacitores ou equipamentos

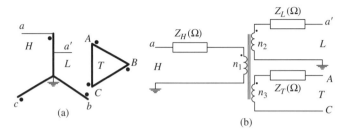

FIGURA 6.15 Autotransformador com três enrolamentos.

baseados em eletrônica de potência para fornecer potência reativa para sustentar a tensão do sistema. O enrolamento terciário conectado em Δ normalmente apresenta baixa tensão nominal e muito baixa potência nominal (em MVA). O propósito do enrolamento terciário é prover um caminho por onde circulem as correntes de sequência zero, como se discutirá no capítulo sobre faltas nas linhas de transmissão, e uma possibilidade de conexão para equipamentos que forneçam potência reativa.

O princípio de operação dos transformadores de três enrolamentos é uma extensão dos transformadores de dois enrolamentos discutidos anteriormente. Geralmente, uma conexão de autotransformador é utilizada entre o lado de alta e lado de baixa, e um enrolamento terciário é adicionado e conectado, como apresentado na Figura 6.15a. Esses transformadores podem ser representados como na Figura 6.15b.

6.10 TRANSFORMADORES TRIFÁSICOS

Como discutido anteriormente, os transformadores de potência consistem em três fases, sendo que os transformadores monofásicos discutidos anteriormente podem ser conectados em uma conexão em Y ou em Δ. Ao contrário, em um transformador trifásico, todos os enrolamentos estão dispostos em núcleo comum, resultando assim em custo reduzido do núcleo. A decisão para comprar certo tipo de transformador depende de muitos fatores, como custo inicial de instalação, custos de manutenção, custos de operação (eficiência), confiabilidade etc. As unidades trifásicas têm custos baixos de construção e manutenção e podem ser construídas para as mesmas eficiências nominais das unidades monofásicas. Muitos sistemas elétricos têm subestações móveis e transformadores de reposição de emergência para prover respaldo em caso de falhas [4].

Em sistemas de extra alta-tensão, em níveis elevados de potência, transformadores monofásicos são utilizados. A razão de utilizá-los deve-se ao tamanho dos transformadores trifásicos nesses níveis, que torna difícil seu transporte desde o local de fabricação até o local de instalação. Para necessidades específicas, pode ser econômico ter transformadores monofásicos de reserva para emergências (um terço do total de potência) ao invés de ter transformadores trifásicos de reserva [4].

Os transformadores trifásicos são ou do tipo encouraçado (ou núcleo envolvente, *shell*, em que os enrolamentos estão montados na perna central do núcleo) ou do tipo núcleo envolvido (*core*, em que os enrolamentos estão montados em diferentes pernas de núcleo). Na operação balanceada trifásica, o circuito equivalente de um transformador trifásico de um ou outro tipo, na representação por fase, é similar àquele dos transformadores monofásicos. Somente sob operação desbalanceada, tal como durante faltas assimétricas, as diferenças entre esses tipos de transformadores trifásicos aparecem.

6.11 REPRESENTAÇÃO DOS TRANSFORMADORES COM RELAÇÃO DE ESPIRAS FORA DO NOMINAL, DERIVAÇÕES E DESLOCAMENTO DE FASE

Como apresentado no Exemplo 6.1, se um transformador com relação de espiras nominal e sem deslocamento de fase é encontrado, então ele pode ser representado simplesmente por

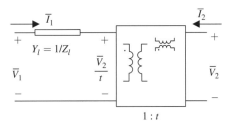

FIGURA 6.16 Representação geral de um autotransformador e um deslocador de fase.

sua impedância de dispersão. Para transformadores com relação de espiras fora do nominal e deslocamento de fase, especial consideração é dada. A Figura 6.16 mostra uma representação geral em que a transformação de tensão é dada 1 : t, em que t é um número real em caso de relação de espiras fora do nominal e um número complexo em caso de um deslocador de fase, Z_l é a impedância de dispersão e $Y_l = 1/Z_l$.

Considerando separadamente a impedância de dispersão, a transformação de tensão através da porção de transformador ideal é como representada na Figura 6.16 e a soma das potências complexas nele deve ser igual a zero, de modo que

$$\frac{\overline{V}_2}{t}\overline{I}_1^* = -\overline{V}_2\overline{I}_2^* \tag{6.29}$$

Na Figura 6.16

$$\overline{I}_1 = \left(\overline{V}_1 - \frac{\overline{V}_2}{t}\right)Y_\ell \tag{6.30}$$

Com base nas Equações 6.29 e 6.30 e reconhecendo que $t \cdot t^* = |t|^2$,

$$\overline{I}_2 = -\frac{\overline{I}_1}{t^*} = -\overline{V}_1\frac{Y_\ell}{t^*} + \overline{V}_2\frac{Y_\ell}{|t|^2} \tag{6.31}$$

Das Equações 6.30 e 6.31,

$$\begin{bmatrix}\overline{I}_1 \\ \overline{I}_2\end{bmatrix} = \begin{bmatrix} Y_\ell & -\dfrac{Y_\ell}{t} \\ -\dfrac{Y_\ell}{t^*} & \dfrac{Y_\ell}{|t|^2} \end{bmatrix}\begin{bmatrix}\overline{V}_1 \\ \overline{V}_2\end{bmatrix} \tag{6.32}$$

Essa representação nodal é similar àquela discutida no Capítulo 5 para representar o sistema para estudos de fluxo de potência. Isto é discutido a seguir, separadamente para transformadores e para deslocadores de fase.

6.11.1 Relação de Espiras Fora do Nominal e Derivações

A representação por unidade de transformadores com relação de espiras fora do nominal e derivações (sem deslocamento de fase) é realizada através de um transformador com relação de espiras 1 : t, em que t é real na Figura 6.17a. A Equação 6.32 pode ser representada por um circuito pi, como representado na Figura 6.17b, em que $t^* = t$, desde que t seja real. As admitâncias em derivação na Figura 6.17b podem ser calculadas como demonstrado.

Exemplo 6.3

No transformador da Figura 6.18a, em "por unidade", a impedância de dispersão $Z_l = j0,1$ pu. A relação de espiras $t = 1,1$ pu é utilizada para elevar a tensão no lado 2. Calcule os parâmetros do circuito pi da Figura 6.18b para utilizá-los nos programas de fluxo de potência.

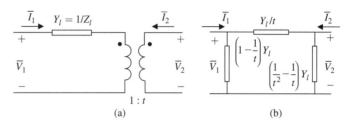

FIGURA 6.17 Transformador com relação de espiras fora do nominal ou derivações em "por unidade"; *t* é real.

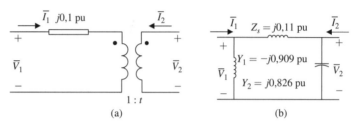

FIGURA 6.18 Transformador do Exemplo 6.3.

Solução Neste exemplo, $Y_l = 1/Z_l = -j10$ pu. No circuito pi, $Y_1 = -j0,909$ pu, em que o valor da susceptância é negativo, implicando que é indutiva. $Y_2 = j0,826$ pu, em que o valor da susceptância é positivo, implicando que é capacitivo. O correspondente modelo pi do circuito é apresentado na Figura 6.18b, que claramente mostra como o circuito LC resulta em valor mais elevado de V_2 que V_1.

6.11.2 Representação do Transformador Deslocador de Fase

Em um arranjo de transformador deslocador de fase, *t* na matriz Y da Equação 6.32 é complexo. Portanto, $Y_{12} \neq Y_{21}$. Consequentemente, um transformador com relação de espiras complexo não pode ser representado por um circuito pi; ao invés disso, recorre-se a uma matriz de admitâncias da Equação 6.32 para ser utilizada nos estudos de fluxo de potência.

REFERÊNCIAS

1. Prabha Kundur, *Power System Stability and Control*, McGraw Hill, 1994.
2. *Electrical Transmission and Distribution Reference Book*, Westinghouse Electric Corporation, 1950.
3. P. Anderson, *Analysis of Faulted Power Systems*, June 1995, Wiley-IEEE Press.
4. United States Department of Agriculture, Rural Utilities Service, *Design Guide for Rural Substations*, RUS BULLETIN 1724E-300 (http://www.rurdev.usda.gov/RDU_Bulletins_Electric.html).

EXERCÍCIOS

6.1 Um transformador é projetado para abaixar a tensão aplicada de 2400 V (RMS) a 240 V em 60 Hz. Calcule a tensão RMS máxima que pode ser aplicada ao lado de alta desse transformador, sem exceder a densidade de fluxo nominal no núcleo, se o transformador for alimentado por uma frequência de 50 Hz.

6.2 Suponha que o transformador na Figura 6.4a seja ideal. Ao enrolamento 1 é aplicada uma tensão senoidal em regime permanente com $\bar{V}_1 = 120 \angle 0°$ na frequência $f = 60$ Hz. $N_1/N_2 = 3$. A carga no enrolamento 2 é uma combinação série de *R* e *L*, com $Z_L = (5 + j3)$ Ω. Calcule a corrente absorvida da fonte de tensão.

Transformadores em Sistemas de Potência 99

6.3 Considere um transformador ideal, desprezando as resistências dos enrolamentos, indutâncias de dispersão e perdas no núcleo. $N_1/N_2 = 3$. Para uma tensão de 120 V (RMS) em uma frequência de 60 Hz aplicada ao enrolamento 1, a corrente de magnetização é 1,0 A (RMS).

Se uma carga de 1,1 Ω com um fator de potência de 0,866 (atrasado) for conectada ao enrolamento secundário, calcule $\bar{I}_1$.

6.4 Um transformador de 2400/240 V e 60 Hz tem os seguintes parâmetros no circuito equivalente da Figura 6.5: a impedância de dispersão no lado de alta é $(1,2 + j\ 2,0)\ \Omega$, a impedância no lado de baixa é $(0,012 + j\ 0,02)\ \Omega$ e X_m no lado de alta é 1800 Ω. Desconsidere R_{he}. Calcule a tensão de entrada se a tensão de saída é 240 V (RMS) e alimenta uma carga de 1,5 Ω com um fator de potência de 0,9 (atrasado).

6.5 Calcule os parâmetros do circuito equivalente de um transformador, se os seguintes dados dos testes de circuito aberto e curto-circuito são fornecidos, para um transformador de distribuição de 60 Hz, 50 kVA, 2400/240 V:

Teste de circuito aberto com o lado de alta aberto: $V_{OC} = 240$ V, $I_{OC} = 5,0$ A, $P_{OC} = 400$ W.

Teste de curto-circuito com o lado de baixa em curto: $V_{SC} = 90$ V, $I_{SC} = 20,0$ A, $P_{SC} = 700$ W.

6.6 Três transformadores monofásicos de dois enrolamentos formam trafo trifásico Y-Δ (o estrela aterrado) e são conectado a 230 kV no lado Y e a 34,5 kV no lado Δ. A potência trifásica combinada desses três transformadores é 200 MVA. A reatância por unidade é 11 % na base nominal do transformador. Calcule os valores das tensões e correntes, X_{ps} e X_{sp} (em Ω) nas Figuras 6.8a e b.

6.7 Em um transformador, a reatância de dispersão é 9 % em sua base nominal. Qual será seu valor percentual se simultaneamente a tensão base for dobrada e a potência MVA base for dividida pela metade?

6.8 A eficiência em um transformador de potência é 98,6 % quando a carga é tal que suas perdas no núcleo são iguais às perdas no cobre. Calcule a resistência do transformador em "por unidade".

6.9 Utilizando a Figura 6.9, calcule $\bar{V}_p$ em "por unidade", se $\bar{V}_s$ (pu) $= 1 \angle 0°$, nominal $\bar{I}$ (pu) $= 1 \angle -30°$ e $X_{tr} = 11$ %. Desenhe a relação entre essas variáveis calculadas em um diagrama fasorial.

6.10 A regulação percentual para um transformador é definida como

$$\%\ \text{Regulação} = 100 \times \frac{V_{\text{sem carga}} - V_{\text{nominal}}}{V_{\text{nominal}}},$$

em que V_{nominal} é a tensão no carregamento kVA nominal na potência de carga especificada. Calcule a regulação percentual para o transformador no Exercício 6.9.

6.11 Calcule a regulação no Exercício 6.10, se a corrente nominal $\bar{I}$ (pu) $= 1 \angle 0°$. Compare esse valor com aquele do Exercício 6.10.

6.12 Obtenha a expressão da regulação a plena carga, em que θ é o ângulo do fator de potência, que é tomado como positivo quando a corrente está atrasada da tensão, e X_{tr} está em "por unidade".

6.13 No Exemplo 6.2, o autotransformador é carregado com seu MVA nominal em fator de potência unitário. Calcule todas as tensões e correntes no autotransformador na Figura 6.12b.

6.14 No Exemplo 6.2, se um transformador de dois enrolamentos é selecionado, a eficiência do transformador é 99,1 %. Se o mesmo transformador é conectado como um autotransformador, calcule sua eficiência baseada na potência (MVA) nominal que ele suporta. Suponha um fator de potência unitário de operação em ambos os casos.

6.15 Em um transformador conectado em Y-Δ como mostrado na Figura 6.13a, mostre todas as tensões de fase e fase-fase (ou de linha) em ambos os lados do transformador, como na Figura 6.13b. A tensão fase-fase no lado Y é 230 kV e no lado Δ, 34,5 kV. Suponha que o ângulo de fase de $\bar{V}_a$ é 90°.

6.16 No Exercício 6.15, a carga conectada em estrela e que está ligada ao transformador no lado em triângulo (ou delta) é puramente resistiva, e a magnitude da corrente de carga é 1 pu. Desenhe os fasores das correntes que circulam nos enrolamentos do transformador no lado em triângulo e os fasores das correntes nos enrolamentos do transformador no lado em estrela, todos em valores pu.

TRANSFORMADORES EM PSCAD/EMTDC

6.17 Obtenha as formas de onda do transformador como descrito no material disponível no *site* da LTC Editora.

INCLUSÃO DE TRANSFORMADORES NOS ESTUDOS DE FLUXO DE POTÊNCIA UTILIZANDO *POWERWORLD*

6.18 O fluxo de potência no exemplo do sistema de potência de três barramentos é calculado utilizando o MATLAB, no Exemplo 5.4. Repita o exemplo utilizando o *PowerWorld*, que inclui nesse exemplo um autotransformador para regulação de tensão, como descrito no material disponível no *site* da LTC Editora, e calcule os resultados do estudo de fluxo de potência.

6.19 O fluxo de potência no exemplo do sistema de potência é calculado utilizando MATLAB, no Exemplo 5.4. Repita o exemplo utilizando o *PowerWorld*, que inclui nesse exemplo um transformador deslocador de fase para controlar o fluxo de potência, como descrito no material disponível no *site* da LTC Editora, e calcule os resultados do estudo de fluxo de potência.

7
SISTEMAS DE TRANSMISSÃO EM CORRENTE CONTÍNUA DE ALTA-TENSÃO

7.1 INTRODUÇÃO

Para transmitir grandes quantidades de potência por longas distâncias, por exemplo, desde uma fonte remota para um centro de carga muito afastado, um sistema de transmissão em corrente contínua de alta-tensão — *high voltage DC* (HVDC) — pode ser mais econômico que um sistema de transmissão CA. Em outras palavras, um sistema HVDC deve ser considerado para transmissão de um ponto para outro. Para a transmissão submarina através de cabos, o sistema HVDC é quase sempre a escolha preferida. Ultimamente, por causa da estabilidade, sistemas de transmissão HVDC vêm sendo construídos para transferir potência entre dois sistemas CA, principalmente em locais onde a adição de um elo CA poderia causar instabilidade ao sistema. Espera-se que esse tipo de sistema seja mais utilizado no futuro.

7.2 DISPOSITIVOS SEMICONDUTORES DE POTÊNCIA E SUAS CAPACIDADES

As aplicações em sistemas HVDC e outras que envolvam eletrônica de potência tornam-se viáveis graças aos dispositivos semicondutores de potência [1], cujos símbolos são mostrados na Figura 7.1a. A capacidade de conduzir potência e a velocidade de chaveamento desses dispositivos são indicadas na Figura 7.1b.

Todos esses dispositivos permitem que a corrente flua somente no sentido direto (o diodo antiparalelo intrínseco dos transistores de efeito de campo metal-óxido-semicondutor

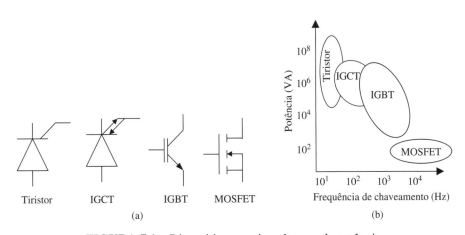

FIGURA 7.1 Dispositivos semicondutores de potência.

— *Metal Oxide Semiconductor Field Effect Transistor* (MOSFETs) — pode ser explicado separadamente). Os transistores (intrinsecamente ou de propósito) podem bloquear somente a tensão polarizada diretamente, enquanto os tiristores bloqueiam tanto a tensão de polarização direta quanto a reversa. Os diodos são dispositivos não controlados que conduzem a corrente na direção direta e bloqueiam a tensão reversa. Em níveis elevadíssimos de potência, algumas vezes utilizam-se tiristores controlados de porta integrada — *integrated gate controlled thiristors* (IGCT) — (estes evoluíram dos *gate-turn-off*, GTOs). Os tiristores são dispositivos semicontrolados que podem entrar em condução no instante desejado em seu estado de bloqueio direto, mas não podem ser bloqueados por suas respectivas portas e, portanto, contam com o circuito em que estão conectados para bloqueá-los. Contudo, tiristores estão disponíveis em ampla faixa de valores nominais de tensão e corrente. A Figura 7.2a mostra as tensões e correntes nominais de vários dispositivos semicondutores de alta potência em uso, e a Figura 7.2b mostra as tensões e correntes nominais necessárias em várias aplicações [2]. Há grande quantidade de pesquisas sendo realizadas sobre dispositivos baseados em SiC (carbeto de silício), que são altamente adequados para aplicações de alta potência em sistemas elétricos.

7.3 SISTEMAS DE TRANSMISSÃO HVDC

Os sistemas HVDC são representados pelo diagrama unifilar da Figura 7.3, em que a tensão CA na extremidade emissora é elevada e fornecida a um conversor que atua como um *retificador*, convertendo CA em CC, e a potência é transmitida em uma linha de transmissão HVDC. Na extremidade receptora, há outro conversor atuando como um *inversor*, convertendo CC em CA, e a tensão pode assim ser baixada para o nível de tensão do sistema da extremidade receptora. A direção do fluxo de potência pode ser reversível, invertendo assim a função dos dois conversores. A Figura 7.4 mostra dois tipos de sistemas de HVDC: (a) um sistema com elo de corrente que utiliza tiristores e (b) um sistema com elo de tensão que utiliza chaves, tais como o **Transistor Bipolar de Porta Isolada — *Insulated Gate Bipolar Transistor*** (IGBTs). Ambos os sistemas são discutidos neste capítulo.

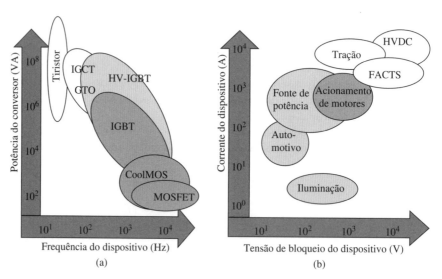

FIGURA 7.2 Dispositivos semicondutores de potência [2].

FIGURA 7.3 Diagrama unifilar de um sistema HVDC.

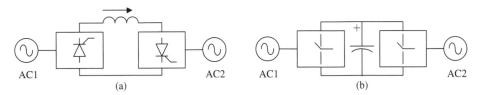

FIGURA 7.4 Sistemas HVDC: (a) elo de corrente e (b) elo de tensão.

7.4 SISTEMAS HVDC COM ELO DE CORRENTE

O diagrama de blocos de um sistema HVDC com elo de corrente é mostrado na Figura 7.5. Ele consiste em dois polos: positivo e negativo em relação à Terra. Cada polo consiste em dois conversores a tiristores que são alimentados por meio de conexões de transformadores, um Y-Y e um Y-Δ, para introduzir um deslocamento de fase de 30° entre os dois conjuntos de tensão, como discutido no capítulo sobre transformadores. Nesse sistema com elo de corrente, a indutância da linha de transmissão no lado CC é geralmente suplementada por uma indutância extra em série, como apresentado na Figura 7.5 pelo reator de alisamento (ou atenuador). Porque a corrente no elo CC não pode variar instantaneamente em razão dessas indutâncias é que se dá o nome de elo de corrente. Cada polo na extremidade emissora e na extremidade receptora consiste em conversores com tiristores, que são algumas vezes chamados pelo nome comercial de SCRs (ou *silicon controlled rectifiers*). A característica desses conversores é explorada na próxima subseção.

7.4.1 Conversores a Tiristores

Estamos familiarizados com diodos, que bloqueiam uma tensão de polarização negativa de forma que a corrente não pode fluir na direção reversa. Os diodos começam a conduzir cor-

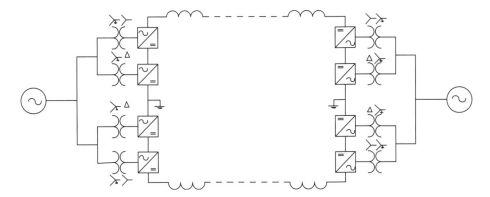

FIGURA 7.5 Diagrama de blocos de um sistema HVDC com elo de corrente.

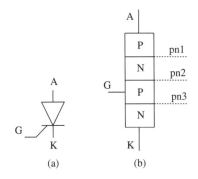

FIGURA 7.6 Tiristores.

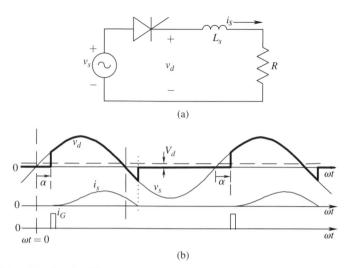

FIGURA 7.7 Circuito de tiristores com uma carga resistiva e uma indutância em série.

rente na direção direta quando uma tensão de polarização positiva é aplicada a eles, apresentando apenas pequena queda de tensão, da ordem de um a dois volts entre os seus terminais. Esses são representados por símbolos, como se vê na Figura 7.6a, por um ânodo (A), um cátodo (K) e um terminal, chamado porta (*gate*), (G). Ao contrário dos diodos, os tiristores são dispositivos de quatro camadas, como apresentado na Figura 7.6b.

Assim como os diodos, os tiristores também conduzem corrente somente na direção direta e bloqueiam a tensão de polarização negativa, mas, ao contrário deles, os tiristores podem bloquear a condução mesmo com uma tensão de polarização direta, como ilustrado a seguir.

Considere um circuito primário para converter CA em CC, como apresentado na Figura 7.7a, com um tiristor em série com uma carga *R-L*.

Como pode ser visto na Figura 7.7b, inicialmente em $\omega t = 0$ durante o semiciclo positivo da tensão de entrada, uma tensão direta aparece nos terminais do tiristor (o ânodo *A* é positivo em relação ao cátodo *K*) e, se o tiristor fosse um diodo, uma corrente começaria a fluir nesse circuito em $\omega t = 0$. Este instante, em que a corrente começaria a fluir se o tiristor fosse um diodo, é referido como o instante de condução natural. Com o tiristor bloqueando a tensão direta, o início da condução pode ser controlado (atrasado) com respeito a $\omega t = 0$ através de um ângulo de atraso α no instante em que o pulso de corrente é aplicado à porta do tiristor. Uma vez em estado de condução, o tiristor sustenta-se e comporta-se como um diodo com uma pequena queda de tensão, da ordem de um a dois volts entre os seus terminais (idealmente representada por zero), e a tensão da carga *R-L* v_d será igual a v_s, como mostrado na Figura 7.7b.

A forma de onda da corrente na Figura 7.7b mostra que, por causa da indutância em série, a corrente através do tiristor continua fluindo ao longo de um intervalo no semiciclo negativo da tensão de entrada, chegando a zero e permanecendo zero, sem ser capaz de inverter a direção, em razão da propriedade do tiristor, durante o resto desse semiciclo. No semiciclo seguinte, a condução da corrente outra vez depende do instante, no semiciclo positivo, em que o pulso da porta é aplicado. Controlando o ângulo de atraso (ou controle de fase, como geralmente é chamado), pode-se controlar a tensão média v_d nos terminais da carga *R-L*. Esse princípio pode ser estendido aos circuitos práticos discutidos a seguir.

Em sistemas HVDC, cada conversor utiliza seis tiristores, como apresentado na Figura 7.8a. Para explicar o princípio de operação do conversor, supõe-se inicialmente que o conversor seja alimentado por uma fonte de tensões trifásicas. Como na Figura 7.8b, os tiristores são desenhados em um grupo superior e um grupo inferior, e o lado CC é representado por uma fonte de corrente CC I_d.

Inicialmente considera-se que os tiristores na Figura 7.8b são substituídos por diodos. Os diodos representam a operação do tiristor com um ângulo de atraso de $\alpha = 0°$ e, portan-

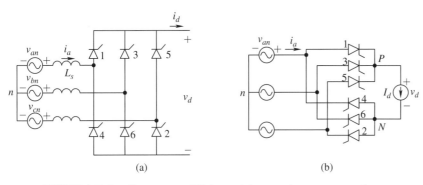

FIGURA 7.8 Conversor trifásico a tiristores de ponte completa.

to, ao substituírem-se os tiristores por diodos, será possível calcular a tensão no lado CC para $\alpha = 0°$. Considerando os diodos do grupo superior na Figura 7.8b, todos os diodos têm seus cátodos conectados e, portanto, somente o diodo com o ânodo conectado à tensão de fase mais alta conduzirá, enquanto os outros dois ficam polarizados reversamente. No grupo inferior, todos os diodos têm seus ânodos conectados e, portanto, somente o diodo com seu cátodo conectado à tensão mais baixa conduzirá, enquanto os outros dois têm uma polarização reversa. As formas de onda nos pontos P e N, em relação ao neutro da fonte, são apresentadas na Figura 7.9a, em que a tensão no lado CC

$$v_d = v_{Pn} - v_{Nn} \tag{7.1}$$

é a tensão fase-fase dentro de cada intervalo de 60° que está representada no gráfico da Figura 7.9b. A tensão média no lado CC com $\alpha = 0°$ pode ser calculada com base nas formas de onda na Figura 7.9b, considerando o intervalo de 60° ($\pi/3$ rad) com que as formas de onda se repetem, em que $\sqrt{2}\,V_{FF}$ é o valor de pico da tensão de entrada fase-fase, como apresentado na Figura 7.9b:

$$V_{do} = \frac{1}{\pi/3} \int_{-\pi/6}^{\pi/6} \sqrt{2}V_{FF}\cos \omega t \cdot d(\omega t) = \frac{3\sqrt{2}}{\pi} V_{FF} \tag{7.2}$$

Essa tensão média é indicada na Figura 7.9b por uma linha reta V_{do}, em que o subscrito "o" refere-se a $\alpha = 0°$. As formas de onda da corrente de linha são mostradas na Figura 7.9c, em que, por exemplo, $i_a = I_d$ durante o período em que a fase a tem a tensão mais elevada e o diodo 1, conectado a essa fase, está conduzindo. De forma similar, $i_a = -I_d$ durante o período em que a fase a tem a tensão mais baixa e o diodo 4, conectado a essa fase, está conduzindo.

Atrasando o disparo dos pulsos para os tiristores por um ângulo α, medido em relação aos instantes de conduções naturais (o instante de condução natural, para um tiristor, é o

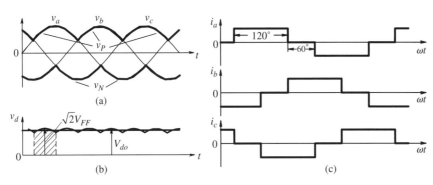

FIGURA 7.9 Formas de onda em um retificador trifásico com $L_s = 0$ e $\alpha = 0$.

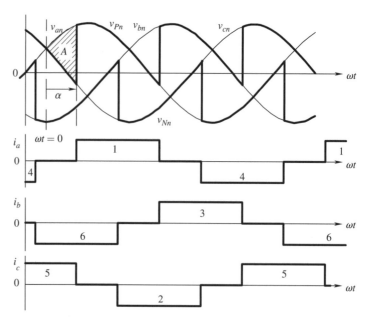

FIGURA 7.10 Formas de onda com $L_s = 0$.

instante em que a corrente através dele começaria a fluir se α fosse zero), as formas de onda são as apresentadas na Figura 7.10.

Nas formas de onda da tensão de saída no lado CC, a área A_α em volt-radianos corresponde a "perdas" por causa do atraso do disparo dos pulsos por α a cada $\pi/3$ radianos. Supondo a origem de tempo na Figura 7.10 como o instante em que as formas de onda de tensão das fases a e c se cruzam, a forma de onda da tensão fase-fase v_{ac} pode ser expressa como $\sqrt{2}\,V_{FF}\mathrm{sen}\,\omega t$. Portanto, com base na Figura 7.10, a queda ΔV_α na tensão média do lado CC pode ser calculada como

$$\Delta V_\alpha = \frac{1}{\pi/3} \underbrace{\int_0^\alpha \sqrt{2}V_{FF}\mathrm{sen}\,\omega t \cdot d(\omega t)}_{A_\alpha} = \frac{3\sqrt{2}}{\pi}V_{FF}(1-\cos\alpha) \qquad (7.3)$$

Assim, utilizando as Equações 7.2 e 7.3, o valor médio da tensão no lado CC pode ser controlado pelo ângulo de atraso como

$$V_{d\alpha} = V_{do} - \Delta V_\alpha = \frac{3\sqrt{2}}{\pi}V_{FF}\cos\alpha \qquad (7.4)$$

que, como mostrado pela Equação 7.4, é positivo para α entre 0 e 90° — por isso é que se diz que o conversor opera como *retificador*, enquanto para α acima de 90°, $V_{d\alpha}$ torna-se negativo e o conversor opera como *inversor*.

Exemplo 7.1

O conversor trifásico a tiristores da Figura 7.8b está operando em seu modo inversor com $\alpha = 150°$. Desenhe as formas de onda de modo similar às da Figura 7.10 para essa condição de operação.

Solução Essas formas de onda para $\alpha = 150°$ no modo inversor são mostradas na Figura 7.11. Do lado CC, a forma de onda da tensão v_{Pn} é negativa, e a de v_{Nn} é positiva.

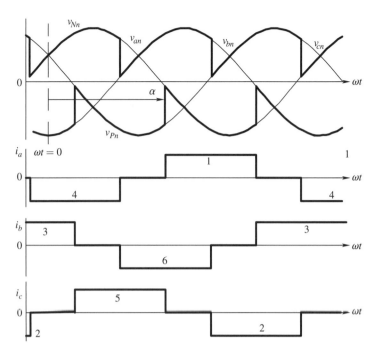

FIGURA 7.11 Formas de onda no modo inversor.

Assim, a tensão $v_{PN} (= v_{Pn} - v_{Nn})$ do lado CC e seus valores médios são negativos no modo inversor de operação. Como a corrente no lado CC está na mesma direção, o fluxo de potência flui do lado CC para o lado CA. Do lado CA, as formas de onda da corrente estão deslocadas (atrasadas) por $\alpha = 150°$, se comparadas às formas de onda correspondentes a $\alpha = 0°$.

Como apresentado na Figura 7.12a, para $a < 90°$, o conversor opera como um retificador e a potência flui do lado CA para o lado CC, como mostrado na Figura 7.12b. A situação contrária ocorre no modo inversor, com $a > 90°$. No modo inversor, o ângulo de atraso é limitado a aproximadamente 160°, como mostrado na Figura 7.12a, devido ao ângulo de comutação necessário para a comutação segura da corrente de um tiristor para o seguinte, como discutido a seguir.

Em um caso ideal (análise anterior) com $L_s = 0$, as correntes no lado CA comutam instantaneamente de um tiristor ao outro, como mostrado nas formas de onda da corrente na Figura 7.10. Entretanto, na presença da indutância L_s no lado CA, como apresentado na Figura 7.8a, leva-se um intervalo finito u, durante o qual a corrente comuta de um tiristor ao outro como mostrado na Figura 7.13. Durante esse intervalo de comutação u, de a até $a + u$, a tensão instantânea CC é reduzida em razão da queda de tensão v_L na indutância em série com o tiristor para o qual a corrente está comutando, de 0 a($+I_d$). Dessa forma, a tensão de saída CC média é reduzida por uma área adicional A_u a cada $\pi/3$ radianos, como mostrado na Figura 7.13, em que

$$A_u = \int_{\alpha}^{\alpha+u} v_L \, d(\omega t) = \omega L_s \int_0^{I_d} di_s = \omega L_s I_d \tag{7.5}$$

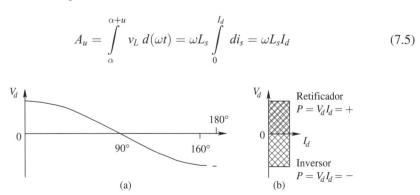

FIGURA 7.12 Tensão média no lado CC em função de α.

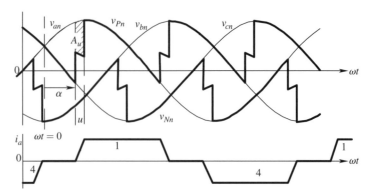

FIGURA 7.13 Formas de onda considerando L_s.

e, portanto, uma queda de tensão adicional pela presença de L_s é

$$\Delta V_u = \frac{A_u}{\pi/3} = \frac{3}{\pi}\omega L_s I_d \quad (7.6)$$

Assim, a tensão de saída CC pode ser escrita como

$$V_d = V_{d\alpha} - \Delta V_u \quad (7.7)$$

Substituindo os resultados das Equações 7.4 e 7.6 na Equação 7.7

$$V_d = \frac{3\sqrt{2}}{\pi} V_{LL}\cos\alpha - \frac{3}{\pi}\omega L_s I_d \quad (7.8)$$

Na Figura 7.13, v_{Pn}, durante o intervalo de comutação u, é a média de v_{an} e v_{cn}.

Portanto, a Equação 7.8 pode também ser escrita como

$$V_d = \frac{3\sqrt{2}}{\pi} V_{LL}\cos(\alpha + u) + \frac{3}{\pi}\omega L_s I_d \quad (7.9)$$

Considerando o lado CA do conversor na Figura 7.13 a corrente, por exemplo, na fase a pode ser aproximada a um trapézio, começando no ângulo $(\pi/6 + \alpha)$ rads e subindo linearmente de $-I_d$ até $+I_d$ durante o ângulo de comutação u. Com essa aproximação de uma forma de onda trapezoidal, a componente fundamental i_{a1} da corrente de fase fica atrasada em relação à tensão de fase por um ângulo $\phi_1(\cong \alpha + u/2)$, como mostrado na Figura 7.14a no modo retificador e na Figura 7.14b no modo inversor. O fator de potência, sempre atrasado, é como se segue:

$$\text{Fator de Potência (FP)} \simeq \cos(\alpha + u/2) \quad (7.10)$$

A potência reativa trifásica consumida pelo conversor é

$$Q_{3\phi} \simeq 3V_a I_{a1}\text{sen}(\alpha + u/2) \quad (7.11)$$

Na Equação 7.11, para cálculos aproximados, as formas de onda da corrente no lado CA podem ser consideradas como retangulares (isto é, $u = 0$), casos em que $\hat{I}_{a1} = \frac{\sqrt{12}}{\pi}I_d$.

Evitando falha de comutação: A comutação de corrente de um tiristor ao novo tiristor é facilitada pela tensão CA fase-fase correspondente a eles, chamada tensão de comutação. No modo inversor, se α é demasiado grande, então $(\alpha + u)$ pode exceder 180°. No entanto, acima de 180° a polaridade da tensão de comutação inverte e a comutação da corrente não

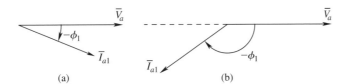

FIGURA 7.14 Ângulo de fator de potência.

é bem-sucedida. Desse modo, para evitar essa falha de comutação, α é conservadoramente limitado a 160° mais ou menos.

Nas formas de onda da Figura 7.10 há seis pulsos, cada um com um intervalo de 60°($\pi/3\,rad$) a cada ciclo na frequência da rede, e por isso os conversores para os quais se obtêm tais formas de onda são chamados de conversores de seis pulsos. Em muitos conversores HVDC, um deslocamento de 30° é introduzido em cada polo em razão das conexões dos transformadores Y-Y e Y-Δ, como apresentado na Figura 7.5 e no diagrama unifilar da Figura 7.15 de um sistema HVDC real.

Cada conversor dá origem a correntes com uma forma de onda de seis pulsos, como apresentado na Figura 7.16a, através de $i_a(Y\text{-}Y)$ e $i_a(Y\text{-}\Delta)$. Mas a soma dessas duas correntes, i_a, vista a partir da rede, tem uma forma de onda de 12 pulsos, que tem ondulação (*ripple*) muito menor que a forma de onda de seis pulsos. De forma similar, como apresentado na Figura 7.16b, as formas de onda de tensão no lado CC dos dois conversores v_{d1} e v_{d2} em um polo resumem-se a uma forma de onda de doze pulsos v_d, que apresenta ondulação muito menor se comparada à forma de onda de seis pulsos. Apesar dessa redução na ondulação (ou harmônicos, como são chamados, da frequência fundamental da rede) filtros são inseridos no lado CA para as correntes harmônicas e outros filtros, no lado CC para os harmônicos da tensão do lado CC, como apresentado no diagrama unifilar da Figura 7.15 de um projeto real, de forma que essas tensões e correntes harmônicas não interfiram com a operação do sistema de potência.

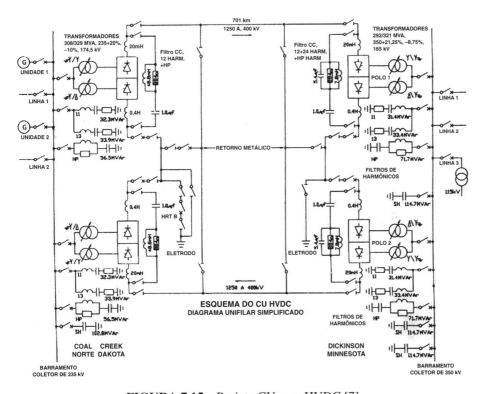

FIGURA 7.15 Projeto CU com HVDC [7].

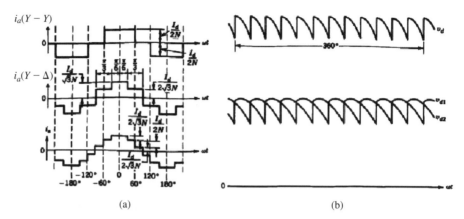

FIGURA 7.16 Formas de onda da tensão e corrente para seis e 12 pulsos [3].

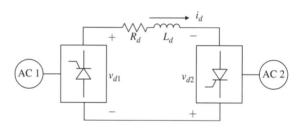

FIGURA 7.17 Um polo de um sistema HVDC.

7.4.2 Fluxo de Potência em Sistemas com Elo de Corrente Contínua

Considerando um dos polos, por exemplo o polo positivo na Figura 7.17, os dois terminais de um sistema HVDC são mostrados na Figura 7.17a, em que R_d é a resistência da indutância do elo CC.

Como cada terminal consiste em dois conversores de seis pulsos como discutido previamente,

$$V_{d1} = 2 \times \left[\frac{3\sqrt{2}}{\pi} V_{FF1} \cos\alpha_1 - \frac{3}{\pi} \omega L_{s1} I_d \right] \quad (7.12)$$

e

$$V_{d2} = 2 \times \left[\frac{3\sqrt{2}}{\pi} V_{FF2} \cos\alpha_2 - \frac{3}{\pi} \omega L_{s2} I_d \right] \quad (7.13)$$

em que as tensões do lado CA e as indutâncias do lado CA podem não ser as mesmas para os dois terminais. Note que na Figura 7.17, a tensão do lado CC de cada terminal é definida com polaridade positiva para correntes que saem do terminal. Controlando os ângulos de atraso α_1 e α_2 na faixa de 0° a 160°, como discutido anteriormente, a tensão média, a corrente média e a potência média no sistema da Figura 7.17 podem ser controlados, e a corrente através do elo CC é

$$I_d = \frac{V_{d1} + V_{d2}}{R_d} \quad (7.14)$$

em que a resistência do elo CC R_d é geralmente muito pequena. Nesse tipo de sistema, para a potência fluir do sistema 1 para o sistema 2, V_{1d} deve ser ajustada como negativa por meio do controle de α_2, de tal modo que opere como um inversor e estabeleça a tensão do elo CC. O conversor 1 opera como um retificador em um ângulo de atraso de α_1, de modo que controla a corrente no elo CC. O contrário é correto, para esses dois conversores, se a potência

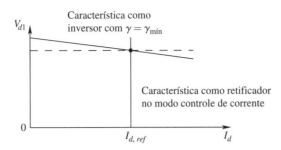

FIGURA 7.18 Controle de um sistema HVDC [4].

flui do sistema 2 para o sistema 1. Geralmente, em um inversor, o ângulo de atraso α é controlado mantendo-se constante a soma do ângulo de atraso α e o intervalo de comutação u, o que resulta em um Ângulo de Extinção constante γ, que é definido como segue:

$$\gamma = 180° - (\alpha + u) \quad (7.15)$$

Esse ângulo de extinção é mantido constante em um valor mínimo, geralmente de 15° a 20°. Substituindo a Equação 7.15 na Equação 7.13, para o conversor 2 operando como um inversor, e utilizando a Equação 7.9

$$V_{d2} = 2 \times \left[-\frac{3\sqrt{2}}{\pi} V_{FF2} \cos \gamma_{mín} + \frac{3}{\pi} \omega L_{s2} I_d \right] \quad (7.16)$$

Utilizando as Equações 7.14 e 7.16

$$V_{d1} = 2 \times \frac{3\sqrt{2}}{\pi} V_{FF2} \cos \gamma_{mín} - \underbrace{\left(\frac{6}{\pi} \omega L_{s2} - R_d \right)}_{positivo} I_d \quad (7.17)$$

A quantidade dentro dos "( )" na Equação 7.17 é geralmente positiva. Assim, com o conversor 2 operando como um inversor em um ângulo de extinção mínimo γ_{min}, a tensão v_{d1}, dada pela Equação 7.17, é representada graficamente na Figura 7.18, em função da corrente I_d no elo CC. O conversor 1 está operando como um retificador, com seu ângulo de atraso controlado para manter a corrente no elo CC em seu valor de referência, $I_{d,ref}$. Assim, sua característica aparece como uma linha vertical, na Figura 7.18. A interseção das características do inversor e do retificador estabelecem o ponto de operação em termos da tensão e corrente em um sistema HVDC, como mostrado na Figura 7.18.

7.4.3 Melhoramentos em Sistemas com Elo de Corrente Contínua

Recentemente, surgiram sistemas introduzidos que utilizam filtros ativos para melhorar o desempenho do sistema e, ao mesmo tempo, reduzir o espaço necessário de instalação. Há também sistemas introduzidos que consistem em capacitores em série entre os transformadores dos conversores e as pontes dos conversores. Esses oferecem algumas vantagens, como descrito em [5-6].

7.5 SISTEMAS HVDC COM ELO DE TENSÃO

Uma das limitações do sistema com elo de corrente é que ambos os conversores, independentemente de seu modo de operação, retificador ou inversor, necessitam de potência reativa do sistema CA. Essa limitação pode ser superada com o sistema com elo de tensão. Um sistema com elo de tensão, apresentado anteriormente na Figura 7.4b, é repetido na Figura 7.19a. A Figura 7.19b mostra o diagrama unifilar de um sistema desse tipo em operação [2].

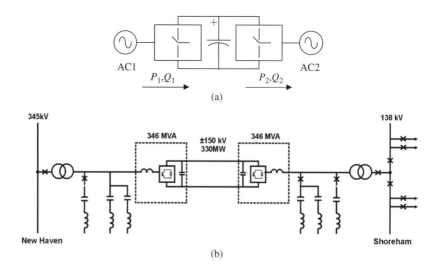

FIGURA 7.19 Diagrama de blocos de um sistema HVDC com elo de tensão [2].

No diagrama de blocos do sistema apresentado na Figura 7.19a, cada conversor pode, independentemente, absorver ou fornecer potência reativa de forma controlável. Diferentemente dos sistemas com elo de corrente, no sistema com elo de tensão há um capacitor em paralelo no lado CC do conversor que aparece como uma porta de tensão; é por isso que os conversores nesses sistemas são também chamados de conversores fontes de tensão. Um desses conversores entre o lado CA trifásico e o lado CC é representado por um diagrama de blocos na Figura 7.20a. Em um modelo monofásico, esse conversor no lado CA aparece como uma fonte de tensão, como na Figura 7.20b, interfaceando a fonte de tensão da rede por meio de uma pequena indutância, que pode ser a indutância interna do sistema.

A tensão da rede pode ser considerada de amplitude constante, com o ângulo de fase de referência zero. Portanto, no circuito da Figura 7.20b,

$$\overline{V}_{conv} = \overline{V}_{barramento} + jX_L\overline{I}_L \tag{7.18}$$

A tensão por fase sintetizada pelo conversor pode ser controlada para estar nas mesmas frequência, magnitude e no mesmo ângulo de fase da rede, como ilustrado na Figura 7.20c, em que a ponta do fasor $\overline{V}_{conv}$ pode ser ajustada em qualquer ponto do círculo tracejado. A corrente resultante $\overline{I}_L$ pode, por conseguinte, ser de amplitude e fase desejadas, com a ponta do fasor $\overline{I}_L$ no círculo tracejado da Figura 7.20c. Portanto, a potência pode ser controlada em direção e magnitude, e a potência reativa pode ser controlada em magnitude, absorvida ou fornecida, pelo conversor.

Para sintetizar essas três tensões trifásicas, considera-se que a existência hipotética de três transformadores ideais disponíveis, com relação de espiras continuamente variável, como na Figura 7.21a. Observa-se que esses transformadores ideais são representações funcionais do conversor de modo chaveado que é necessário. Focando somente em uma das três fases, como na Figura 7.21b, sendo as outras idênticas em funcionalidade, em que por considerações prá-

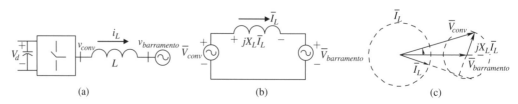

FIGURA 7.20 Diagrama de blocos de um conversor com elo de tensão e o diagrama fasorial.

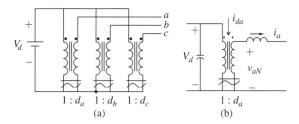

FIGURA 7.21 Síntese das três fases.

ticas d_a é restrita a uma faixa $0 \leq d_a \leq 1$. Com essa restrição, v_{aN} não pode tornar-se negativa e, portanto, uma componente CC cujo valor é metade da tensão do barramento CC, $0{,}5v_d$, é introduzida, de tal modo que ao redor desse valor a tensão de saída desejada v_a, em relação à saída neutra, pode tornar-se tanto positiva quanto negativa em forma senoidal.

Assim,

$$v_{aN} = 0{,}5V_d + \underbrace{\hat{V}_a \operatorname{sen} \omega t}_{v_a} \tag{7.19}$$

como apresentado na Figura 7.21. Nesse transformador ideal da Figura 7.21b, $v_{aN} = d_a V_d$, e por isso a tensão na Equação 7.19 pode ser obtida variando a relação de espiras $1{:}d_a$ com o tempo, como a seguir na Figura 7.22

$$d_a = 0{,}5 + \hat{d}_a \operatorname{sen} \omega t \tag{7.20}$$

em que

$$\hat{V}_a = \hat{d}_a V_d \tag{7.21}$$

Na Figura 7.23a, todas as três tensões de saída são mostradas e as formas de onda são apresentadas pelo gráfico na Figura 7.23b. Nessas saídas, as componentes CC (na verdade, essas tensões de modo comum não precisam ser CC, desde que sejam iguais nas três fases) são canceladas a partir das tensões fase-fase e, por isso, podem ser ignoradas na consideração das tensões de saída. Pode-se notar na Figura 7.23b que, com a introdução das tensões de modo comum de $V_d/2$ em série para cada fase, a magnitude da tensão CA máxima será $\hat{V}_a = V_d / 2$. Por meio de Modulação por Largura de Pulso do vetor espacial (conhecido como *Space-Vector PWM*, ou SV-PWM), como explicado em [1], é possível modular a tensão de modo comum, em vez de mantê-la a $V_d/2$, e assim igualar o valor de pico da tensão fase-

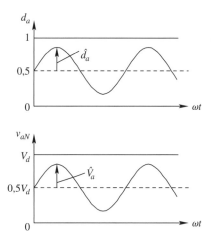

FIGURA 7.22 Variação senoidal da relação de espiras d_a.

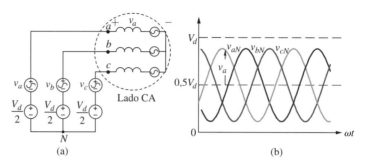

FIGURA 7.23 Síntese das tensões senoidais.

fase a V_d no limite. Isto incrementa a capacidade da tensão de saída desse tipo de conversor em aproximadamente 15 %.

A seguir, estudaremos como essa funcionalidade do transformador ideal é obtida. Como apresentado na Figura 7.24a, uma chave de duas posições é utilizada em duas portas, uma porta de tensão no lado CC e uma porta de corrente no lado CA. Essa chave pode ser considerada ideal, para cima ou para baixo, para um sinal de chaveamento q_a de 1 ou 0, respectivamente. Na verdade, tal chave pode ser construída como se mostra na Figura 7,24b, utilizando dois diodos e dois IGBTs, que são providos com sinais de disparo complementares q_a e q_a^-.

Nessa chave de duas posições, quando $q_a = 1$ e o IGBT superior está conduzindo e o inferior não está conduzindo, a corrente através do indutor na saída pode fluir em ambas as direções: através do IGBT superior, se for positivo, ou através do diodo superior, se for negativo Em qualquer um desses casos, o potencial do ponto "a" é o mesmo do barramento CC superior e $v_{aN} = V_d$. De forma similar, $q_a = 0$ resulta em $q_a^- = 1$, e a corrente de saída fluirá ou através do diodo inferior ou através do IGBT inferior e, por isso, $q_a = 0$. Por conseguinte, a função de chaveamento q_a faz a chave operar como uma chave de duas posições, ou para cima, ou para baixo.

PWM. Vamos operar essa chave em alta frequência, duas ou três ordens de magnitude maior que a frequência fundamental para ser sintetizada. Por exemplo, na sintetização de 60 Hz, a frequência de chaveamento pode ser de 6 kHz, que é 100 vezes mais elevada. Isto resulta na forma de onda de saída mostrada na Figura 7.25a ao longo de um ciclo de chaveamento $T_s (=1/f_s)$, em que a frequência de chaveamento f_s é mantida constante. Essa tensão de saída tem um valor médio, calculado para um período de tempo T_s na frequência de chaveamento, que pode ser escrito com um "-" na parte superior, como

$$\overline{v}_{aN} = d_a V_d \tag{7.22}$$

em que

$$d_a = \frac{T_{up}}{T_s} \tag{7.23}$$

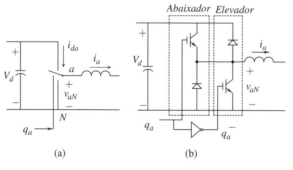

FIGURA 7.24 Realização da funcionalidade de um transformador ideal.

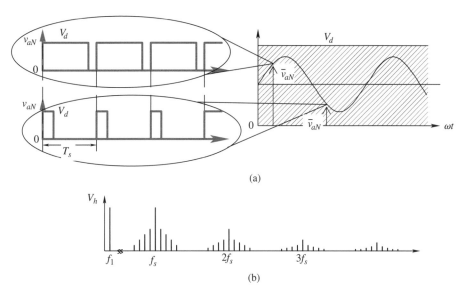

FIGURA 7.25 PWM para a síntese da forma de onda senoidal.

Nas Equações 7.22 e 7.23, T_{up} e d_a podem ser variados de forma contínua com o tempo, senoidalmente com uma componente CC, como discutido anteriormente. Assim, a tensão média dada pela Equação 7.22 é a mesma que a obtida pelos transformadores ideais na Figura 7.23, em que v_{aN} etc. são ideais, sem ondulação alguma.

Deve-se observar que na tensão de saída, além do valor médio desejado da Equação 7.22, há harmônicos de chaveamentos indesejados, como apresentado na Figura 7.25b, nos múltiplos da frequência de chaveamento e ao redor deles, aparecendo como faixas laterais no harmônico h e ao redor dele, em que

$$h = k_1 f_s \pm k_2 f_0 \qquad (7.24)$$

O projeto de conversores deve levar em conta esses harmônicos e prover a filtragem adequada para que eles não causem impacto ao sistema CA ao qual esse conversor está conectado.

Como explicado anteriormente, no modelo monofásico, como apresentado na Figura 7.20c, o fasor da corrente pode ser controlado em relação à tensão do sistema CA e, assim, o fluxo de potência pode estar em ambos os sentidos, com a potência reativa podendo ser absorvida ou fornecida conforme a necessidade. Assim, no diagrama de blocos de um sistema HVDC com elo de tensão da Figura 7.19a, ignorando as perdas, $P_1 = P_2$, mas Q_2 e Q_2 são totalmente independentes uma da outra em magnitude e direção, e cada uma pode estar atrasada ou adiantada e pode ajudar com a estabilidade da tensão, como discutido no capítulo sobre estabilidade.

O uso do conceito do conversor HVDC com elo de tensão é discutido para algumas outras aplicações: no Capítulo 3, em geradores de turbinas eólicas; no Capítulo 8, para o controle eficiente de velocidades de motores; e no Capítulo 10, para o controle de potência reativa por equipamentos FACTS, como o STATCOM e o UPFC para estabilidade de tensão em sistemas de potência.

REFERÊNCIAS

1. N. Mohan, *Power Electronics—A First Course*, Wiley & Sons, 2011.
2. ABB Corporation (www.abb.com).
3. N. Mohan, T. Undeland, and W.P. Robbins, *Power Electronics: Converters, Applications, and Design*, 3rd edition, John Wiley & Sons, 2003.
4. E. W. Kimbark, Direct Current Transmission, vol. 1, Wiley—Interscience, New York, 1971.

116   *Capítulo 7*

5. G. Balzer, H. Müller, *Capacitor Commutated Converters for High Power HVDC Transmission*, Seventh International Conference on AC-DC Power Transmission, London, UK, 28–30 November 2001.

6. M. Meisingset, A. Golé, *A Comparison of Conventional and Capacitor Commutated Converters Based on Steady-State and Dynamic Considerations*, Seventh International Conference on AC-DC Power Transmission, London, UK, 28–30 November 2001.

7. Great River Energy (www.greatriverenergy.com).

EXERCÍCIOS

7.1   Em um conversor trifásico a tiristores, $V_{FF} = 460$ V (RMS) e $L_S = 5$ mH. O ângulo de atraso $\alpha = 30°$. Esse conversor fornece 5 kW de potência. A corrente i_d no lado CC pode ser considerada puramente CC. (a) Calcule o ângulo de comutação u, (b) represente graficamente as formas de onda para as variáveis do conversor: as tensões de fase v_{Pn}, v_{Nn} e v_d e as correntes de fase e (c) supondo que as correntes através dos tiristores aumentem/diminuam linearmente durante as comutações, calcule a potência absorvida pelo conversor.

7.2   Na Figura 7.8a, suponha $L_S = 0$ e $V_{FF} = 480$ V (RMS) na frequência de 60 Hz. O ângulo de atraso $\alpha = 0°$. A potência fornecida é de 10 kW. Calcule e represente graficamente as formas de onda similares àquelas da Figura 7.10.

7.3   Repita o Exercício 7.2 para o ângulo de atraso $\alpha = 45°$.

7.4   Repita o Exercício 7.2 para o ângulo de atraso $\alpha = 145°$.

7.5   Repita o Exercício 7.2 para a indutância L_S do lado CA tal que o ângulo de comutação $u = 10°$.

7.6   Repita o Exercício 7.2 para o ângulo de atraso $\alpha = 45°$ e a indutância L_S do lado CA tal que o ângulo de comutação $u = 10°$.

7.7   Repita o Exercício 7.2 para o ângulo de atraso $\alpha = 145°$ e a indutância L_S do lado CA tal que o ângulo de comutação $u = 10°$. Note que o fluxo de potência flui do lado CC ao lado CA.

7.8   Calcule a potência reativa consumida pelo conversor e o ângulo do fator de potência no Exercício 7.5.

7.9   Calcule a potência reativa consumida pelo conversor e o ângulo do fator de potência no Exercício 7.6.

7.10 Calcule a potência reativa consumida pelo conversor e o ângulo do fator de potência no Exercício 7.7. Note que o fluxo de potência flui do lado CC para o lado CA.

7.11 No diagrama de blocos da Figura 7.17, para ambos os conversores $V_{d0} = 480$ kV (RMS). A corrente no lado CC é $I_d = 1$ kA. O conversor 2, operando como um inversor, estabelece a tensão no elo CC de forma tal que $V_{d2} = -425$ kV. $R_d = 10,0\ \Omega$. A queda na tensão CC devido à comutação em cada conversor é 10 kV. Em regime permanente CC, calcule os seguintes ângulos: α_1, α_2, u_1 e u_2.

7.12 No Exercício 7.11, calcule a potência absorvida por conversor. Suponha que as correntes através dos tiristores aumentem/diminuam linearmente durante as comutações.

7.13 Em um conversor com elo de tensão, a tensão V_d no barramento CC e as tensões trifásicas sintetizadas são dadas. (a) Escreva as expressões para v_{aN}, v_{bN} e v_{cN} e (b) escreva as expressões para d_a, d_b e d_c.

7.14 Na Figura 7.20a, $\overline{V}_{barra} = 1\angle 0$ pu e $X_L = 0,1$ pu. Calcule $\overline{V}_{conv}$ de modo a fornecer 1 pu de potência na V_{barra} com (a) $Q = 0,5$ pu e (b) $Q = -0,5$ pu.

EXERCÍCIOS UTILIZANDO PSCAD/EMTDC

7.15 Analise o circuito primário a tiristores descrito no material disponível no *site* da LTC Editora.

7.16 Obtenha as formas de onda no retificador a diodos de seis pulsos descrito no material disponível no *site* da LTC Editora.

7.17 Obtenha as formas de onda no retificador a diodos de 12 pulsos descrito no material disponível no *site* da LTC Editora.

7.18 Obtenha as formas de onda no conversor de 6 pulsos a tiristores operando no modo retificador descrito no material disponível no *site* da LTC Editora.

7.19 Obtenha as formas de onda no conversor de 12 pulsos a tiristores operando no modo retificador descrito no material disponível no *site* da LTC Editora.

7.20 Obtenha as formas de onda no inversor de 6 pulsos descrito no material disponível no *site* da LTC Editora.

7.21 Obtenha as formas de onda no inversor de 12 pulsos descrito no material disponível no *site* da LTC Editora.

EXERCÍCIOS INCLUINDO UMA LINHA HVDC EM ESTUDOS DE FLUXO DE POTÊNCIA UTILIZANDO *POWERWORLD*

7.22 Inclua um sistema de transmissão HVDC, como o descrito no material disponível no *site* da LTC Editora, no exemplo de sistema de potência de três barramentos.

8
SISTEMAS DE DISTRIBUIÇÃO, CARGAS E QUALIDADE DE ENERGIA

8.1 INTRODUÇÃO

Neste capítulo examina-se brevemente o sistema de distribuição, a natureza dos tipos de cargas mais importantes e as considerações de qualidade de energia para a manutenção da tensão senoidal em seu valor nominal de tensão e frequência.

8.2 SISTEMAS DE DISTRIBUIÇÃO

Com exceção da geração distribuída (GD) para o futuro, nos dias atuais a eletricidade em geral é gerada remotamente, longe dos centros de carga, e é transportada por linhas de transmissão em alta, extra-alta e mesmo ultra-alta tensões. A eletricidade das redes de transmissão é distribuída à rede de subtransmissão em tensões de 230 kV e, em seguida, diminuída a 35 kV. Algumas concessionárias consideram essa rede de subtransmissão parte integrante do sistema de distribuição, enquanto outras concessionárias consideram somente as redes abaixo de 35 kV parte do sistema de distribuição. Como mencionado no capítulo sobre linhas de transmissão, aproximadamente 9 % da eletricidade gerada nos Estados Unidos é dissipada nos sistemas de transmissão e distribuição, a maior parte desse percentual neste último. Muitas cargas residenciais, comerciais e industriais são alimentadas em tensões muito menores que 34,5 kV, com as tensões primárias na faixa de 34,5 kV (19,92 kV por fase) a 12 kV (6,93 kV por fase) e as tensões secundárias em 480/277 V, trifásica, com quatro condutores, e 120/240 V, monofásica. Outras tensões secundárias estão em 208/120 V, 480 V e 600 V [1].

Para cargas residenciais, as subestações de distribuição fornecem energia elétrica para várias comunidades por meio de linhas de distribuição em tensões como 13,8 kV. Essas tensões são abaixadas localmente para suprir energia para um conjunto de casas a tensões de ± 120 V, como mostrado na Figura 8.1. Na conexão de entrada de uma casa, o neutro é ater-

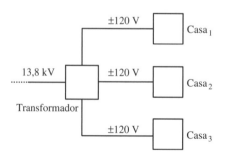

FIGURA 8.1 Sistema de distribuição residencial.

rado e, no quadro geral de força, um conjunto de circuitos, cada um com seu próprio disjuntor, é alimentado por um condutor de fase de +120 V e pelo neutro, ao passo que o outro conjunto é alimentado por um condutor de fase –120 V e pelo neutro.

O condutor terra é levado ao longo de cada circuito para tomadas de três terminais, o primeiro para o condutor de fase, o segundo para o neutro e o terceiro para o condutor do terra, que é conectado à estrutura das cargas, por exemplo, a uma torradeira. A razão para incluir o condutor do terra é eliminar o risco de descarga elétrica. Normalmente não há nenhuma corrente através do condutor do terra e ele mantém-se no potencial de terra, ao passo que o condutor neutro pode ter potencial acima do terra devido à corrente que flui através de sua impedância. Deve-se notar que uma corrente de somente 5 mA através do coração humano é o suficiente para causar desfibrilação. As tomadas em áreas mais suscetíveis a choque, que têm superfícies úmidas, são equipadas com interruptores de falta à terra (IFT), que medem a diferença entre a corrente no condutor de fase e a que retorna pelo condutor neutro. A diferença entre as duas correntes indica uma falta à terra e o IFT aciona o disjuntor associado ao circuito a ser removido.

8.3 CARGAS DO SISTEMA DE DISTRIBUIÇÃO

Os sistemas de distribuição são projetados para atender às cargas industriais, comerciais ou residenciais. Um gráfico da demanda de potência em função do tempo ao longo de dia é representado graficamente na Figura 8.2a, como exemplo. A forma da curva de carga pode ser diferente durante os dias da semana em comparação aos fins de semana, pois reflete o desligamento de fábricas e lojas comerciais. A área abaixo do gráfico na Figura 8.2a representa a energia que a concessionária deve fornecer ao longo de um período de 24 horas, enquanto o pico desse gráfico é o pico da carga que a concessionária deve fornecer por meio de sua própria geração ou da compra de energia de outras concessionárias. A relação entre os kilowatt-horas representados abaixo da curva de carga, na Figura 8.2a, e os kilowatt-horas que seriam necessários gerar se a carga demandada permanecesse constantemente em seu valor pico em todo o período de 24 horas é chamado de *fator de carga*. A curva de duração de carga da Figura 8.2b [7] mostra que a carga permanece a 90 % ou acima do valor pico durante somente uma pequena porcentagem de tempo ao longo de um ano.

Idealmente, as concessionárias gostariam que o fator de carga fosse unitário, mas na realidade o fator de carga está bem abaixo disso. A razão para querer que o fator de carga fosse unitário deve-se ao fato de que o pico de potência é caro de gerar ou de comprar de outras concessionárias. Isto sobrecarrega a capacidade do sistema de transmissão e resulta em perdas extras de potência. Algumas concessionárias tiveram muito sucesso em aumentar o fator de carga em seu sistema ao dar incentivos aos consumidores para deslocar suas cargas para períodos fora do pico. Outras concessionárias têm utilizado armazenamento de energia na forma de usinas de bombeio, por exemplo, nas quais, durante os períodos fora do pico, a água é bombeada da descarga do reservatório para a parte alta do reservatório com o objetivo de gerar eletricidade durante períodos de pico. Ainda nessa linha, as concessionárias investem consideráveis somas de dinheiro na previsão de carga nas próximas 24 horas para fazer os acordos de compra e efetuar a programação diária corretamente, ou seja, para atender a todas as cargas. O prognóstico exato de carga resulta em consideráveis economias.

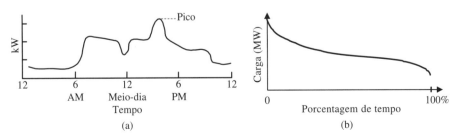

FIGURA 8.2 Carga do sistema [7].

8.3.1 Natureza das Cargas dos Sistemas de Distribuição

A Figura 8.3a mostra a porcentagem de eletricidade consumida pelos setores industrial, comercial e residencial, enquanto a Figura 8.3b mostra a eletricidade consumida pelos vários tipos de cargas nos Estados Unidos.

A maioria das concessionárias atende a uma variedade de cargas. As cargas industriais dependem, principalmente, do tipo de indústria, enquanto as cargas comerciais e residenciais geralmente consistem em uma variedade de tipos:

- Aquecimento elétrico
- Iluminação (incandescente e fluorescente)
- Cargas de motores para o acionamento de compressores de aquecimento, ventilação e condicionamento de ar
- Cargas de compressores e iluminação a lâmpadas fluorescentes compactas (LFC) baseados em eletrônica de potência

Cada uma dessas cargas comporta-se de forma diferente para alterações na magnitude da tensão e da frequência. Em geral, a frequência não muda tão substancialmente em um sistema interligado como o da América do Norte (a menos que o fenômeno conhecido como "ilhamento" ocorra) a ponto de isto tornar-se uma preocupação. De qualquer forma, a sensibilidade das cargas em relação à tensão deve ser incluída nos cálculos de fluxo de potência e estabilidade. As concessionárias estimam as variedades de cargas em seus respectivos sistemas e, conhecendo como cada uma das cargas se comporta, a carga agregada é modelada em vários estudos por meio de uma combinação de representações da carga como impedância constante, potência constante e corrente constante.

As sensibilidades da potência ativa em relação à tensão a ($= \partial P / \partial V$) e da potência reativa em relação à tensão b ($= \partial Q / \partial V$) de várias cargas podem ser aproximadas da forma apresentada a seguir, resumidas de forma tabular:

- *Aquecimento Elétrico*: Essas cargas são resistivas. Portanto, o fator de potência é unitário; $a = 2$ e $b = 0$.
- *Iluminação Incandescente*: Sendo resistiva, o fator de potência é unitário. Como o filamento da resistência não é linear, $a = 1,5$ e $b = 0$.
- *Iluminação Fluorescente*: Esta utiliza balastros e seu fator de potência é aproximadamente 0,9. Relata-se que para tais cargas, $a = 1$ e $b = 1$.
- *Cargas com Motores*: Motores monofásicos são utilizados em pequenas potências nominais, e motores trifásicos, em grandes potências nominais. Seu fator de potência pode estar aproximadamente na faixa de 0,8 a 0,9. Sua sensibilidade às tensões depende do tipo de carga sendo acionado — o tipo ventilador ou o tipo compressor — devido à variação do torque requerido pela carga em função da velocidade. As sensibilidades de motores estão na faixa de $a = 0,05 - 0,5$ e $b = 1 - 3$.
- *Cargas Baseadas em Eletrônica de Potência Moderna*: As cargas baseadas na moderna e na futura eletrônica de potência, que estão em uso crescente, não são lineares; elas con-

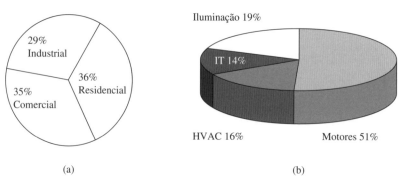

FIGURA 8.3 Cargas da concessionária.

tinuam absorvendo a mesma potência mesmo se a tensão de entrada for levemente alterada em sua magnitude e frequência, como discutido nesta seção. Elas podem ser projetadas com uma interface de correção de fator de potência (CFP) que resulta em fator de potência essencialmente unitário. Em tais cargas, idealmente, é possível obter $a = 0$ e $b = 0$. A estrutura dessas cargas é descrita mais adiante em detalhes.

8.3.2 Cargas Baseadas em Eletrônica de Potência

A tendência nas cargas de sistemas de potência é que elas sejam alimentadas (cada vez mais) por meio de interfaces de eletrônica de potência. Como consequência, aumenta-se a eficiência de todo o sistema, em alguns casos em torno de 30 % – por exemplo, em sistemas de bombas de calor [2] —, e com isso tem-se um grande potencial de conservação de energia. Na maioria de casos, essas cargas são alimentadas por sistemas com elo de tensão CC em conexão com sistemas de transmissão HVDC, como mostrado na Figura 8.4.

Grande quantidade de carga de iluminação está sendo mudada para LFCs, nas quais uma interface de eletrônica de potência, como a apresentada na Figura 8.4, é necessária para produzir alta frequência CA na faixa de 30 kHz a 40 kHz, que é a faixa em que essas lâmpadas operam mais eficientemente. As LFCs, em comparação com as lâmpadas incandescentes, são aproximadamente quatro vezes mais eficientes. Isto é, para fornecer a mesma iluminação, elas consomem somente um quarto da eletricidade, economizando, portanto, uma quantidade enorme de energia. Apesar de seu custo inicial alto, elas estão sendo utilizadas em grandes quantidades, inclusive em países em desenvolvimento.

A Figura 8.5 mostra o circuito equivalente monofásico em regime permanente de um motor de indução trifásico. Convencionalmente, a velocidade ω_m de tais motores é controlada pela redução da magnitude V_a da tensão aplicada sem alteração da frequência, isto é, mantendo a velocidade síncrona ω_{sin} inalterada. (Note que ω_{sin}, em rad/s, é igual a $(2/p)2\pi f$, em que f é a frequência das tensões em Hz e p é o número de polos. Portanto, ω_{sin} mantém-se constante se f é inalterada.) A operação em valores elevados de escorregamento $\omega_{escorregamento}$, que é igual a $(\omega_{sin} - \omega_m)$, causa perdas elevadas de potência no circuito do rotor, resultando em baixa eficiência energética de operação.

A velocidade do motor de indução pode ser ajustada eficientemente por meio de uma interface de eletrônica de potência, como da Figura 8.4, que produz tensões de saída trifásicas

TABELA 8.1 Fator de Potência Aproximado e Sensibilidade à Tensão de Diversas Cargas

Tipo de Carga	Fator de Potência	$a = \partial P / \partial V$	$b = \partial Q / \partial V$
Aquecimento Elétrico	1,0	2,0	0
Iluminação Incandescente	1,0	1,5	0
Iluminação Fluorescente	0,9	1,0	1,0
Cargas com Motores	0,8-0,9	0,05-0,5	1,0-3,0
Cargas Baseadas em Eletrônica de Potência	1,0	0	0

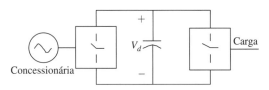

FIGURA 8.4 Sistema com elo de tensão para cargas baseadas em moderna e futura eletrônica de potência.

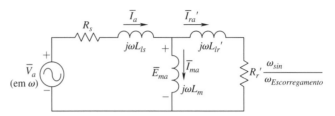

FIGURA 8.5 Circuito equivalente monofásico em regime permanente de um motor de indução trifásico.

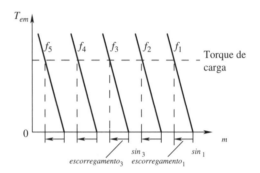

FIGURA 8.6 Características torque-velocidade de um motor de indução em diferentes aplicações de frequências.

das quais a amplitude e a frequência podem ser controladas, independentemente uma da outra. Com o controle da frequência das tensões aplicadas a um motor de indução, desde que a magnitude de tensão seja também controlada, de modo a resultar em um fluxo de entreferro nominal no motor, as características de torque-velocidade para várias frequências podem ser representadas graficamente como na Figura 8.6.

Cada frequência da tensão aplicada resulta na velocidade síncrona correspondente ω_{sin}, a partir da qual a velocidade $\omega_{escorregamento}$ é medida. Supondo uma característica torque-velocidade constante, como mostrada pelas linhas tracejadas na Figura 8.6, a velocidade de operação pode ser variada continuamente pela variação contínua da frequência aplicada. Em cada ponto de operação, a velocidade de escorregamento, medida com respeito a sua correspondente velocidade síncrona, permanece baixa, e por isso a eficiência energética permanece alta.

Nas aplicações mencionadas anteriormente, em que uma fonte de potência CC regulada é necessária, o sistema com elo de tensão da Figura 8.4 é utilizado, como apresentado pelo diagrama de blocos da Figura 8.7, para produzir alta frequência CA, a qual é abaixada em tensão pelo transformador de alta frequência e assim retificada para produzir a saída CC regulada. O transformador opera em alta frequência na faixa de 200 kHz a 300 kHz, e por isso

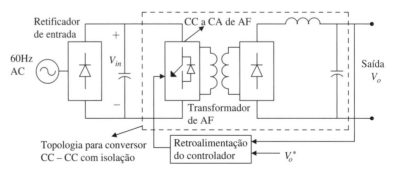

FIGURA 8.7 Fonte de potência CC chaveada.

pode ter dimensão muito menor que um transformador na frequência da rede de potência nominal similar. As eficiências de tais fontes de potência CC de modo chaveado aproximam-se de 90 %, que é quase o dobro daquelas associadas às fontes de potência lineares.

Em países em desenvolvimento com alto custo de eletricidade, a maioria de cargas com compressores, como ar condicionado e bombas de calor, são alimentadas por meio de interfaces de eletrônica de potência do tipo mostrado na Figura 8.4. Os estudos têm mostrado que, ajustando a velocidade do compressor para combinar com a carga térmica, 30 % de economia em eletricidade pode ser alcançado se comparado à convencional aproximação da ciclagem liga/desliga. De forma similar, em sistemas de acionamentos de bombas para ajustar a taxa de fluxo, pelo controle da velocidade da bomba, por meio da interface de eletrônica de potência da Figura 8.4, um aumento considerável na eficiência total do sistema pode ser obtido em comparação ao uso da válvula reguladora de vazão. Um relatório do DOE [3] estima que, se todos os sistemas de acionamento de bombas nos Estados Unidos fossem controlados por eletrônica de potência, uma tecnologia madura atualmente, poderia ser economizada anualmente energia com valor igual ao utilizado pelo estado de Nova York.

As cargas baseadas em eletrônica de potência são geralmente não lineares, no sentido de que elas frequentemente continuam absorvendo a mesma potência independentemente da variação da tensão de entrada em uma faixa pequena. Se essas cargas baseadas em eletrônica de potência não forem projetadas apropriadamente, eles absorvem correntes distorcidas (não senoidais) da rede e podem assim degradar a qualidade de energia, como será discutido na próxima seção. Mesmo assim, é possível projetar interfaces de eletrônica de potência, como a da Figura 8.4, com circuitos modeladores de correntes, geralmente conhecidos como circuitos com correção de fator de potência [4], de modo que a corrente absorvida da rede seja senoidal e com um fator de potência unitário.

8.4 CONSIDERAÇÕES DE QUALIDADE DE ENERGIA

É importante para os consumidores que a energia que eles recebem da rede apresente qualidade aceitável. Essas considerações de qualidade de energia podem ser classificadas nas seguintes categorias:

* Continuidade de serviço
* Magnitude da tensão
* Forma de onda da tensão

Em um sistema interligado como o da América do Norte, a frequência da tensão fornecida é raramente uma preocupação e, portanto, não foi discutida anteriormente. Discutiremos cada uma das considerações acima nas subseções seguintes.

8.4.1 Continuidade de Serviço

O problema mais sério relacionado com a qualidade de energia é a falta da continuidade de serviço. As concessionárias fazem seu melhor para assegurar a continuidade porque a interrupção de serviço também significa perda de renda para eles. Sistemas interligados têm como um de seus benefícios a melhoria da continuidade do serviço. Se uma parte do sistema de potência "cai" por qualquer razão, um sistema interligado tem uma chance melhor de fornecer energia por meio de uma rota alternativa.

8.4.1.1 Fontes de Alimentação Ininterruptas

Para melhorar a continuidade de serviço para cargas críticas como as de alguns computadores e equipamentos médicos, são usadas fontes de alimentação ininterruptas — *uninterruptible power supplies* (UPS) para armazenar energia em baterias químicas, e também em volantes de inércia, na forma de energia cinética, como no sistema com elo de tensão mostrado na Figura 8.8.

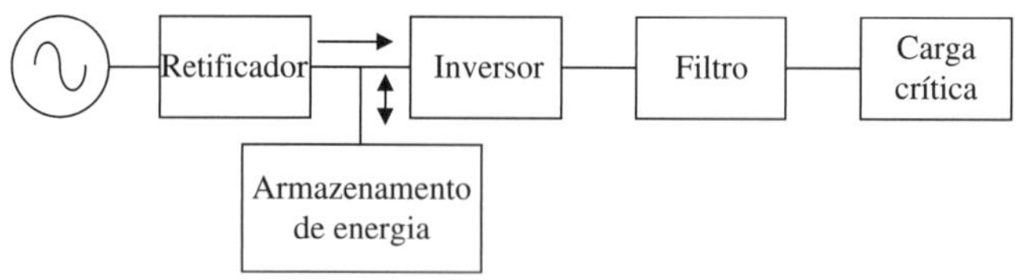

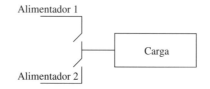

FIGURA 8.8 Fonte de alimentação ininterrupta.

[Figura: Alimentador 1 e Alimentador 2 conectados a Carga]

FIGURA 8.9 Alimentador substituto.

8.4.1.2 Chaves de Transferência de Estado Sólido

Em grande escala, para toda uma planta industrial, é possível fazer uso de dois alimentadores, se eles forem derivados de sistemas diferentes, como apresentado na Figura 8.9. Um dos alimentadores é utilizado como alimentador primário, que normalmente fornece energia à carga. No caso de uma falta nesse alimentador, as chaves de transferência de estado sólido, constituídas de tiristores ou IGBTs — *Insulated Gate Bipolar Transistor* (Transistor Bipolar de Porta Isolada) —, chaveia a carga para alternar o alimentador em alguns milissegundos e, assim, manter a continuidade de serviço. Essa ação, é claro, supõe que a falta não afeta ambos os alimentadores.

8.4.2 Magnitude da Tensão

As cargas do sistema de potência preferem que a magnitude da tensão esteja em seu valor nominal especificado.

As concessionárias tentam manter a tensão fornecida em uma faixa em torno de ± 5 % da tensão nominal. Contudo, as condições de falta, mesmo que distantes, e os carregamentos muito pesado ou muito leve das linhas de transmissão podem causar tensões que estejam fora da faixa normal em uma ou mais fases. Para manter a tensão em magnitude, são utilizados equipamentos como restauradores de tensão dinâmica (RTD). Como mostrado no diagrama de blocos da Figura 8.10, utilizando um sistema com elo de tensão, os RTDs injetam uma tensão em série com a alimentação da concessionária para levar a tensão da conexão do consumidor a valores dentro da faixa aceitável.

Em grande escala nos sistemas de distribuição, os reguladores de tensão e os transformadores com seletor de derivações com carga — *load-tap changing* (LTC) tentam regular automaticamente a tensão fornecida. De acordo com [5], tanto o regulador de tensão monofásico quanto o trifásico são utilizados em subestações de distribuição para regular a tensão pelo lado da carga. Os reguladores de subestações são um dos meios primários para

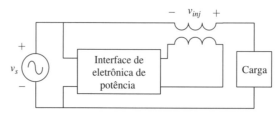

FIGURA 8.10 Restaurador de tensão dinâmico (RTD).

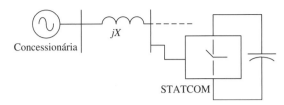

FIGURA 8.11 STATCOM [4].

manter o nível apropriado de tensão na conexão de entrada de um consumidor, juntamente com os transformadores de potência com mecanismo seletor de derivações com carga, os capacitores em derivação e os reguladores de linha de distribuição. Uma função muito importante da regulação da tensão na subestação é corrigir a variação da tensão fornecida. Com o uso apropriado de ajustes de controle e a compensação da queda na linha, os reguladores podem corrigir variações de carga também. Um regulador de tensão devidamente aplicado e controlado não somente mantém a tensão da entrada do consumidor dentro dos limites aprovados, mas também minimiza a faixa de flutuação da tensão entre períodos de carga pesada e leve [5].

O problema da tensão fora da faixa normal pode ser mitigado pelo controle de potência reativa, com a utilização de equipamentos baseados em eletrônica de potência tais como o Compensadores Estáticos, conhecidos como STATCOMs, que são representados na Figura 8.11 como um diagrama de blocos. Um STATCOM atua como um reator continuamente ajustável, que pode absorver potência reativa indutiva ou capacitiva, dentro de sua potência nominal, para regular a tensão no barramento. Os STATCOMs são explicados mais adiante, no Capítulo 10, em relação à estabilidade de tensão.

8.4.3 Forma de Onda da Tensão

A maior parte das cargas em uso é projetada supondo-se uma forma de onda da tensão senoidal. Qualquer distorção na forma de onda da tensão pode levar cargas como motores de indução a absorver correntes distorcidas (não senoidais), resultando em perda de eficiência e superaquecimento, podendo, assim, causar a falha de algumas cargas. Como mencionado anteriormente, cargas baseadas em eletrônica de potência, se não forem projetadas com essa consideração, podem absorver correntes distorcidas e causar distorções na tensão de fornecimento, acarretando problemas em outras cargas adjacentes.

8.4.3.1 Distorção e Fator de Potência

Para quantificar a distorção da corrente absorvida pelos sistemas de eletrônica de potência é necessário definir certos índices.

Como caso-base, considere a carga linear $R - L$, mostrada na Figura 8.12a, que é alimentada por uma fonte senoidal em regime permanente. Os fasores da tensão e a corrente são mostrados na Figura 8.12b, em que ϕ é o ângulo pelo qual a corrente está atrasada em relação à tensão. Utilizando os valores eficazes para as magnitudes da tensão e da corrente, a potência média (ativa) fornecida pela fonte é

$$P = V_s I_s \cos \phi \tag{8.1}$$

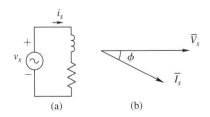

FIGURA 8.12 Fasores da tensão e corrente em um circuito R-L simples.

O fator de potência (*FP*) no qual a potência é absorvida é definido como a relação entre a potência ativa *P* e o produto da tensão eficaz e da corrente eficaz:

$$PF = \frac{P}{V_s I_s} = \cos\phi \quad \text{(usando a Equação 8.1)} \tag{8.2}$$

em que $V_s I_s$ é a potência aparente. Para dada tensão, da Equação 8.2, a corrente eficaz absorvida é

$$I_s = \frac{P}{V_s \cdot PF} \tag{8.3}$$

Isto mostra que o fator de potência *FP* e a corrente I_s são inversamente proporcionais. A corrente flui através das linhas de distribuição da concessionária, de seus transformadores etc. causando perdas em suas resistências. Esta é a razão porque as concessionárias preferem cargas com fator de potência unitário, que absorvem potência em um valor mínimo de corrente eficaz.

8.4.3.2 Valor Eficaz da Corrente Distorcida e a Taxa de Distorção Harmônica

A corrente senoidal absorvida pela carga linear da Figura 8.12 tem distorção zero. No entanto, os sistemas de eletrônica de potência sem uma etapa inicial de correção de fator de potência absorvem correntes com forma de onda distorcida, como mostrado por $i_s(t)$, na Figura 8.13a. A tensão $v_s(t)$ é considerada senoidal. A análise a seguir é geral, aplicando-se à alimentação da concessionária, que é monofásica ou trifásica; em qualquer caso, no entanto, a análise é realizada em um modelo monofásico.

A forma de onda da corrente $i_s(t)$ na Figura 8.13a repete-se em um período de tempo T_1. Pela análise de Fourier nessa forma de onda cíclica, pode-se calcular sua componente $i_{s1}(t)$ da frequência fundamental ($=1/T_1$), mostrada na Figura 8.13a. A componente de distorção $i_{distorção}(t)$ da corrente de entrada é a diferença entre $i_s(t)$ e a componente de frequência fundamental $i_{s1}(t)$:

$$i_{distorção}(t) = i_s(t) - i_{s1}(t) \tag{8.4}$$

em que $i_{distorção}(t)$, com base na Equação 8.4, é representada graficamente na Figura 8.13b. Essa componente de distorção consiste em componentes cujas frequências são múltiplas da frequência fundamental.

Para obter o valor eficaz de $i_s(t)$ na Figura 8.13a, aplicaremos a definição básica de valor eficaz (ou RMS):

$$I_s = \sqrt{\frac{1}{T_1} \int_{T_1} i_s^2(t) \cdot dt} \tag{8.5}$$

Utilizando a Equação 8.4,

$$i_s^2(t) = i_{s1}^2(t) + i_{distorção}^2(t) + 2 i_{s1}(t) \times i_{distorção}(t) \tag{8.6}$$

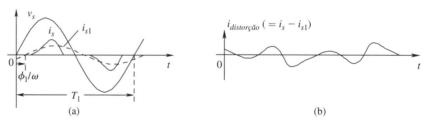

FIGURA 8.13 Corrente absorvida pelos equipamentos com eletrônica de potência sem correção de fator de potência.

Em uma forma de onda cíclica, a integral dos produtos de duas componentes harmônicas (incluindo a fundamental) em frequências diferentes, em dado período de tempo de repetição, é igual a zero:

$$\int_{T_1} g_{h_1}(t) \cdot g_{h_2}(t) \cdot dt = 0 \qquad h_1 \neq h_2 \tag{8.7}$$

Portanto, substituindo a Equação 8.6 na Equação 8.5 e fazendo uso da Equação 8.7, que implica que a integral do terceiro termo no lado direito da Equação 8.6 é igual a zero,

$$I_s = \sqrt{\underbrace{\frac{1}{T_1} \int_{T_1} i_{s1}^2(t) \cdot dt}_{I_{s1}^2} + \underbrace{\frac{1}{T_1} \int_{T_1} i_{distorção}^2(t) \cdot dt}_{I_{s1}^2} + 0} \tag{8.8}$$

ou

$$I_s = \sqrt{I_{s1}^2 + I_{distorção}^2} \tag{8.9}$$

em que os valores eficazes da componente fundamental e da componente de distorção são os que seguem:

$$I_{s1} = \sqrt{\frac{1}{T_1} \int_{T_1} i_{s1}^2(t) \cdot dt} \tag{8.10}$$

e

$$I_{distorção} = \sqrt{\frac{1}{T_1} \int_{T_1} i_{distorção}^2(t) \cdot dt} \tag{8.11}$$

Baseado nos valores eficazes das componentes fundamental e de distorção da corrente de entrada $i_s(t)$, um índice de distorção conhecido como taxa de distorção harmônica (*TDH*) é definido em porcentagem, como se segue:

$$\% TDH = 100 \times \frac{I_{distorção}}{I_{s1}} \tag{8.12}$$

Utilizando a Equação 8.9 na Equação 8.12,

$$\% TDH = 100 \times \frac{\sqrt{I_s^2 - I_{s1}^2}}{I_{s1}} \tag{8.13}$$

O valor eficaz da componente de distorção pode ser obtido por meio das componentes harmônicas (exceto a fundamental), como a seguir, utilizando a Equação 8.7:

$$I_{distorção} = \sqrt{\sum_{h=2}^{\infty} I_{sh}^2} \tag{8.14}$$

em que I_{sh} é o valor eficaz da componente harmônica h.

8.4.3.3 Obtenção das Componentes Harmônicas pela Análise de Fourier

Pela análise de Fourier, qualquer forma de onda (não senoidal) $g(t)$ que seja repetitiva com frequência fundamental f_1, por exemplo i_s, na Figura 8.13a, pode ser expressa como a soma das componentes senoidais na frequência fundamental e em suas múltiplas:

$$g(t) = G_0 + \sum_{h=1}^{\infty} g_h(t) = G_0 + \sum_{h=1}^{\infty} \{a_h \cos(h\omega t) + b_h \operatorname{sen}(h\omega t)\} \tag{8.15}$$

128 *Capítulo 8*

em que o valor médio G_o é CC

$$G_0 = \frac{1}{2\pi} \int_0^{2\pi} g(t) \cdot d(\omega t) \tag{8.16}$$

As formas de onda senoidal da Equação 8.15 na frequência fundamental $f_1(h = 1)$ e as componentes harmônicas nas frequências h vezes f_1 podem ser expressas como a soma de suas componentes cosseno e seno

$$a_h = \frac{1}{\pi} \int_0^{2\pi} g(t) \cos(h\omega t) d(\omega t) \qquad h = 1, 2, \ldots, \infty \tag{8.17}$$

$$b_h = \frac{1}{\pi} \int_0^{2\pi} g(t) \operatorname{sen}(h\omega t) d(\omega t) \qquad h = 1, 2, \ldots, \infty \tag{8.18}$$

Os componentes cosseno e seno acima, dados pelas Equações 8.17 e 8.18, podem ser combinados e escritos como um fasor em termos de seu valor eficaz

$$\overline{G}_h = G_h \angle \phi_h \tag{8.19}$$

em que a magnitude eficaz em termos dos valores pico a_h e b_h é igual a

$$G_h = \frac{\sqrt{a_h^2 + b_h^2}}{\sqrt{2}} \tag{8.20}$$

e a fase ϕ_h pode ser expressa como

$$\tan \phi_h = \frac{-b_h}{a_h} \tag{8.21}$$

Pode-se observar que os valores eficazes da função distorcida $g(t)$ podem ser expressos em termos de suas componentes média e senoidal como

$$G = \sqrt{G_0^2 + \sum_{h=1}^{\infty} G_h^2} \tag{8.22}$$

Na análise Fourier, por meio da seleção apropriada da origem de tempo, geralmente é possível calcular as componentes seno e cosseno na Equação 8.15, simplificando consideravelmente a análise, como ilustrado pelo seguinte exemplo simples.

Exemplo 8.1

A corrente i_s, de forma de onda quadrada, é mostrada na Figura 8.14a. Calcule e represente graficamente sua componente de frequência fundamental e sua componente de distorção. Qual é a *TDH* % associada a essa forma de onda?

Solução Por meio da Análise de Fourier, escolhendo a origem de tempo como o apresentado na Figura 8.14a, $i_s(t)$ na Figura 8.14a pode ser escrita como

$$i_s = \frac{4}{\pi} I \left(\operatorname{sen} \omega_1 t + \frac{1}{3} \operatorname{sen} 3\omega_1 t + \frac{1}{5} \operatorname{sen} 5\omega_1 t + \frac{1}{7} \operatorname{sen} 7\omega_1 t + \ldots \right) \tag{8.23}$$

A componente de frequência fundamental e a componente de distorção são representadas graficamente nas Figuras 8.14b e 8.14c.

Da Figura 8.14a, é óbvio que o valor eficaz de I_s da forma de onda quadrada é igual a I. Na expressão de Fourier da Equação 8.23, o valor eficaz da componente de frequência fundamental é

$$I_{s1} = \frac{(4/\pi)}{\sqrt{2}} I = 0{,}9I$$

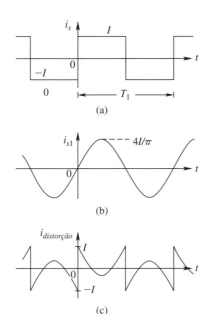

FIGURA 8.14 Exemplo 8.1.

Portanto, a componente de distorção pode ser calculada da Equação 8.9 como

$$I_{distorção} = \sqrt{I_s^2 - I_{s1}^2} = \sqrt{I^2 - (0{,}9I)^2} = 0{,}436I$$

Assim, usando a definição de *TDH*,

$$\% \, TDH = 100 \times \frac{I_{distorção}}{I_{s1}} = 100 \times \frac{0{,}436I}{0{,}9I} = 48{,}4\,\%$$

8.4.3.4 O Fator de Potência de Deslocamento (FPD) e Fator de Potência (FP)

A seguir, considera-se o fator de potência no qual a potência é absorvida por uma carga com uma forma de onda de corrente distorcida, como a mostrado na Figura 8.13a. Como antes, é razoável supor que a tensão $v_s(t)$ fornecida pela concessionária na frequência da rede seja senoidal, com um valor eficaz V_s e frequência $f_1(=\frac{\omega_1}{2\pi})$. Com base na Equação 8.7, que estabelece que o produto dos termos de frequência cruzada tenha uma média zero, a potência média *P* absorvida pela carga na Figura 8.13a deve-se somente à componente de frequência fundamental da corrente:

$$P = \frac{1}{T_1}\int_{T_1} v_s(t)\cdot i_s(t)\cdot dt = \frac{1}{T_1}\int_{T_1} v_s(t)\cdot i_{s1}(t)\cdot dt \qquad (8.24)$$

Portanto, em uma carga que absorve corrente distorcida

$$P = V_s I_{s1} \cos \phi_1 \qquad (8.25)$$

em que ϕ_1 é o ângulo pelo qual a componente da corrente de frequência fundamental $i_{s1}(t)$ está atrasada em relação à tensão, como apresentado na Figura 8.13a.

Neste ponto, outro termo, conhecido como fator de potência de deslocamento (*FPD*), precisa ser introduzido, no qual

$$FPD = \cos \phi_1 \qquad (8.26)$$

Portanto, utilizando o *FPD* na Equação 8.25,

$$P = V_s I_{s1}(FPD) \tag{8.27}$$

Na presença de distorção na corrente, o significado e, portanto, a definição de fator de potência, no qual a potência ativa *P* é absorvida, mantendo-se igual à da Equação 8.2 – isto é, a relação entre a potência ativa e o produto da tensão eficaz e da corrente eficaz:

$$FP = \frac{P}{V_s I_s} \tag{8.28}$$

Substituindo a Equação 8.27 para *P* na Equação 8.28,

$$FP = \left(\frac{I_{s1}}{I_s}\right)(FPD) \tag{8.29}$$

Nas cargas lineares que absorvem correntes senoidais, a relação de correntes (I_{s1}/I_{s1}), na Equação 8.29, é unitária, por isso, *FP* = *FPD*. A Equação 8.29 mostra o seguinte: uma distorção elevada na forma de onda da corrente conduz a um fator de potência baixo, mesmo que o *FPD* seja alto. Usando a Equação 8.13, a relação (I_{s1}/I_{s1}) na Equação 8.29 pode ser expressa em termos da taxa de distorção harmônica, como

$$\frac{I_{s1}}{I_s} = \frac{1}{\sqrt{1 + \left(\frac{\%TDH}{100}\right)^2}} \tag{8.30}$$

Portanto, na Equação 8.29,

$$FP = \frac{1}{\sqrt{1 + \left(\frac{\%TDH}{100}\right)^2}} \cdot FPD \tag{8.31}$$

O efeito da *TDH* no fator de potência é mostrado na Figura 8.15 pela representação gráfica de (*FP/FPD*) versus *TDH*. A figura mostra que mesmo que o fator de potência de deslocamento seja unitário, uma taxa de distorção harmônica de 100 % (que é possível em sistemas de eletrônica de potência a menos que medidas corretivas sejam tomadas) pode reduzir o fator de potência para aproximadamente 0,7 ($\frac{1}{\sqrt{2}} = 0,707$, para ser exato), o que é inaceitavelmente baixo.

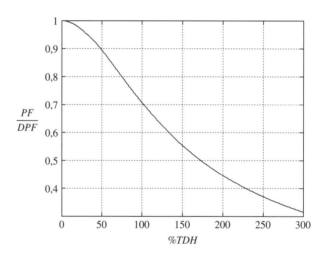

FIGURA 8.15 Relação entre FP/FPD e *TDH*.

8.4.3.5 Efeito Prejudicial da Distorção Harmônica e de um Fator de Potência Precário

Há alguns efeitos prejudiciais da distorção elevada da forma de onda da corrente e o fator de potência precário dela resultante.

- As perdas de potência nos equipamentos da concessionária aumentam ao ponto de sobrecarregá-los, esses equipamentos podem ser linhas de distribuição e transmissão, transformadores e geradores.
- As correntes harmônicas podem sobrecarregar os capacitores em derivação usados pelas concessionárias para suporte de tensão e podem causar condições de ressonância entre a reatância capacitiva e a reatância indutiva das linhas de transmissão e distribuição.
- Se uma porção significativa da carga alimentada pela concessionária absorve a potência por meio de correntes distorcidas, a forma de onda de tensão da concessionária também será distorcida, afetando adversamente outras cargas lineares.

De modo a prevenir a degradação na qualidade de energia, normas recomendadas (na forma do IEEE-519) são sugeridas pelo Instituto dos Engenheiros Elétricos e Eletrônicos — *Institute of Electrical and Electronics Engineers* (IEEE). Essas normas atribuem a responsabilidade da manutenção da qualidade da energia aos consumidores e às concessionárias da seguinte forma: (1) aos consumidores de potência, tais como os usuários de sistemas de eletrônica de potência, de limitar a distorção na corrente absorvida e (2) às concessionárias, de assegurar que a tensão fornecida seja senoidal com distorção menor que dada quantidade especificada.

Os limites de distorção na corrente estabelecidos pela IEEE-519 são mostrados na Tabela 8.2, em que os limites das correntes harmônicas, como uma relação da componente fundamental, são especificados para várias frequências harmônicas. Além disso, os limites na *TDH* são especificados. Esses limites são selecionados para prevenir a distorção na forma de onda da tensão fornecida pela concessionária.

Portanto, os limites da distorção na Tabela 8.2 dependem da "rigidez" do fornecimento da concessionária, que é mostrada na Figura 8.16a por uma fonte de tensão $\overline{V}_s$ em série, com impedância interna Z_s. Uma tensão ideal fornecida tem impedância interna zero. Em contraste, a tensão fornecida no final de uma linha de distribuição longa, por exemplo, terá uma impedância interna alta. Para definir a "rigidez" do fornecimento, a corrente de curto-circuito I_{cc} é calculada por meio de um curto-circuito hipotético nos terminais do fornecimento, como apresentado na Figura 8.16b. A rigidez do fornecimento deve ser calculada em relação à corrente da carga. Portanto, a rigidez é definida pela relação conhecida como relação de curto-circuito (*RCC*):

$$\text{Relação de Curto-Circuito } RCC = \frac{I_{sc}}{I_{s1}} \tag{8.32}$$

em que I_{s1} é a componente de frequência fundamental da corrente de carga. A Tabela 8.2 mostra que uma relação de curto-circuito menor corresponde a limites inferiores na distorção

TABELA 8.2 Distorção da Corrente Harmônica (I_h/I_1)

I_{cc}/I_1	Ordem de Harmônica Ímpar					Taxa de Distorção Harmônica (%)
	$h < 11$	$11 \leq h < 17$	$17 \leq h < 23$	$23 \leq h < 25$	$35 \leq h$	
< 20	4,0	2,0	1,5	0,6	0,3	5,0
20-50	7,0	3,5	2,5	1,0	0,5	8,0
50-100	10,0	4,5	4,0	1,5	0,7	12,0
100-1000	12,0	5,5	5,0	2,0	1,0	15,0
> 1000	15,0	7,0	6,0	2,5	1,4	20,0

FIGURA 8.16 (a) Fornecimento da concessionária; (b) Corrente de curto-circuito.

permitida na corrente absorvida. Para a relação de curto-circuito menor que 20, a taxa de distorção harmônica na corrente deve ser menor que 5 %. Os sistemas com eletrônica de potência que cumprem com esses limites também cumprem limites de fornecimento mais rígidos.

Deve-se notar que a norma IEEE-519 não propõe normas de harmônicas para peças individuais de equipamentos, mas para cargas agregadas (como em uma planta industrial), do ponto de vista do ponto de conexão do serviço, que é também o ponto de acoplamento comum (PAC) com outros consumidores. De qualquer forma, a norma IEEE-519 é frequentemente interpretada como a norma de harmônicas para peças individuais de equipamento, como acionamentos de motores. Há outras normas de harmônicas, como a IEC-1000, que se aplica a peças individuais de equipamentos.

8.4.3.6 Filtros Ativos

Pode-se evitar que correntes harmônicas produzidas por cargas eletrônicas entrem no sistema da concessionária por meio de filtros. Esses filtros são geralmente filtros passivos sintonizados a certas frequências harmônicas, por exemplo, nos terminais de sistemas HVDC. Ultimamente, os filtros ativos também vêm sendo empregados nos locais em que uma corrente é produzida por meio de eletrônica de potência e é injetada no sistema da concessionária para, por exemplo, anular as correntes harmônicas produzidas pelas cargas não lineares. Dessa forma, somente uma corrente senoidal é absorvida da concessionária pela combinação de cargas não lineares e filtros ativo.

8.5 GERENCIAMENTO DE CARGA [6,7] E REDES INTELIGENTES

Este é um tópico que provavelmente se tornará extremamente importante nos próximos anos, conforme as concessionárias sejam afetadas pela demanda de carga. O gerenciamento de carga pode tomar muitas formas. As concessionárias podem implementar taxas de hora do dia, incentivando assim os consumidores a deslocarem suas cargas para horários fora do pico. Eles podem implementar o gerenciamento pelo lado da demanda (GLD), no qual certas cargas, como condicionadores de ar, podem ser interrompidas remotamente durante as horas de pico e, em troca, os consumidores que concordarem com sistema receberão abatimentos em suas contas de eletricidade. Os grandes consumidores podem negociar para pagar uma taxa reduzida pela energia (kWh) usada, além de uma taxa de demanda baseada na potência de pico (kW) que eles absorvem em dado mês. O corte de cargas baseado na tensão e na frequência pode ser uma estratégia importante para manter a apropriada operação do sistema e prevenir o colapso de tensão e o corte de energia (blecaute). Redes inteligentes que utilizam medidores inteligentes podem incentivar os consumidores a absorverem potência baseando-se nos preços de cada hora do dia.

8.6 PREÇOS DA ELETRICIDADE [3]

É informativo saber o preço médio a varejo da eletricidade para os consumidores finais por setor de uso final, e eles têm mudado recentemente, como apresentado na Figura 8.17. Esses preços continuarão alterando-se a cada ano.

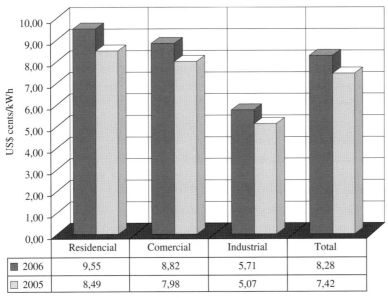

FIGURA 8.17 Preço médio no varejo da eletricidade para os consumidores finais.

REFERÊNCIAS

1. IEEE Std 141-1986.
2. N. Mohan and J. W. Ramsey, *Comparative Study of Adjustable-Speed Drives for Heat Pumps*, EPRI Report, 1986.
3. U.S. Department of Energy (www.eia.doe.gov).
4. N. Mohan, *Power Electronics: A First Course*, Wiley & Sons, 2011 (www.wiley.com).
5. United States Department of Agriculture, Rural Utilities Service, Design Guide for Rural Substations, RUS BULLETIN 1724E-300 (http://www.rurdev.usda.gov/RDU_Bulletins_Electric.html).
6. J. Casazza and F. Delea, *Understanding Electric Power Systems: An Overview of the Technology and the Marketplace*, IEEE Press and Wiley-Interscience, 2003.
7. Electric Utility Systems and Practices, 4th edition, Homer M. Rustebakke (editor), John Wiley & Sons, 1983.

EXERCÍCIOS

8.1 Descreva a distribuição de tensões no interior de casas e prédios residenciais.

8.2 Qual é a função dos interruptores de falta à terra (IFTs) e como eles trabalham?

8.3 Qual é o significado de fator de carga na descrição da curva de carga diária nos sistemas das concessionárias?

8.4 Qual é a constituição típica das cargas da concessionária e quais são as sensibilidades de potência ativa e reativa às tensões?

8.5 Qual é a característica de cargas baseadas em eletrônica de potência? Explique.

8.6 Uma carga em regime permanente é caracterizada por $P = 1$ pu e $Q = 0{,}5$ pu, em uma tensão $V = 1$ pu. Represente-a como uma carga de impedância constante.

8.7 Quais são as principais considerações sobre qualidade de energia?

8.8 Descreva com palavras a natureza da curva CBEMA (*Computer Business Equipment Manufacturers Association*).

8.9 O que são as fontes de alimentação ininterruptas?

8.10 Qual é o significado de conexão dual de alimentadores?

134   *Capítulo 8*

8.11   O que são os restauradores de tensão dinâmica (RTD) e como eles trabalham?

8.12   O que meios são utilizados nas subestações para regular a tensão?

8.13   O que são os STATCOMs e como eles trabalham?

8.14   Como é definida a taxa de distorção harmônica na forma de onda da corrente?

8.15   O que se entende por circuitos de correção de fator de potência (CFP)?

8.16   Como trabalham os filtros ativos?

8.17   Em uma carga monofásica de eletrônica de potência, $I_s = 10$ A (rms), $I_{s1} = 8$ A (rms) e o $FPD = 0,9$. Calcule: $I_{distorção}$, $\%TDH$ e FP.

8.18   Em uma carga monofásica de eletrônica de potência, as seguintes condições de operação são dadas: $V_s = 120$ V (rms), $P = 1$ kW, $I_{s1} = 10$ A (rms) e $TDH = 80\ \%$. Calcule o seguinte: FPD, $I_{distorção}$, $\%TDH$, I_s e FP.

8.19   Que são filtros ativos e como eles trabalham?

8.20   Defina os seguintes termos e seu significado: gerenciamento de carga, gerenciamento pelo lado da demanda, corte de carga, taxas de hora do dia, previsão de carga e curva de duração de carga anual.

PROBLEMAS USANDO PSCAD/EMTDC

8.21   Calcule o fator de potência de deslocamento, o fator de potência e a taxa de distorção harmônica associadas à interface de eletrônica de potência como descrito no material disponível no *site* da LTC Editora.

9
GERADORES SÍNCRONOS

9.1 INTRODUÇÃO

Em muitas usinas de potência, as turbinas hidráulicas, a vapor ou a gás fornecem energia mecânica aos geradores síncronos que convertem a energia mecânica em energia elétrica trifásica na saída. Os geradores síncronos, por meio de seu sistema de excitação, chamado regulador de tensão, são também os meios primários para sustentar e regular a tensão do sistema em seu valor nominal. Milhares desses geradores operam em sincronismo no sistema interligado na América do Norte. Neste capítulo, será examinada brevemente a estrutura básica dos geradores síncronos e dos princípios fundamentais das interações eletromagnéticas que governam sua operação. Os geradores síncronos podem ser classificados em duas categorias:

- Turboalternadores utilizados com turbinas a vapor, como mostrado na Figura 9.1a, ou com turbinas a gás, as quais giram a altas velocidades, como 1800 rpm, para produzir saída de 60 Hz (ou 1500 rpm, para saída de 50 Hz)
- Geradores hidráulicos utilizados em usinas hidrelétricas, como mostrado na Figura 9.1b, em que as turbinas giram a baixas velocidades (poucas centenas de rpm), por isso esses geradores são muito grandes e têm um número elevado de polos para produzir uma frequência na rede de 60 Hz ou 50 Hz

Neste trabalho, vai-se focar nos turboalternadores de alta velocidade da Figura 9.1a, apesar de os princípios básicos envolvidos também se aplicarem aos geradores hidráulicos. Tais geradores podem ser de centenas de MVA em potência, com tensões próximas a 20 kV.

9.2 ESTRUTURA

Os geradores síncronos são desenhados para serem compridos e cilíndricos, como na Figura 9.2a. Para discutir suas características, eles serão descritos com base em seu corte transversal, que resulta de um corte no plano de seu eixo por um plano perpendicular hipotético,

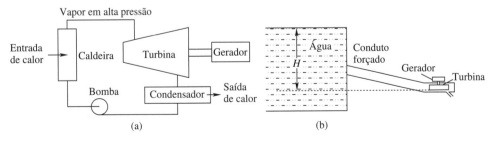

FIGURA 9.1 Geradores síncronos acionados por (a) turbinas a vapor e (b) turbinas hidráulicas.

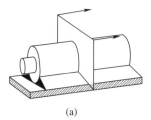
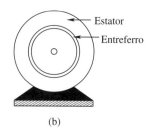

(a) (b)

FIGURA 9.2 Seção transversal da máquina.

como mostrado na Figura 9.2b. Olhando lateralmente, a Figura 9.2b mostra a parte estacionária ou fixa do gerador, chamada de estator, que é construída de material magnético, como aço silício, e firmemente fixada a sua base. O rotor em um conjunto de rolamentos pode girar livremente, e estator e rotor são separados por um entreferro muito pequeno.

Os enrolamentos colocados no estator e no rotor produzem fluxo magnético; a Figura 9.3 mostra a representação das linhas de fluxo em vários tipos de geradores. As Figuras 9.3a e b mostram um gerador de rotor arredondado ou liso (não saliente). Trata-se de um gerador de dois polos na Figura 9.3a e um gerador de quatro polos na Figura 9.3b. A seção transversal, na Figura 9.3c, ilustra um gerador de polos salientes, no qual existem polos distintos, chamados polos salientes, no rotor. Os geradores hidráulicos podem consistir em muitos desses pares de polos em uma construção com saliências, em que a relutância magnética às linhas de fluxo é bem menor na trajetória radial através do eixo do polo do rotor que na trajetória entre dois polos adjacentes.

Em geradores de polos múltiplos, com mais de um par de polos, como os das Figuras 9.3b e c, é suficiente considerar apenas um par de polos como consistindo em polos adjacentes norte e sul, devido à completa simetria em torno da periferia do entreferro. Outros pares de polos têm condições idênticas de campos magnéticos e correntes. Portanto, um gerador de polos múltiplos (com o número de polos $p > 2$) pode ser analisado considerando que um par de polos abrange 2π radianos elétricos e expressando a velocidade do rotor em unidades de radianos elétricos por segundo como $p/2$ vezes sua velocidade mecânica. Para facilitar a explicação neste capítulo, assumiremos um gerador de dois polos com $p = 2$.

A fim de minimizar as ampère-espiras necessárias para criar as linhas de fluxo que cruzam o entreferro na Figura 9.3, o rotor e o estator devem consistir em materiais ferromagnéticos de alta permeabilidade, enquanto o comprimento do entreferro é mantido tão pequeno quanto possível, o que é representado de forma bastante exagerada para facilitar o desenho. Como nos transformadores, para reduzir as perdas por correntes parasitas, o estator consiste em chapas laminadas de aço silício, que são isoladas umas das outras por uma camada fina de verniz. Essas chapas laminadas são montadas umas sobre as outras, perpendicularmente ao eixo. Os condutores, que seguem paralelamente ao eixo, são colocados nas ranhuras cortadas nessas chapas laminadas. São utilizados no resfriamento (ou no sistema de arrefecimento) hidrogênio, óleo ou água.

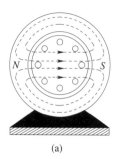
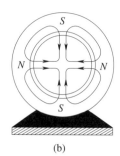
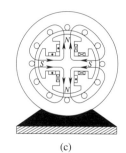

(a) (b) (c)

FIGURA 9.3 Estrutura da máquina.

9.2.1 Estator com Enrolamentos Trifásicos

Em geradores síncronos, o estator tem enrolamentos trifásicos com seus respectivos eixos magnéticos, como mostrado na Figura 9.4a. Os enrolamentos para cada fase devem idealmente produzir uma densidade de fluxo senoidal no entreferro na direção radial. Teoricamente, isto requer um enrolamento distribuído senoidalmente em cada fase. Na prática, isto é aproximado por meio de uma variedade de formas. Para visualizar essa distribuição senoidal, considere o enrolamento para a fase a, apresentado na Figura 9.4b, no qual, nas ranhuras, o número de voltas por bobina (ou voltas por espira) para a fase a aumenta progressivamente a partir do eixo magnético, alcançando o máximo em $\theta = 90°$. Cada bobina, como a bobina com lados 1 e 1′, estende-se por 180° e a corrente entra na bobina pelo lado 1 e retorna pelo lado 1′, contornando a extremidade posterior, na parte de trás do gerador. Essa bobina (1, 1′) é conectada em série ao lado 2 da bobina seguinte (2, 2′) e assim por diante. Graficamente, esses enrolamentos são desenhados simplesmente, como na Figura 9.4a, com o entendimento que cada um é distribuído senoidalmente, com seu eixo magnético como representado.

Na Figura 9.4b, foca-se somente na fase a, que tem seu eixo magnético ao longo de $\theta = 0°$. Há mais dois enrolamentos distribuídos senoidalmente para as fases b e c, que têm seus eixos magnéticos ao longo de $\theta = 120°$ e $\theta = 240°$, respectivamente, como representado na Figura 9.5a. Esses três enrolamentos são geralmente conectados em um arranjo em estrela, conectando os terminais a', b' e c' juntos, como na Figura 9.5b. As distribuições de densidade de fluxo no entreferro devido às correntes i_b e i_c, idênticas em forma àquela devida a i_a, alcançam seu pico ao longo de seus respectivos eixos magnéticos das fases b e c.

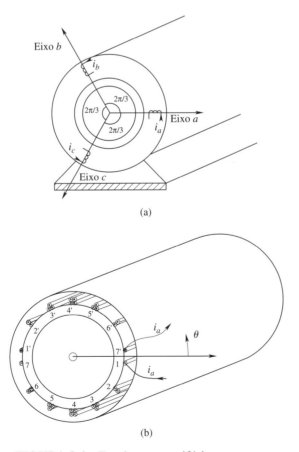

FIGURA 9.4 Enrolamentos trifásicos no estator.

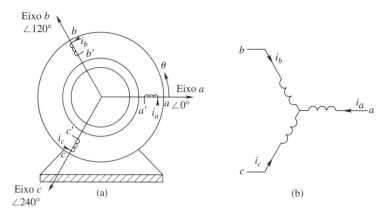

FIGURA 9.5 Conexão dos enrolamentos trifásicos.

9.2.2 Rotor com Enrolamento de Campo CC

O rotor de um gerador síncrono contém um enrolamento de campo em suas ranhuras. Esse enrolamento é alimentado por uma tensão CC, resultando em uma corrente I_f CC. A corrente de campo I_f na Figura 9.6 produz o campo do rotor no entreferro. É desejável que essa densidade do fluxo de campo seja distribuída senoidalmente no entreferro na direção radial, produzindo de forma efetiva os polos norte e sul, como apresentado na Figura 9.6. Controlando I_f e consequentemente o campo produzido no rotor, é possível controlar a fem (força eletromotriz) induzida desse gerador e controlar a potência reativa entregada por ele. Esse sistema de excitação do campo é discutido adiante neste capítulo.

Em regime permanente, o rotor gira a certa velocidade, conhecida como velocidade síncrona ω_{sin} e expressa em rad/s, que em uma máquina de dois polos é igual ω ($= 2\pi f$), em que f é a frequência das tensões geradas na saída.

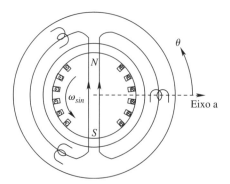

FIGURA 9.6 Enrolamentos de campo do rotor alimentado por uma corrente I_f CC.

9.3 FEM INDUZIDA NOS ENROLAMENTOS DO ESTATOR

Para discutir as fems induzidas, focaremos na fase a, conscientes de que nos enrolamentos das outras duas fases fems similares são induzidas. O enrolamento da fase a é representado por uma bobina simples na Figura 9.7, em que fica claro que esse enrolamento é distribuído senoidalmente, como discutido anteriormente. A corrente i_a, na direção representada na Figura 9.7, foi escolhida de modo a resultar em linhas de fluxo que alcançam o valor máximo ao longo do eixo magnético da fase a. A polaridade da fem induzida na Figura 9.7 é escolhida para que seja positiva no ponto onde a corrente sai, desde que estejamos interessados no modo de operação do gerador (em oposição ao modo motor, no qual, seguindo a convenção de sinal passivo, seria necessário que a corrente entrasse no terminal positivo da tensão induzida).

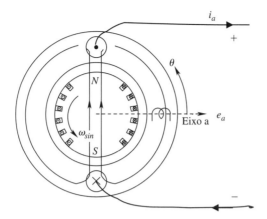

FIGURA 9.7 Direção da corrente e polaridade da tensão; a posição do rotor mostra as máximas tensões induzidas e_a.

Nos enrolamentos do estator há duas causas de fems induzidas, que serão discutidas uma de cada vez, e, supondo que não haja saturação magnética, essas duas fems induzidas serão sobrepostas para produzir a fem induzida resultante.

9.3.1 Fem Induzida Devido à Rotação do Fluxo Produzido com o Rotor

Na Figura 9.8a, o tempo $t = 0$ foi escolhido de modo que o eixo do enrolamento do campo esteja verticalmente para cima. Devido a esse enrolamento de campo, a densidade das linhas de fluxo em ϕ_f que enlaçam o estator é distribuída cossenoidalmente na direção radial, alcançando o pico ao longo do eixo do enrolamento de campo. Essa distribuição de densidade de fluxo de campo pode ser representada por um vetor espacial $\vec{B}_f$, como apresentado na Figura 9.8b, no tempo $t = 0$. O comprimento do vetor espacial representa o valor de pico da densidade de fluxo e seu ângulo, medido em relação ao eixo da fase a, representa sua orientação. Esse vetor espacial é diferenciado dos fasores por uma seta na parte superior. Como o rotor gira, também gira o vetor espacial $\vec{B}_f$.

Devido ao fato de as linhas de fluxo de campo do rotor girarem com o rotor e cortarem os enrolamentos estacionários no estator, tensões são induzidas nos enrolamentos de fase do estator em concordância com a Lei de Faraday. Em um instante em que o rotor e a orientação de $\vec{B}_f$ estiverem como representados nas Figuras 9.8a e b, respectivamente, e estiverem girando a uma velocidade ω_{sin}, a tensão induzida para esse instante será máxima na fase a, uma vez que a maior densidade das linhas de fluxo de campo estarão cortando a maior densidade dos condutores da fase a. Se o rotor estiver girando em sentido anti-horário, então com base na Lei de Lenz pode-se determinar a tensão induzida na fase a em $t = 0$ como positiva, com a polaridade da tensão definida na Figura 9.8a. Conforme o rotor gira com o tempo, a fem induzida na fase a variará cossenoidalmente com o tempo; essa tensão é representada por um fasor $\bar{E}_{af}$, como mostrado na Figura 9.8c.

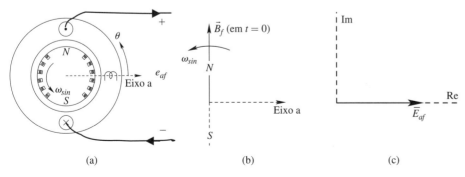

FIGURA 9.8 Fem induzida e_{af} devido à rotação do campo do rotor com o rotor.

Tanto o vetor espacial $\vec{B}_f$, no diagrama de vetores espaciais da Figura 9.8b, e o fasor $\bar{E}_{af}$, no diagrama fasorial da Figura 9.8c, são variáveis complexas, isto é, ambos têm amplitudes e ângulos. Portanto, das Figuras 9.8b e c, essas duas variáveis podem ser relacionadas como segue:

$$\bar{E}_{af} = (-j)k_f\vec{B}_f(0) \tag{9.1}$$

em que $\vec{B}_f(0)$ é o vetor espacial no tempo $t = 0$ e k_f é uma constante de proporcionalidade que depende dos detalhes da construção da máquina e da velocidade síncrona ω_{sin}. A razão para $(-j)$ na Equação 9.1 é que $\bar{E}_{af}$ fica para trás de $\vec{B}_f(0)$ em 90°.

9.3.2 Fem Induzida Devido ao Campo Magnético Girante Chamado de Reação de Armadura, Criado pelas Correntes do Estator

Quando um gerador é conectado à rede elétrica, o resultado é um fluxo de correntes de fase senoidais. Essas correntes são necessárias para produzir a energia que é fornecida à rede. A circulação dessas correntes de fase produz um campo magnético girante que, em adição ao fluxo do campo girante do rotor, também "corta" os enrolamentos das fases do estator, que são fixos.

Na Figura 9.9a, cada corrente de fase resulta em uma distribuição de densidade de fluxo pulsante que alcança o pico ao longo do eixo de sua fase e é proporcional ao valor instantâneo da corrente de fase; em um dado instante, a densidade de fluxo decresce cossenoidalmente, afastando-se de seu eixo de fase. Assim, a distribuição de densidade de fluxo produzida por enrolamento de fase pode ser representada por um vetor espacial orientado ao longo do eixo de fase respectivo. Cada um desses vetores espaciais é estacionário em posição, mas a amplitude pulsa com o tempo, conforme a corrente de fase muda com o tempo, e pode ser expressa como

$$\vec{B}_{i_a} = (k_1 i_a)e^{j0} \qquad \vec{B}_{i_b} = (k_1 i_b)e^{j2\pi/3} \qquad \vec{B}_{i_c} = (k_1 i_c)e^{j4\pi/3} \tag{9.2}$$

em que k_1 é uma constante da máquina que relaciona a corrente de fase instantânea e os valores de pico das densidades de fluxo. A resultante da distribuição da densidade de fluxo pode ser obtida somando-se vetorialmente os três vetores espaciais, utilizando-se o princípio da superposição e supondo um circuito magnético linear:

$$\vec{B}_{RA} = k_1\left(i_a e^{j0} + i_b e^{j2\pi/3} + i_c e^{j4\pi/3}\right) \tag{9.3}$$

em que o subscrito RA se refere à reação de armadura, como é comumente conhecido.

Sejam as três correntes de fase como indicadas a seguir, em que $t = 0$ corresponde à posição do rotor como representado na Figura 9.8a, $\omega\,(= 2\pi f)$ é a frequência das tensões e correntes do estator e θ é um ângulo de atraso da corrente de fase em relação à tensão gerada $\bar{E}_{af}$ na Figura 9.8c:

$$\begin{aligned} i_a &= \sqrt{2}\cdot I_a \cos(\omega t - \theta) \qquad i_b = \sqrt{2}\cdot I_a \cos(\omega t - \theta - 2\pi/3) \\ i_c &= \sqrt{2}\cdot I_a \cos(\omega t - \theta - 4\pi/3) \end{aligned} \tag{9.4}$$

em que I_a é o valor eficaz da corrente de cada fase. A corrente senoidal i_a é representada pelo fasor $\bar{I}_a$ na figura 9.9b; de forma similar, as outras correntes de fase podem ser representadas como fasores. Note que em regime permanente,

$$\omega = \omega_{sin} \tag{9.5}$$

Substituindo as expressões das correntes da Equação 9.4 na Equação 9.3 e fazendo uso da Equação 9.5,

$$\vec{B}_{RA} = (k_2 I_a)e^{j(\omega_{sin}t - \theta)} \tag{9.6}$$

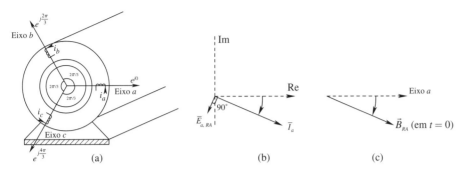

FIGURA 9.9 Reação de armadura devido às correntes de fase.

lembrando que $\vec{B}_{RA}$ é o vetor espacial que representa a distribuição da densidade de fluxo devido às três correntes em qualquer instante t. Em regime permanente, o pico desse vetor espacial mantém-se constante (k_2 é outra constante) para uma magnitude RMS da corrente I_a e gira em sentido anti-horário na velocidade síncrona ω_{sin} com o tempo. Das Equações 9.4 e 9.6, deve-se notar que a orientação de $\vec{B}_{RA}$ no tempo $t = 0$ no diagrama de vetor espacial da Figura 9.9c é a mesma orientação de $\bar{I}_a$ no diagrama fasorial da Figura 9.9b.

Assim como a distribuição de densidade do fluxo de campo girante $\vec{B}_f$ induz as tensões de campo $\bar{E}_{af}$ no enrolamento da fase a no estator fixo, a rotação de $\vec{B}_{RA}$ induz tensões de reação de armadura $\bar{E}_{a,RA}$; de forma similar, tensões são induzidas nas outras duas fases b e c, atrasadas em 120° e 240°, respectivamente. Portanto, fazendo a analogia com a Equação 9.1, $\bar{E}_{a,RA}$, apresentada na Figura 9.9b, fica para trás de $\vec{B}_{RA}$, da Figura 9.9c, em 90°. Isto pode ser expresso como se segue:

$$\bar{E}_{a,RA} = (-j)k_3\vec{B}_{RA}(0) \tag{9.7}$$

em que k_3 é outra constante de proporcionalidade. As Figuras 9.9b e c mostram que a orientação de $\vec{B}_{RA}(0)$ em $t = 0$ no diagrama vetorial é a mesma de $\bar{I}_a$ no diagrama fasorial, e a magnitude de ambas as variáveis estão relacionadas pelas Equações 9.6 e 9.7. Dessa forma, a tensão de reação de armadura na fase a pode ser escrita como

$$\bar{E}_{a,RA} = -jX_m\bar{I}_a \tag{9.8}$$

A Equação 9.8 mostra que $\bar{E}_{a,RA}$ fica para trás de $\bar{I}_a$ em 90°, e a magnitude dessas duas variáveis estão relacionadas uma com outra pelo que é conhecido como reatância de magnetização X_m do gerador síncrono.

9.3.3 Fems Induzidas Combinadas Devido ao Campo do Fluxo e à Reação de Armadura

Observou-se nas duas subseções acima que a fem induzida na fase a (e de forma similar nas outras duas fases b e c) ocorre em virtude de dois mecanismos. Em um circuito magnético, supondo que não haja saturação, essas duas fems podem ser combinadas para determinar a fem resultante:

$$\bar{E}_a = \bar{E}_{af} + \bar{E}_{a,RA} = \bar{E}_{af} - jX_m\bar{I}_a \tag{9.9}$$

como apresentado na Figura 9.10a, em que $\bar{I}_a$ está atrasada de $\vec{E}_{a,RA}$ pelo mesmo ângulo θ definido na Equação 9.4. A relação da Equação 9.9 pode ser representada pelo equivalente por fase mostrado na Figura 9.10b. Incluindo o efeito do fluxo de dispersão por uma queda de tensão na reatância de dispersão $X_{\ell s}$ e considerando a queda de tensão na resistência do enrolamento da fase R_s, pode-se escrever a expressão da tensão terminal como

$$\bar{V} = \bar{E}_{af} - jX_s\bar{I}_a - R_s\bar{I}_a \tag{9.10}$$

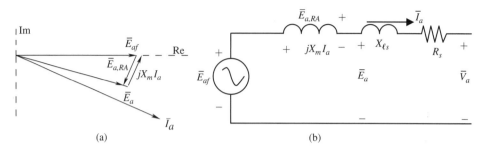

FIGURA 9.10 Diagrama fasorial e circuito equivalente por fase.

em que X_s ($= X_{ls} + X_m$) é chamado de reatância síncrona, que é a soma da reatância de dispersão $X_{\ell s}$ de cada enrolamento do estator com a reatância de magnetização X_m.

9.4 POTÊNCIA DE SAÍDA, ESTABILIDADE E PERDA DE SINCRONISMO

As fems induzidas nos enrolamentos do estator causam a circulação das correntes de fase, o que produz um torque eletromagnético que se opõe ao torque fornecido pela turbina. No circuito da Figura 9.11a, considere um gerador conectado a um barramento infinito (uma fonte de tensão ideal) $\bar{V}_\infty$ através da linha radial.

A reatância X_T é a soma da reatância síncrona do gerador e a reatância interna da rede da concessionária (mais a reatância de dispersão de transformador(es), caso exista algum). Escolhendo $\bar{V}_\infty$ como o fasor de referência (ou seja, $\bar{V}_\infty = V_\infty \angle 0$) e desconsiderando a resistência do circuito em comparação à reatância, a potência a partir dos conceitos fundamentais no Capítulo 3 pode ser escrita para todas as fases como

$$P = 3\frac{E_{af}V_\infty}{X_T}\operatorname{sen}\delta \qquad (9.11)$$

em que o ângulo do rotor δ associado com $\bar{E}_{af}$ ($= E_{af} \angle \delta$) é positivo no modo gerador. O ângulo do rotor δ é uma medida do deslocamento angular ou posição do rotor em relação a um eixo de referência girando em sincronismo.

Se a corrente de campo é mantida constante, então a magnitude E_{af} é também constante em regime permanente e, por conseguinte, a potência de saída do gerador é proporcional ao seno do ângulo de torque δ entre $\bar{E}_{af}$ e $\bar{V}_\infty$. Essa relação potência-ângulo é representada graficamente na Figura 9.11b para valores de δ positivos e negativos. Para valores negativos de δ, a máquina entra em seu modo motor.

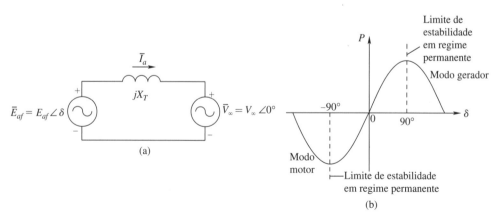

FIGURA 9.11 Potência de saída e sincronismo.

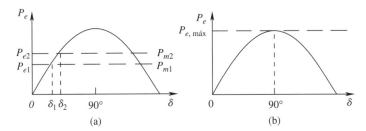

FIGURA 9.12 Limite de estabilidade em regime permanente.

9.4.1 Limite de Estabilidade em Regime Permanente

A Figura 9.11b mostra que a potência fornecida pelo gerador síncrono alcança seu pico em $\delta = 90°$. Esse é o limite em regime permanente, acima do qual o sincronismo perde-se. Isto pode ser explicado pelo que segue: inicialmente, supondo não haver perdas, em um valor δ_1 abaixo de 90°, a turbina está fornecendo a potência P_{m1}, que é igual à potência elétrica de saída P_{e1}, como apresentado na Figura 9.12a. Para fornecer mais potência, a potência de entrada da turbina é aumentada (por exemplo, deixando entrar mais vapor na turbina). Isto momentaneamente acelera o rotor, causando o aumento do ângulo de torque δ associado à tensão induzida do rotor $\bar{E}_{af}$. Finalmente, um novo regime permanente é alcançado em P_{e2} ($=P_{m2}$), com um valor maior de ângulo de torque δ_2, como representado na Figura 9.12a.

Entretanto, em $\delta = 90°$ e acima, se a potência de entrada da turbina é aumentada, como na Figura 9.12b, então o aumento de δ causa a diminuição da potência de saída elétrica, que resulta em um aumento adicional de δ (porque mais potência mecânica está entrando, enquanto menos potência elétrica está saindo). Esse incremento de δ causa um incremento intolerável nas correntes do gerador e os relés de proteção causa o acionamento dos disjuntores, que isolam o gerador da rede, desse modo evitando que o gerador seja danificado.

A sequência de eventos acima é denominada a "perda de sincronismo" e a estabilidade é perdida. Na prática, a estabilidade transitória devido a uma variação súbita na potência elétrica de saída força o valor máximo do ângulo de torque em regime permanente δ a ser muito menor que 90°, tipicamente na faixa de 40° a 45°.

9.5 CONTROLE DA EXCITAÇÃO DE CAMPO PARA AJUSTAR A POTÊNCIA REATIVA

A potência reativa associada aos geradores síncronos pode ser controlada em magnitude assim como em sinal (adiantando ou atrasando). Para discutir isto, assume-se, como um caso base, que um gerador síncrono está fornecendo uma potência constante e a corrente de campo I_f é ajustada de modo que essa potência é fornecida com um fator de potência unitário, como representado no diagrama fasorial da Figura 9.13a.

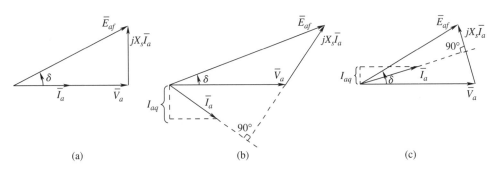

FIGURA 9.13 Controle da excitação para fornecer potência reativa (sem considerar R_s).

9.5.1 Sobre-excitação

Agora um incremento da corrente de campo, chamada sobre-excitação, resultará em maior magnitude de $\bar{E}_{af}$, desde que seja desprezada a saturação magnética, E_f depende linearmente da corrente de campo I_f. Contudo, $E_{af} \operatorname{sen}\delta$ deve manter-se constante pela Equação 9.11, desde que a potência de saída seja constante. De forma similar, a projeção do fasor da corrente $\bar{I}_a$ no fasor da tensão $\bar{V}_a$ deve manter-se a mesma, como na Figura 9.13a. Tal situação resulta no diagrama da Figura 9.13b, em que a corrente $\bar{I}_a$ está atrasada de $\bar{V}_a$. Considerando que a rede elétrica seja uma carga, a rede absorve a potência reativa como um indutor. Portanto, um gerador síncrono operando no modo sobre-excitado fornece potência reativa, como um capacitor. A potência reativa trifásica Q pode ser calculada da componente reativa da corrente I_{aq} como

$$Q = 3V_a I_{aq} \tag{9.12}$$

9.5.2 Subexcitação

Em contraste à sobre-excitação, diminuir I_f resulta em uma magnitude menor de E_{af}, e o diagrama fasorial correspondente pode ser representado como na Figura 9.13c, supondo que a potência de saída mantenha-se constante como antes. Agora a corrente $\bar{I}_a$ está adiantada da $\bar{V}_a$, e a carga (a rede elétrica) fornece potência reativa, como um capacitor. Assim, o gerador síncrono no modo subexcitado absorve potência reativa como um indutor. A potência reativa trifásica Q pode ser calculada da componente reativa da corrente I_{aq}, similar à Equação 9.12.

9.5.3 Condensador Síncrono

Algumas vezes nos sistemas de potência, as máquinas síncronas conectadas à rede são operadas no modo motor para fornecer potência reativa, como apresentado na Figura 9.14. Um controle similar sobre a potência reativa nesses condensadores síncronos, como geralmente são chamados, pode ser exercido controlando a excitação do campo como explicado acima. Não há necessidade de uma turbina operar essas máquinas e a pequena quantidade de perda de potência acumulada na operação da máquina síncrona como um motor é fornecida pela rede.

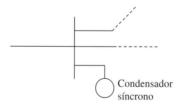

FIGURA 9.14 Condensador síncrono.

9.6 EXCITADORES DE CAMPO PARA REGULAÇÃO AUTOMÁTICA DA TENSÃO (RAT)

A excitação do campo de geradores síncronos pode ser controlada regulando-se a tensão em seus terminais ou em algum outro barramento no sistema, normalmente levando-a a seu valor nominal. Isto é possível desde que a regulação de tensão e o fornecimento de potência reativa estejam relacionados e o objetivo da regulação da tensão em um barramento designado seja ditar qual valor de potência reativa o gerador deve fornecer. Muitos geradores estão equipados com um regulador automático de tensão que detecta a tensão no barramento a ser regulada e a compara a seu valor desejado. O erro entre os dois é processado no interior do regulador apresentado na Figura 9.15, que, por meio do retificador controlado de

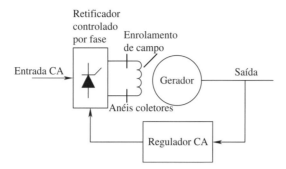

FIGURA 9.15 Excitador de campo para regulação automática de tensão (RAT).

fase, controla a tensão CC aplicada ao enrolamento da excitação do campo para ajustar a corrente de campo I_f apropriadamente.

Esses sistemas de excitação de campo podem tomar várias formas, dependendo do local de onde a potência de entrada é derivada e do desejo de evitar anéis coletores e escovas, que são necessários porque o enrolamento de campo a ser alimentado está girando com o rotor.

9.7 REATÂNCIAS SÍNCRONA, TRANSITÓRIA E SUBTRANSITÓRIA

A análise acima supõe uma operação em regime permanente. Entretanto, por exemplo, durante e depois de uma falta como um curto-circuito, sucedem-se oscilações do rotor, antes de este alcançar outro regime permanente. Durante essas oscilações do rotor, o gerador síncrono está sob condição transitória.

Para estudar fenômenos transitórios, o circuito equivalente por fase em regime permanente apresentado na Figura 9.10b precisa ser modificado. A modelagem das máquinas síncronas pode ser realizada com níveis crescentes de complexidade, resultando em um aumento de precisão. Entretanto, em muitas análises de faltas, uma estimação da corrente de falta é necessária. De forma similar, em estudos de estabilidade, na maioria das vezes deseja-se determinar se o sistema permaneceria estável depois de uma falta e o tempo que seria necessário para isolar o problema. Portanto, nesses estudos, na maioria das vezes um modelo conhecido como Fluxo Constante é suficiente, ao menos para nossos propósitos educacionais, neste trabalho. Uma discussão desse modelo e o circuito equivalente resultante para ser usado em tais estudos são apresentados a seguir.

9.7.1 Modelo do Fluxo Constante

O enrolamento de campo de um gerador síncrono é alimentado por uma fonte de tensão CC V_f de forma que, em regime permanente, resulte na corrente de campo desejada $I_f (= V_f / R_f)$, cujo valor CC é determinado pela resistência de campo R_f. Supondo que essa tensão de excitação CC seja constante durante transitórios, dado que não pode variar rapidamente, o enrolamento de campo é essencialmente uma bobina em curto-circuito com uma resistência muito pequena em relação a sua autoindutância L_{ff}, que, assim, tem uma constante de tempo grande. De acordo com o Teorema de Fluxo Concatenado Constante, o fluxo concatenado de uma bobina em curto-circuito permanece constante; isto é, ele não pode variar muito rapidamente. Portanto, sob condições de transitórios breves, como as correntes do estator que mudam repentinamente, causando uma variação no fluxo de reação de armadura, a corrente de campo também varia repentinamente para um valor apropriado para manter o fluxo concatenado constante no enrolamento de campo.

Em regime permanente, o fluxo de reação de armadura pode passar através do rotor. Portanto, o diagrama fasorial em regime permanente da Figura 9.10a e o circuito equivalente por fase da Figura 9.10b foram obtidos utilizando-se o princípio da superposição. Também, desde que o fluxo de reação de armadura possa penetrar o rotor, a reatância síncrona resultante X_s é grande, geralmente perto de 1 pu na base do gerador. O campo do fluxo concatenado em regime permanente é a soma do fluxo de campo produzido por I_f com o fluxo de reação de armadura que o atravessa. No terminal da armadura em regime permanente, as condições são $\bar{E}_a$ e $\bar{I}_a$, como representado na Figura 9.10a.

Contudo, imediatamente após um distúrbio elétrico, tal como um curto-circuito na rede elétrica, que cause a variação repentina das correntes do estator, considera-se a máquina em condição subtransitória. Nessa condição, o fluxo de reação de armadura não pode entrar no enrolamento de campo devido ao teorema de Fluxo Concatenado Constante mencionado anteriormente e muito do fluxo de reação de armadura é forçado a circular através do entreferro, resultando assim em uma trajetória de alta relutância magnética e, por isso, baixa reatância. Portanto, a reatância subtransitória é muito menor que X_s. A relação entre as duas pode ser de 4 a 7, e nesse caso o valor de X_s estará próximo de 1 pu na base da máquina. A corrente de armadura e a corrente de campo, logo após um curto-circuito trifásico repentino nos terminais, são apresentadas nas Figuras 9.16a e 9.16b, respectivamente. O período subtransitório corresponde a alguns ciclos subsequentes à falta, em que a corrente de armadura é muito alta e a corrente de campo repentinamente "salta" para manter o fluxo concatenado de campo constante.

Alguns ciclos depois de o distúrbio elétrico causar a variação das correntes do estator, mas antes do regime permanente, a máquina é considerada em regime transitório. Nessa condição, algumas linhas de fluxo conseguem penetrar o enrolamento de campo e a reatância transitória resultante X'_s tem um valor que resulte em $X''_s < X'_s < X_s$, em que X'_s é geralmente duas vezes o valor de X''_s.

Em modelos simplificados, o efeito da saliência pode ser desconsiderado. Portanto, $X_s = X_d$, em que X_d é a reatância síncrona de eixo direto. De forma similar, $X'_s = X'_d$ e $X''_s = X''_d$, em que X'_d e X''_d são as reatâncias transitórias de eixo direto e subtransitórias de eixo direto, respectivamente.

Para fazer uso das condições transitórias e subtransitórias em cálculos de correntes de falta e estudos de estabilidade transitória, respectivamente, será modificado o circuito equivalente por fase em regime permanente da Figura 9.10b para os capítulos subsequentes. Deve-se notar que, antes da falta, a máquina está em regime permanente e as condições dos terminais $\bar{E}_a$ e $\bar{I}_a$ são como representadas na Figura 9.10a, resultando no circuito equivalente por fase da Figura 9.10b. Portanto, o modelo deve ser tal que resulte em tensão e corrente apropriadas nos terminais da máquina em regime permanente e ainda seja válido nas condições transitórias e subtransitórias. Isto pode ser feito na Figura 9.10, modificando-se

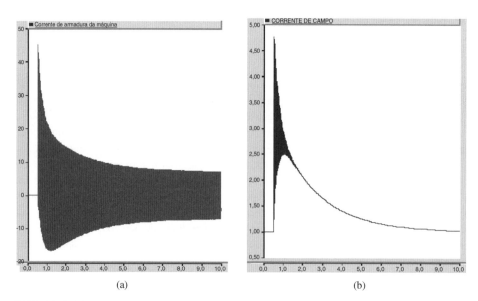

FIGURA 9.16 Corrente de armadura (a) e de campo (b) depois de um curto-circuito repentino [fonte: 4].

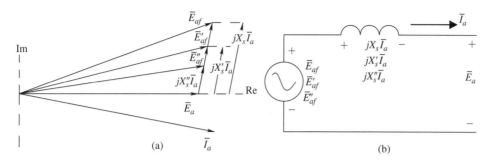

FIGURA 9.17 Modelagem do gerador síncrono para condições transitórias e subtransitórias (neste modelo simplificado, $X_s = X_d$, $X'_s = X'_d$ e $X''_s = X''_d$).

o diagrama fasorial e o circuito equivalente por fase como mostrado na Figura 9.17, em que

$$\bar{E}_{af} = \bar{E}_a + jX_s\bar{I}_a \qquad \bar{E}'_{af} = \bar{E}_a + jX'_s\bar{I}_a \qquad \bar{E}''_{af} = \bar{E}_a + jX''_s\bar{I}_a \qquad (9.13)$$

Assim, para uma dada tensão terminal $\bar{E}_a$ e corrente $\bar{I}_a$, ignorando a resistência da máquina, a tensão induzida do campo pode ser calculada pela Equação 9.13, utilizando-se a reatância apropriada com base no tipo de condição a ser estudado.

REFERÊNCIAS

1. N. Mohan, *Electric Machines and Drives: A First Course*, John Wiley & Sons, 2011.
2. P. Anderson, *Analysis of Faulted Power Systems*, Wiley-IEEE Press, 1995.
3. Prabha Kundur, *Power System Stability and Control*, McGraw-Hill, 1994.
4. PSCAD/EMTDC (https://pscad.com/index.cfm?).

EXERCÍCIOS

9.1 Suponha que a posição do rotor na Figura 9.8a corresponda ao tempo $t = 0$. Represente graficamente e_{af}, e_{bf} e e_{cf} em função de $\omega_{sin}t$.

9.2 Suponha que a posição do rotor na Figura 9.8a corresponda ao tempo $t = 0$. Desenhe o vetor espacial da densidade de fluxo do rotor $\vec{B}_f$ em $\omega_{sin}t$ igual a 0, $\pi/6$, $\pi/3$ e $\pi/2$ radianos.

9.3 Se o ângulo θ da corrente de fase do estator na Equação 9.4 é zero, então represente graficamente o vetor espacial da densidade de fluxo de reação de armadura $\vec{B}_{RA}$ em $\omega_{sin}t$ igual a 0, $\pi/6$, $\pi/3$ e $\pi/2$ radianos.

9.4 No Exercício 9.3, represente graficamente i_a e $e_{a,RA}$ em função de $\omega_{sin}t$.

9.5 No circuito equivalente por fase da Figura 9.10b, assuma $R_s = 0$ e $X_s = 1,2$ pu. A tensão terminal é $\bar{V}_a = 1 \angle 0$ pu e $\bar{I}_a = 1 \angle -\pi/6$ pu. Calcule $\bar{E}_{af}$ e desenhe um diagrama fasorial similar ao da Figura 9.10a.

9.6 No Exercício 9.5, com E_{af} mantida constante na magnitude calculada por esse exercício e $V_a = 1$ pu, calcule a potência máxima em "por unidade" que essa máquina pode fornecer.

9.7 Em um gerador síncrono, assuma $R_s = 0$ e $X_s = 1,2$ pu. A tensão terminal é $\bar{V}_a = 1 \angle 0$ pu. O gerador está fornecendo 1 pu de potência. Calcule todas as quantidades relevantes para desenhar os diagramas fasoriais na Figura 9.13 se a excitação do campo do gerador síncrono é tal que a potência reativa Q seja igual a: (a) $Q = 0$, (b) fornecendo $Q = 0,5$ pu e (c) absorvendo $Q = 0,5$ pu.

9.8 Repita o Exercício 9.7 supondo que a máquina síncrona seja um condensador síncrono no qual a potência ativa $P = 0$.

9.9 No circuito equivalente da Figura 9.17b, assuma $R_s = 0$ e $X_s = 1,2$ pu, $X'_s = 0,33$ pu e $X_s = 0,23$ pu. A tensão terminal é $\bar{V}_a = 1 \angle 0$ pu e a corrente $\bar{I}_a = 1 \angle -\pi/6$ pu. Desenhe o diagrama fasorial similar ao da Figura 9.17a para regime permanente, operação transitória e subtransitória.

EXERCÍCIO BASEADO NO PSCAD/EMTDC

9.10 Simule um curto-circuito repentino nos terminais de um gerador síncrono, no material disponível no *site* da LTC Editora.

10

REGULAÇÃO E ESTABILIDADE DE TENSÃO EM SISTEMAS DE POTÊNCIA

10.1 INTRODUÇÃO

Como as linhas de transmissão estão carregadas com valores próximos a suas capacidades, a estabilidade de tensão tem-se tornado uma consideração séria. Vários blecautes ocorreram por causa de colapso de tensão. Neste capítulo, serão examinadas as causas da estabilidade de tensão, o papel da potência reativa na manutenção da estabilidade da tensão e os meios de fornecer a potência reativa.

10.2 SISTEMA RADIAL COMO UM EXEMPLO

Para entender o fenômeno da dependência da tensão, considere um sistema radial, como o da Figura 10.1a, em que uma fonte ideal alimenta uma carga através da linha de transmissão com reatância série X_L e susceptâncias em derivação (ou *shunt*), como apresentado. Para simplificar, a resistência da linha é ignorada. Para analisar tal sistema, as susceptâncias em ambos os lados são combinadas como partes dos sistemas da extremidade de envio e da extremidade de recepção e representados pelo circuito equivalente da Figura 10.1b. Para analisar as potências ativas e reativas no sistema equivalente da Figura 10.1b, considera-se que a tensão na extremidade de recepção seja a referência, isto é, $\overline{V}_R = V_R \angle 0$:

$$\overline{I} = \frac{\overline{V}_s - V_R}{jX_L} \tag{10.1}$$

Na extremidade receptora, a potência complexa pode ser escrita como

$$S_R = P_R + jQ_R = V_R \overline{I}^* \tag{10.2}$$

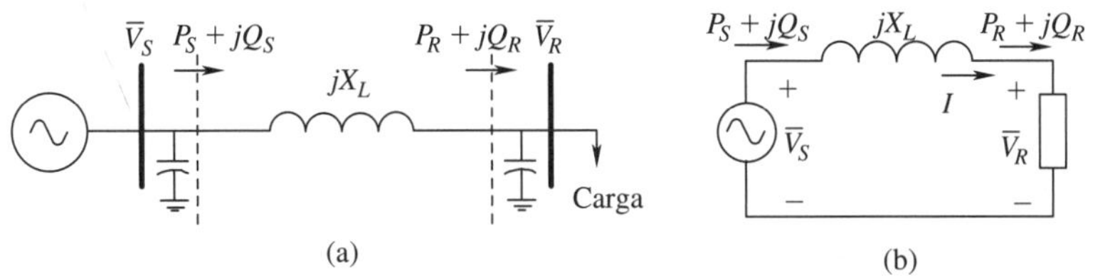

(a)   (b)

FIGURA 10.1   Um sistema radial.

Utilizando o conjugado complexo da Equação 10.1 na Equação 10.2, e expressando $\overline{V}_S$ em sua forma polar como $\overline{V}_S = V_S \angle \delta$,

$$P_R + jQ_R = V_R \left(\frac{V_S \angle (-\delta) - V_R}{-jX_L} \right) = \frac{V_S V_R \operatorname{sen}\delta}{X_L} + j\left(\frac{V_S V_R \cos\delta - V_R^2}{X_L} \right) \quad (10.3)$$

O equacionamento das partes reais de ambos os lados da equação,

$$P_R = \frac{V_S V_R}{X_L} \operatorname{sen}\delta \quad (10.4)$$

em que, assumindo que a linha de transmissão não apresente perdas, P_R é a mesma potência da extremidade de envio P_S. E

$$Q_R = \frac{V_S V_R \cos\delta}{X_L} - \frac{V_R^2}{X_L} \quad (10.5)$$

Dividindo ambos os lados da Equação 10.5 por $\frac{V_R^2}{X_L}$ e rearranjando os termos,

$$\frac{V_R}{V_S} = \cos\delta \left(\frac{1}{1 + \frac{Q_R}{V_R^2/X_L}} \right) \quad (10.6)$$

Em sistemas de potência, as concessionárias tentam manter as magnitudes das tensões dos barramentos perto de seu valor nominal de 1 pu. Portanto, a partir da Equação 10.4, valores elevados de potência da linha de transmissão P_R exigiriam valores elevados de senδ, e, assim, baixos valores de cosδ. Por isso, para manter ambas as tensões próximas a 1 pu, a potência reativa Q_R deve ser negativa, isto é, em situação de carregamento elevado de uma linha de transmissão, a extremidade receptora deve fornecer potência reativa de forma local para manter a tensão de seu barramento.

A exigência acima de que a extremidade de recepção forneça potência reativa ao manter sua tensão pode ser melhor explicada pelo diagrama fasorial da Figura 10.2a. Pela Lei de Tensões de Kirchhoff, na Figura 10.2b,

$$\overline{V}_S = \overline{V}_R + jX_L \overline{I} \quad (10.7)$$

Supondo ambas as magnitudes das tensões nos barramentos em 1 pu e $\overline{V}_R$ como a tensão de referência, o diagrama fasorial é mostrado na Figura 10.2a, em que $\overline{V}_S$ está adiantado por um ângulo δ.

O ângulo entre as duas tensões depende da transferência de potência na linha, dada pela Equação 10.4. Se ambas as tensões são iguais em magnitude, a corrente $\overline{I}$ da Equação 10.1 fica como o apresentado na Figura 10.2a: exatamente em um ângulo de $\delta/2$. Esse diagrama fasorial mostra claramente a corrente $\overline{I}$ adiantada em relação a $\overline{V}_R$, na figura 10.2a, implicando que Q_R seja negativa. Isto significa que, para alcançar a tensão V_R igual a 1 pu, similar ao valor na extremidade de envio, a extremidade receptora deve aparecer "equivalentemente", como mostrado na Figura 10.2b, em que a resistência equivalente absorve P_R e o capacitor equivalente fornece a potência reativa igual a $|Q_R|$. Quanto maior o valor da carga, maior poderão ser δ e I, resultando em uma demanda maior de potência reativa.

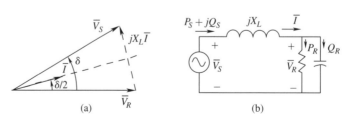

FIGURA 10.2 Diagrama fasorial e circuito equivalente com $V_S = V_R = 1$ pu.

É útil saber, também, o que acontece na extremidade de envio da linha de transmissão. Com base no diagrama fasorial da Figura 10.2a, pode-se observar que a potência reativa na extremidade de envio é a mesma, em magnitude, que Q_R, mas oposta em polaridade

$$Q_S = -Q_R \tag{10.8}$$

Portanto, a extremidade de envio fornece potência reativa — por exemplo, o gerador na extremidade de envio opera sobre-excitado e a susceptência do lado da extremidade de envio contribui para ele também de certa maneira.

Na linha de transmissão, a potência reativa consumida pode ser calculada como

$$Q_{Linha} = I^2 X_L \tag{10.9}$$

Assim como as potências ativas, a potência reativa fornecida ao sistema deve ser igual à soma das potências reativas consumidas. Desse modo

$$Q_S = Q_R + \underbrace{I^2 X_L}_{Q_{Linha}} \tag{10.10}$$

Utilizando a Equação 10.8 na Equação 10.10, a potência reativa consumida pela linha é duas vezes $|Q_R|$:

$$I^2 X_L = Q_{Linha} = 2|Q_R| \tag{10.11}$$

Na Figura 10.1, a linha de transmissão é representada por elementos concentrados e a discussão que a segue mostra o que acontece nos terminais, com o que se está principalmente interessado. Entretanto, a linha de transmissão tem parâmetros distribuídos, como apresentado na Figura 10.3a. Assuma que as tensões nas duas extremidades sejam mantidas em 1 pu. Se essa linha de transmissão, supondo que seja sem perdas, estiver carregada pela potência natural (SIL) $P_R = SIL$, então o perfil da tensão ao longo da linha de transmissão poderia ser plano, como mostrado pela linha sólida na Figura 10.3b, em que a potência reativa consumida por unidade de comprimento da linha é fornecida pelas capacitâncias *shunt* distribuídas. Sob uma condição de carga pesada, com $P_R > SIL$, o perfil da tensão poderia afundar, como apresentado na Figura 10.3b, e a potência reativa deveria ser fornecida por ambas as extremidades. O oposto é verdade sob cargas leves, com $P_R < SIL$, como na Figura 10.3b, em que a potência reativa fornecida pelos capacitores *shunt* da linha de transmissão deve ser absorvida em ambas as extremidades para manter as tensões em 1 pu.

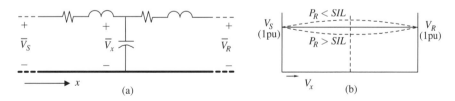

FIGURA 10.3 Perfil da tensão ao longo da linha de transmissão.

10.3 COLAPSO DE TENSÃO

Outra vez, considere um sistema radial similar ao da Figura 10.1b, apresentado na Figura 10.4a, alimentando uma carga no extremo receptor. Para começar, considere uma carga com fator de potência unitário, com $Q_R = 0$.

Com base na Equação 10.5,

$$V_R = V_S \cos \delta \tag{10.12}$$

e substituindo-a na Equação 10.4

$$P_R = \frac{V_S^2}{X_L} \cos\delta \, \text{sen}\,\delta \qquad (10.13)$$

Para determinar a máxima potência transferida, efetuando a derivada parcial na Equação 10.13 com respeito ao ângulo δ e igualando-a a zero, o resultado é

$$\frac{\partial P_R}{\partial \delta} = \frac{V_S^2}{X_L}\left(\cos^2\delta - \text{sen}^2\delta\right) = 0 \qquad (10.14)$$

da qual

$$\delta = \pi/4 \qquad (10.15)$$

Portanto, a máxima potência transferida ocorre em $\delta = \pi/4$ e, utilizando essa condição na Equação 10.13,

$$P_{R,\text{máx}} = \frac{V_S^2}{2X_L} \qquad (10.16)$$

e

$$V_R \simeq 0{,}7\,V_S \qquad (10.17)$$

Para normalizar P_R, divide-se essa variável pela potência natural, SIL. Com $Q_R = 0$, correspondente ao fator de potência unitário, a relação de tensões V_R/V_S é representada graficamente na Figura 10.4b em função da potência ativa normalizada transferida, P_R. Curvas similares são representadas graficamente para cargas atrasadas e adiantadas, com fator de potência de 0,9, para ilustração. Essas curvas "nariz" mostram que, conforme a carga da linha é incrementada, a tensão na extremidade receptora cai e alcança um ponto "crítico", o qual depende do fator de potência, além do qual qualquer carga adicional (reduzindo a resistência da carga) na extremidade receptora acabará resultando em potência menor, até o ponto em que a tensão na extremidade receptora colapse.

Uma carga com fator de potência atrasado é pior para a estabilidade de tensão se comparada a uma carga com fator de potência unitário. Com base na Figura 10.4b, pode-se constatar que, para obter uma tensão na extremidade receptora perto de 1 pu com um fator de potência atrasado, seria necessário que a tensão na extremidade de envio fosse inaceitavelmente alta.

Como apresentado na Figura 10.4b, cargas com fator de potência adiantado resultam em tensão maior em comparação a cargas com fator de potência atrasado. Contudo, mesmo em fator de potência adiantado, na qual se poderia acreditar que a tensão na extremidade receptora seria superior à normal e a estabilidade de tensão não deveria suscitar preocupação, um leve incremento na potência pode conduzir a um ponto crítico e a um possível colapso da tensão.

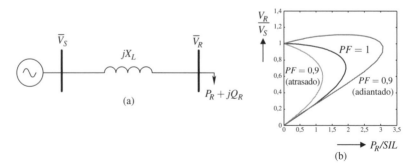

FIGURA 10.4 Colapso de tensão em um sistema radial (exemplo de uma linha de 345 kV de 200 km de comprimento).

10.4 PREVENÇÃO DA INSTABILIDADE DA TENSÃO

Como demonstra a análise acima, a instabilidade da tensão é o resultado de sistemas altamente carregados. Embora isto tenha sido ilustrado utilizando-se um sistema radial simples, a mesma análise pode ser aplicada a um sistema altamente interligado. A instabilidade de tensão está associada à falta de potência reativa e, portanto, é necessário garantir potência reativa de reserva. Vários meios para aumentar essa reserva são discutidos a seguir.

10.4.1 Geradores Síncronos

Os geradores síncronos podem fornecer potência reativa indutiva e capacitiva controlando sua excitação e são a principal fonte de potência reativa. Como discutido anteriormente, cargas mais pesadas requerem mais suporte de potência reativa na extremidade receptora e também na extremidade de envio. Contudo, os geradores síncronos são limitados em relação à quantidade de potência reativa que eles podem fornecer, como demonstrado na Figura 10.5 por uma família de curvas correspondentes a várias pressões de hidrogênio usado para refrigeração na tensão nominal. Um valor positivo de Q significa potência reativa fornecida pelo gerador no modo sobre-excitado. Conforme apresentado, há três regiões distintas de capacidades de potência reativa em função da potência ativa P, a qual depende da potência mecânica na entrada.

Na região A, a capacidade de potência reativa está limitada pelo aquecimento devido à corrente na armadura (estator) e, portanto, a magnitude da potência aparente $|S|(= \sqrt{P^2 + Q^2})$ não deve exceder seu valor nominal em regime permanente. Na região B, o gerador está operando sobre-excitado e está limitado pelo aquecimento da corrente de campo. Na região C, o gerador está operando subexcitado e o aquecimento na extremidade do núcleo gerador, como explicado em Kundur [1], pode ser um problema que limite a corrente de armadura. Geralmente, a interseção das regiões A e B indicam a potência nominal do gerador síncrono em MVA e o fator de potência na tensão nominal. Curvas similares àquelas da Figura 10.5 podem ser representadas graficamente para tensões diferentes de 1 pu.

Em geradores síncronos, o controle convencional da excitação pode ser lento demais para reagir. Portanto, é preferível usar um controle de excitação baseado em tiristores de atuação rápida em conjunto com um estabilizador de sistema de potência — *power system stabilizer* (PSS) — para amortecer as oscilações do rotor. Outra possível solução para resposta rápida é operar com o gerador sobre-excitado, de forma que estará produzindo normalmente mais potência reativa que o necessário, sendo que a potência reativa extra será consumida por reatores *shunt* (em derivação). Sob contingências de tensão, os reatores *shunt* podem ser desconectados rapidamente, tornando disponível para o sistema aquela potência reativa extra.

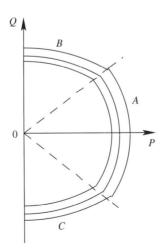

FIGURA 10.5 Capacidade de fornecimento de potência reativa de geradores síncronos.

10.4.2 Compensadores Estáticos de Potência Reativa

Ultimamente, para controle de tensão, equipamentos estáticos de potência reativa baseados em eletrônica de potência foram propostos e implementados. Esses são classificados sob a categoria de sistemas de transmissão CA flexíveis — *Flexible AC Transmission Systems* (FACTS). Mais a respeito pode ser lido em Hingorani [4]. Seus princípios de operação são brevemente explicados nesta seção.

A necessidade de potência reativa em dada área pode ser atendida por um equipamento em derivação como o mostrado na Figura 10.6a, em que o sistema investigado para os propósitos desta explicação pode ser representado por seu equivalente Thevenin, incluindo a carga naquele barramento onde o equipamento deve ser conectado. A impedância Thevenin é mais reativa e é considerada reatância pura, de forma a simplificar a explicação. Com base na Figura 10.6a,

$$\overline{V}_{barramento} = \overline{V}_{Th} - jX_{Th}\overline{I} \qquad (10.18)$$

Conforme os diagramas fasoriais apresentados na Figura 10.6b, se $\overline{I}$ está adiantada em relação a $\overline{V}_{barramento}$, então $\overline{V}_{barramento}$ é mais elevada que V_{Th}, devido à queda de tensão na reatância Thevenin. O efeito oposto ocorre se $\overline{I}$ está atrasada em relação a $\overline{V}_{barramento}$. É importante reconhecer, da Equação 10.18, que a presença de equipamento em derivação afeta a magnitude da tensão do barramento por meio da queda de tensão em X_{Th}: quanto menor for a reatância de Thevenin, menor será o efeito na tensão do barramento. Por exemplo, se o valor de X_{Th} aproxima-se de zero, nenhuma quantidade de corrente afetaria a tensão do barramento.

Os equipamentos de compensação em derivação podem consistir nos bancos de capacitores que são chaveados por meios mecânicos ou por tiristores conectados em antiparalelo, como apresentado na Figura 10.7a. Uma pequena indutância mostrada em série é utilizada principalmente para minimizar as correntes transitórias durante o chaveamento de entrada de operação (ligamento). Na ausência de pulsos de disparo nos tiristores, estes permanecem

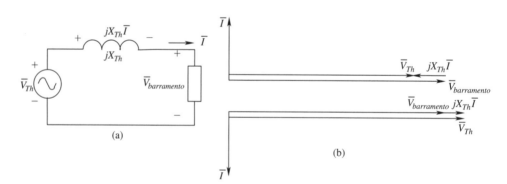

FIGURA 10.6 Efeito das correntes adiantadas e atrasadas devido ao equipamento de compensação em derivação.

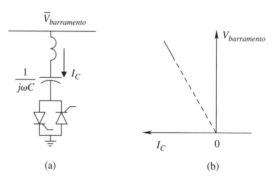

FIGURA 10.7 Característica V-I do *static VAR compensator* (SVC).

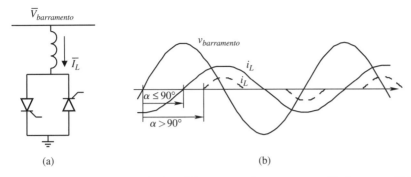

FIGURA 10.8 Reator controlado a tiristores — *thyristor controlled reactor* (TCR).

sem conduzir, enquanto, aplicando pulsos contínuos a ambos os tiristores, se assegura que a corrente através do par possa fluir em uma ou outra direção, como se fosse uma chave mecânica a que estivessem ligados. Geralmente, os bancos de capacitores chaveados por tiristores são referidos como compensadores estáticos de VAR — *static VAR compensators* (SVC). A característica V-I de um SVC é uma linha reta, como mostrado na Figura 10.7b, em que a magnitude da corrente I_C varia linearmente com a tensão do barramento, conforme $(\omega C) V_{barramento}$.

O equipamento de compensação em derivação pode consistir em reator, como apresentado na Figura 10.8a. Aqui, o par de tiristores pode ser projetado para atuar como uma chave, como o discutido anteriormente a respeito de bancos de capacitores, chaveando o reator para conectá-lo ou desconectá-lo. Contudo, é possível controlar o ângulo de disparo de cada tiristor, como apresentado na Figura 10.8b, e, por conseguinte controlar a corrente através do reator, controlando assim sua reatância efetiva e a potência reativa fornecida por ele. Neste modo, o equipamento compensador é chamado reator controlado a tiristores — *thyristor controlled reactor* (TCR). Em altas tensões, o reator é totalmente "conectado" com um ângulo de atraso de 90° ou menor. Abaixo de certo valor limiar da tensão, o controlador começa a aumentar o ângulo de atraso. Quando o ângulo de atraso alcança 180°, o reator está completamente desligado.

É possível ter ambos TCR e SVC em paralelo, como apresentado na Figura 10.9. Ao controlar-se o ângulo de atraso do TCR, a combinação paralela pode ser controlada para ou fornecer ou absorver potência reativa, cuja magnitude também pode ser controlada.

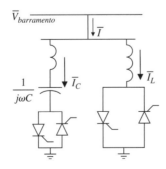

FIGURA 10.9 Combinação paralela de SVC e TCR.

10.4.2.1 STATCOMs

Adicionalmente aos SVCs e TCRs, é possível empregar compensadores estáticos (STATCOMs), que são conversores de enlace de tensão, conforme a Figura 10.10. Como discutido no Capítulo 7, que trata das linhas de transmissão HVDC, é possível sintetizar tensões senoidais trifásicas de uma fonte CC, por exemplo, a partir da tensão CC em um capacitor.

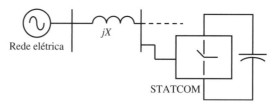

FIGURA 10.10   STATCOM.

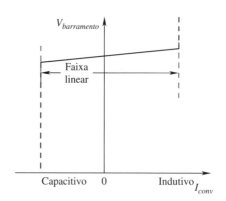

FIGURA 10.11   Característica V-I do STATCOM.

Um pequeno indutor está conectado à saída CA do STATCOM, o que não pode ser visto na Figura 10.10, que é utilizado principalmente para propósitos de filtragem e tem reduzida queda da tensão na frequência fundamental.

Em um STATCOM, a tensão na frequência da rede é sintetizada na saída do conversor através da tensão do barramento CC nos terminais do capacitor; essa mesma tensão do barramento CC é criada e mantida pela transferência de uma pequena quantidade de potência ativa do sistema CA ao conversor para superar as perdas no conversor. De outro modo, não há transferência de potência ativa através do conversor, somente potência reativa controlada, como em um indutor ou como em um capacitor. Um STATCOM pode absorver correntes controláveis capacitivas ou indutivas independentemente da tensão do barramento. Portanto, um STATCOM pode ser considerado uma fonte de corrente reativa controlável no barramento ao qual ele está conectado. Sua característica V-I é mostrada na Figura 10.11, na qual as linhas verticais representam a corrente nominal do equipamento.

10.4.3   Sistemas HVDC

Se a potência transferida entre dois sistemas ou áreas utilizam um elo de corrente contínua (sistema HVDC), então os conversores em ambos os lados do elo CC podem independentemente fornecer ou absorver potência reativa, conforme necessário.

10.4.4   Compensador Série Controlado a Tiristores

Outros meios para controlar a tensão são os capacitores série que reduzem o valor efetivo de X_L na equação de potência da Equação 10.4. Adicionalmente aos capacitores série, é possível inserir um compensador série controlado a tiristores – *thyristor-controlled serie compensator* (TCSC), como apresentado na Figura 10.12.

Nos TCSCs, a indutância efetiva do indutor em paralelo com o capacitor pode ser controlada pelos ângulos de condução dos tiristores e, por conseguinte, controlar a reatância efetiva do TCSC para aparecer como capacitiva ou indutiva. Um equipamento desse tipo está em operação no oeste dos Estados Unidos — esse assunto pode ser encontrado em Breuer [5].

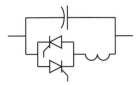

FIGURA 10.12 Compensador série controlado a tiristores (TCSC) [4].

10.4.5 Controlador de Fluxo de Potência Unificado e Controle de Ângulo de Fase Estático

Além dos equipamentos FACTS mencionados anteriormente, há equipamentos adicionais que podem ajudar diretamente ou indiretamente na estabilidade da tensão. Com base na Equação 10.4, um dispositivo conectado a um barramento na subestação, como apresentado na Figura 10.13a, pode influenciar no fluxo de potência de três formas:

1. Controlando as magnitudes das tensões;
2. Alterando a reatância da linha e/ou X;
3. Alterando o ângulo de potência δ.

Um desses equipamentos, chamado controlador de fluxo de potência unificado — *unified power flow controller* (UPFC) [4], pode afetar o fluxo de potência em qualquer combinação das formas listadas acima. O diagrama de blocos de um UPFC é mostrado na Figura 10.13a de um dos lados da linha de transmissão. Ele consiste em dois conversores chaveados de fonte de tensão. O primeiro conversor injeta uma tensão $\overline{E}_3$ em série, com a tensão de fase tal que

$$\overline{E}_1 + \overline{E}_3 = \overline{E}_2 \tag{10.19}$$

Portanto, controlando a magnitude e a fase da tensão injetada $\overline{E}_3$ no círculo da Figura 10.13b, a magnitude e a fase da tensão do barramento $\overline{E}_2$ pode ser controlada. Se uma componente da tensão injetada $\overline{E}_3$ é feita para que seja deslocada 90°, por exemplo, adiantada em relação ao fasor da corrente $\overline{I}$, então a reatância X da linha de transmissão é parcialmente compensada.

O segundo conversor em um UPFC é necessário pela seguinte razão: como o conversor 1 injeta uma tensão série $\overline{E}_3$, ele entrega a potência ativa P_1 e a potência reativa Q_1 à linha de transmissão (em que P_1 e Q_1 podem ser positivas ou negativas):

$$P_1 = 3\mathrm{Re}\left(\overline{E}_3 \overline{I}^*\right) \tag{10.20}$$

$$Q_1 = 3\mathrm{Im}\left(\overline{E}_3 \overline{I}^*\right) \tag{10.21}$$

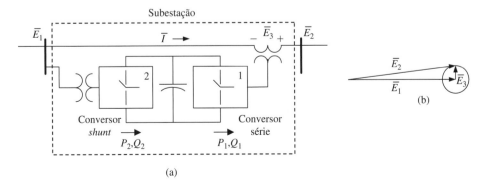

FIGURA 10.13 Controlador de fluxo de potência unificado (UPFC).

Desde que não exista capacidade de armazenar energia em regime permanente dentro do UPFC, a potência P_2 no conversor 2 deve ser igual à P_1 se as perdas forem ignoradas:

$$P_2 = P_1 \tag{10.22}$$

Entretanto, a potência reativa Q_2 não admite nenhuma relação com Q_1 e pode ser independentemente controlada de acordo com os valores nominais da tensão e corrente do conversor 2:

$$Q_2 \neq Q_1 \tag{10.23}$$

Controlando Q_2 para controlar a magnitude da tensão do barramento $\bar{E}_1$, o UPFC proporciona a mesma funcionalidade que um compensador estático reativo STATCOM. Um UPFC combina várias outras funções: compensador estático de VAR, transformador deslocador de fase e compensador série controlado.

REFERÊNCIAS

1. P. Kundur, *Power System Stability and Control*, McGraw-Hill, 1994.
2. C.W. Taylor, *Power System Voltage Stability*, McGraw-Hill, 1994 (for reprints, Email: cwtaylor@ieee.org).
3. *PowerWorld* Computer Program, (http://www.powerworld.com).
4. N. Hingorani, L. Gyugyi, *Understanding FACTS : Concepts and Technology of Flexible AC Transmission Systems*, Wiley-IEEE Press, 1999.
5. W. Breuer, D. Povh, D. Retzmann, Ch. Urbanke, M. Weinhold, "Prospects of Smart Grid Technologies for a Sustainable and Secure Power Supply," The 20th World Energy Congress and Exposition, Rome, Italy, November 11-25, 2007.

EXERCÍCIOS

10.1 No exemplo de fluxo de potência do Capítulo 5 referente ao sistema de três barramentos, qual é a compensação de potência reativa necessária para levar a tensão do barramento 3 a 1 pu?

10.2 No exemplo de fluxo de potência do Capítulo 5 referente ao sistema de três barramentos, qual será a tensão no barramento 3 se a demanda de potência nesse barramento for reduzida em 50 %?

10.3 Com base na sensibilidade da tensão em relação à variação da potência reativa no barramento 3, como calculado no Capítulo 5 para o sistema de potência usado como exemplo, qual é a potência reativa necessária no barramento 3 para levar sua tensão a 1 pu? Compare esse resultado com aquele do Exercício 10.1.

10.4 Calcule a potência reativa consumida pelas três linhas de transmissão no sistema de potência usado como exemplo no Capítulo 5.

10.5 Se a compensação de potência reativa no Exercício 10.1 for fornecida por capacitores *shunt*, calcule seu valor.

10.6 Se a compensação de potência reativa no Exercício 10.1 for fornecida por um STATCOM, calcule o equivalente $\bar{V}_{conv}$ em pu; considere X igual a 0,01 pu, no sistema mostrado na Figura 10.10.

10.7 No exemplo de fluxo de potência do Capítulo 5, qual será o efeito na tensão do barramento 3 se as linhas 1-3 e 2-3 forem compensadas por capacitores série em 50 %?

10.8 No exemplo de fluxo de potência do Capítulo 5, qual deve ser a tensão no barramento 1 para levar a tensão no barramento 3 a 1 pu?

10.9 Porque o desempenho dos STATCOMs é superior ao desempenho dos capacitores *shunt*?

EXERCÍCIOS BASEADOS EM PSCAD/EMTDC

10.10   Modele um TCR como descrito no material disponível no *site* da LTC Editora.

10.11   Modele um TCSC como descrito no material disponível no *site* da LTC Editora.

EXERCÍCIOS BASEADOS NO *POWERWORLD*

10.12   Confirme os resultados do Exercício 10.1.

10.13   Confirme os resultados do Exercício 10.2.

10.14   Confirme os resultados do Exercício 10.4.

10.15   Confirme os resultados do Exercício 10.5.

10.16   Confirme os resultados do Exercício 10.6.

10.17   Confirme os resultados do Exercício 10.7.

10.18   Confirme os resultados do Exercício 10.8.

11
ESTABILIDADE TRANSITÓRIA E DINÂMICA DE SISTEMAS DE POTÊNCIA

11.1 INTRODUÇÃO

Em sistemas de potência interligados, tal como o sistema da América do Norte, milhares de geradores operam normalmente em sincronismo uns com os outros. Eles compartilham as cargas com base em estudos de despacho econômico e em fluxos de potência ótimos, como discutido no próximo capítulo. Mas grandes distúrbios, ainda que momentâneos, tais como uma falta no sistema, perda de geração ou perda repentina de carga podem ameaçar essa operação síncrona. Portanto, a capacidade de um sistema de potência em manter o sincronismo quando submetido a alguma das perturbações anteriormente mencionadas é chamado de estabilidade transitória. Um sistema interligado deve ter também amortecimento suficiente para manter a estabilidade dinâmica, como será explicado neste capítulo.

11.2 PRINCÍPIO DE ESTABILIDADE TRANSITÓRIA

O princípio da estabilidade transitória pode ser ilustrado por um sistema simples com um gerador conectado por um transformador e duas linhas em paralelo a um barramento infinito, considerado como fonte ideal de tensão $\bar{V}_B (= V_B \angle 0)$, como apresentado na Figura 11.1a.

A potência mecânica entregue pela turbina é P_m, e é igual à potência elétrica de saída do gerador P_e em regime permanente, supondo que todas as perdas do gerador sejam zero. Como discutido no Capítulo 9, sob condições transitórias, utilizando o modelo de fluxo constante, um gerador síncrono pode ser representado por uma fonte de tensão de amplitude constante atrás da reatância transitória X'_d do gerador, como apresentado na Figura 11.1b, em que $\bar{E}' (= E' \angle \delta)$ é tal que em regime permanente, antes da falta, o circuito equivalente da Figura 11.1b resulta em $P_e = P_m$. Na Figura 11.1b, X_{tr} é a reatância de dispersão do transformador. Ignorando todas as perdas no sistema da Figura 11.1b, como discutido no Capítulo 2, a potência elétrica, em MW, entregue pelo gerador ao barramento infinito é

$$P_e = \frac{E' V_B}{X_{T1}} \operatorname{sen} \delta \tag{11.1}$$

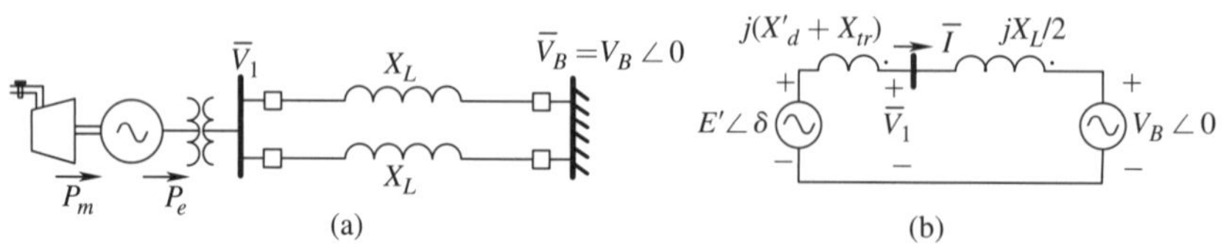

FIGURA 11.1 Sistema simples de um gerador conectado a um barramento infinito.

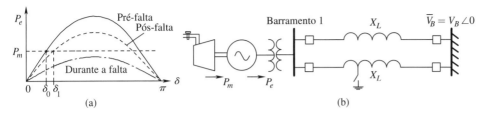

FIGURA 11.2 Características potência-ângulo.

em que E e V_B são as magnitudes das duas tensões, em kV, deslocadas em um ângulo δ (em radianos elétricos) e conectadas por meio da reatância total X_{T1} (em Ω), que é a soma da reatância transitória X'_d, a reatância de dispersão do transformador X_{tr} e a reatância das duas linhas de transmissão em paralelo $X_L/2$. Se a duração desse estudo de estabilidade transitória for de um segundo ou menos, é razoável supor como uma aproximação de primeira ordem que o sistema de excitação do gerador não pode responder em tão curto tempo. Portanto a magnitude da tensão atrás da reatância transitória pode ser considerada constante. De forma similar, o servoacionamento de controle da turbina, seja ela uma turbina hidráulica ou a vapor, pode não reagir nesse curto tempo. Por isso, a potência mecânica de entrada P_m da turbina ao gerador pode ser considerada constante.

Em regime permanente, o gerador está girando a uma velocidade mecânica ω_m (em radianos mecânicos por segundo), que é igual à velocidade síncrona. A potência elétrica de saída do gerador, P_e, baseada na Equação 11.1, é representada graficamente na Figura 11.2a em função do ângulo do rotor δ (em radianos elétricos) associado à tensão do gerador. Em regime permanente, antes do distúrbio, $P_e = P_m$ e o ângulo inicial do rotor é δ_0, como apresentado na Figura 11.2a.

Se uma falta ocorrer, por exemplo, em uma das linhas de transmissão, como na Figura 11.2b, então durante a falta a capacidade para transferir a potência elétrica P_e diminui por causa da queda da tensão no barramento 1, representado pela curva tracejada na Figura 11.2a. Leva-se um tempo (chamado "tempo de eliminação da falta") para isolar a linha com defeito por meio dos disjuntores nas duas extremidades e, após o tempo de eliminação de falta, o gerador e o barramento infinito ficam conectados pela linha de transmissão restante. Utilizando uma equação similar à Equação 11.1, a curva potência-ângulo para a situação pós-falta é mostrada tracejada na Figura 11.2a. Fica claro na Figura 11.2a que se o sistema for estável, o novo valor do ângulo do rotor em regime permanente será δ_1. Nesta seção será examinada a dinâmica de como o ângulo do rotor alcança esse novo regime permanente, supondo que a estabilidade transitória seja mantida.

11.2.1 Oscilação do Ângulo do Rotor

Durante e após um distúrbio, até que um novo regime permanente seja alcançado, $P_e \neq P_m$. Como explicado no Apêndice 11A, essa diferença resultará em um torque elétrico T_e, que não é igual ao torque mecânico T_m, de forma que a diferença entre esses torques fará com que a velocidade do rotor ω_m se altere um pouco em relação à velocidade síncrona. Portanto, o ângulo do rotor δ_m, em radianos mecânicos por segundo, pode ser descrito como

$$J_m \frac{d^2 \delta_m}{dt^2} = T_m - T_e \qquad (11.2)$$

em que J_m é o momento de inércia do sistema girante, que atua sobre o torque de aceleração, o qual é a diferença do torque mecânico de entrada T_m e o torque oposto do gerador elétrico T_e. Como descrito no Capítulo 9, deve-se notar que o ângulo do rotor δ_m é uma medida do deslocamento angular ou da posição do rotor em relação a um eixo de referência girante à velocidade síncrona. Multiplicando ambos os lados da Equação 11.2 pela velocidade mecânica do rotor ω_m, e assumindo que o produto do torque com a velocidade é igual à potência, a Equação 11.2 pode ser reescrita como

$$\omega_m J_m \frac{d^2\delta_m}{dt^2} = P_m - P_e \tag{11.3}$$

Para expressar a equação acima "por unidade", um novo parâmetro relacionado à inércia H_{gen} é definido, cujo valor fica em uma faixa estreita de 3–11 s para turboalternadores e na faixa de 1–2 s para hidrogeradores. Esse parâmetro é definido como a razão entre a energia cinética da massa girante à velocidade síncrona $\omega_{sin,m}$ em radianos mecânicos por segundo e a potência trifásica nominal (em VA) $S_{nominal,gen}$ do gerador:

$$H_{gen} = \frac{\frac{1}{2}J_m\omega_{sin,\,m}^2}{S_{nominal,\,gen}} \tag{11.4}$$

Substituindo por J_m em termos de H_{gen} definida na Equação 11.4, a Equação 11.3 pode ser escrita como

$$\left(\frac{\omega_m}{\omega_{sin,\,m}^2}\right) 2H_{gen} \frac{d^2\delta_m}{dt^2} = P_{m,gen,pu} - P_{e,gen,pu} \tag{11.5}$$

em que P_m e P_e estão em "por unidade" na base de potência do gerador $S_{nominal,gen}$. Geralmente, a base de potência do sistema $S_{sistema}$ é escolhida como 100 MVA. Independentemente do valor escolhido de $S_{sistema}$, em "por unidade" da base de potência do sistema, a Equação 11.5 pode ser escrita como

$$\left(\frac{\omega_m}{\omega_{sin,\,m}^2}\right) 2H \frac{d^2\delta_m}{dt^2} = P_{m,pu} - P_{e,pu} \tag{11.6}$$

em que $P_{m,pu}$ e $P_{e,pu}$ estão em "por unidade" na base de potência do sistema $S_{sistema}$ e

$$H = H_{gen}\left(\frac{S_{nominal,\,gen}}{S_{sistema}}\right) \tag{11.7}$$

Deve-se notar que, mesmo sob uma condição transitória, é razoável supor, na Equação 11.6, que a velocidade mecânica ω_m é aproximadamente igual à velocidade síncrona correspondente à frequência do barramento infinito, isto é, $\omega_m \approx \omega_{sin,m}$. Portanto, a Equação 11.6 pode ser reescrita como

$$\frac{2H}{\omega_{sin,\,m}} \frac{d^2\delta_m}{dt^2} = P_{m,pu} - P_{e,pu} \tag{11.8}$$

Na Equação 11.8, tanto as quantidades do ângulo de deslocamento quanto a velocidade síncrona podem ser expressas em radianos elétricos

$$\frac{2H}{\omega_{sin}} \frac{d^2\delta}{dt^2} = P_{m,pu} - P_{e,pu} \tag{11.9}$$

A equação acima é chamada equação de oscilação, que descreve como o ângulo δ oscila devido ao desequilíbrio entre a potência mecânica de entrada e a potência elétrica de saída do gerador. Para calcular a dinâmica de velocidade e ângulo em função do tempo, vários métodos numéricos sofisticados podem ser utilizados. Entretanto, para ilustrar o princípio básico vai-se utilizar o método de Euler, que é o mais simples, no qual se assume que a integração com o tempo se dá com um incremento de tempo Δt que seja suficientemente pequeno, durante o qual $(P_m - P_e)$ pode ser considerado constante. Com essa suposição, integrando no tempo ambos os lados da Equação 11.9,

$$\frac{d\delta}{dt}\bigg|_t = \omega(t) = \omega(t - \Delta t) + \frac{\omega_{sin}}{2H}(P_{m,pu} - P_{e,pu})\Delta t \tag{11.10}$$

De forma similar, assumindo que a velocidade na Equação 11.10 seja constante em $\omega(t - \Delta t)$ durante Δt,

$$\delta(t) = \delta(t - \Delta t) + \omega(t - \Delta t)\Delta t \quad (11.11)$$

As Equações 11.10 e 11.11 mostram a dinâmica do rotor em termos de sua velocidade ω e o ângulo δ em função do tempo. Em um sistema simples, com um gerador conectado a um barramento infinito, o Exemplo 11.1 abaixo mostra a dinâmica do rotor.

Exemplo 11.1

Considere o sistema simples discutido anteriormente na Figura 11.2b. A tensão no barramento infinito é $\overline{V}_B = 1 \angle 0$ pu. A magnitude da tensão no barramento 1 é $V_1 = 1,05$ pu. O gerador tem uma reatância transitória $X'_d = 0,28$ pu em uma base de 22 kV (L–L) e a potência base trifásica é 1500 MVA. Na base do gerador, $H_{gen} = 3,5$ s. O transformador eleva 22 kV a 345 kV e tem uma reatância de dispersão de $X_{tr} = 0,2$ pu em sua base de 1500 MVA. As duas linhas de transmissão de 345 kV são de 100 km de comprimento e cada uma tem uma reatância série de 0,367 Ω/km, em que a resistência série e a capacitância *shunt* são ignoradas. Inicialmente, o fluxo de potência trifásico do gerador ao barramento infinito é 1500 MW.

Um curto-circuito trifásico com contato para o terra ocorre em uma das linhas, a 20 % de distância do barramento 1. Calcule a oscilação máxima do ângulo do rotor δ_m se o tempo de eliminação da falta é 40 ms, sendo que a linha em falta é isolada do sistema pelos disjuntores nas duas extremidades da linha.

Solução Este exemplo é resolvido utilizando-se um programa escrito no MATLAB, que é verificado por meio de sua solução no *PowerWorld* — disponível no *site* [1]. Os dois estão descritos no material disponível no *site* da LTC Editora. O gráfico de oscilação do ângulo do rotor é mostrado na Figura 11.3; essas oscilações repetem-se uma vez que nenhum amortecimento é incluído no modelo.

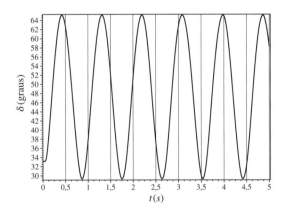

FIGURA 11.3 Oscilação do rotor no Exemplo 11.1.

11.2.2 Determinação da Estabilidade Transitória Utilizando o Critério das Áreas Iguais

Considere o sistema simples discutido anteriormente, repetido na Figura 11.4a, em que uma falta ocorre em uma das linhas de transmissão, que é eliminada depois de um tempo $t_{c\ell}$ pelo isolamento da linha em defeito do sistema. Em regime permanente antes da falta, $d\delta/dt = 0$ em δ_0, que é o valor inicial em regime permanente de δ na Figura 11.4b, é dado pela interseção da linha horizontal que representa P_m e a curva pré-falta.

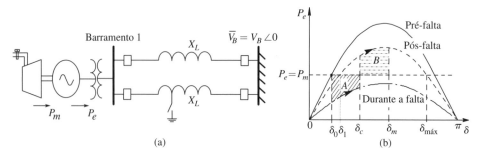

FIGURA 11.4 Falta em uma das linhas de transmissão.

O comportamento do ângulo do rotor pode ser determinado pela multiplicação de ambos os lados da Equação 11.9 por $d\delta/dt$:

$$2\frac{d\delta}{dt}\frac{d^2\delta}{dt^2} = \frac{\omega_{sín}}{H}\left(P_{m,pu} - P_{e,pu}\right)\frac{d\delta}{dt} \quad (11.12)$$

Substituindo δ na equação acima por θ e integrando ambos os lados com respeito ao tempo, obtém-se

$$\int \left(2\frac{d\theta}{dt}\frac{d^2\theta}{dt^2}\right)dt = \frac{\omega_{sín}}{H}\int \left(P_{m,pu} - P_{e,pu}\right)\frac{d\theta}{dt}dt \quad (11.13)$$

em que a integral do lado esquerdo é igual a $(d\theta/dt)^2$. Portanto, na Equação 11.13, com base no ângulo inicial δ_0, em que $d\delta/dt = 0$, para um ângulo arbitrário δ

$$\left(\frac{d\delta}{dt}\right)^2 = \frac{\omega_{sín}}{H}\int_{\delta_0}^{\delta} \left(P_{m,pu} - P_{e,pu}\right)d\delta \quad (11.14)$$

Em um sistema estável, o valor máximo do ângulo do rotor alcançará algum valor δ_m, como na Figura 11.4b, e nesse instante $d\delta/dt$ (velocidade) mais uma vez torna-se zero, e logo o valor de δ começa a decrescer. Substituindo essa condição na Equação 11.14,

$$\frac{\omega_{sín}}{H}\int_{\delta_0}^{\delta_m} \left(P_{m,pu} - P_{e,pu}\right)d\delta = 0 \quad (11.15)$$

Na Equação 11.15 e na Figura 11.4b, $P_e = P_{e,falta}$ durante a duração da falta, com $\delta_0 < \delta < \delta_{c\ell}$, e $P_e = P_{e,pós\text{-}falta}$ depois de a falta ser eliminada, com $\delta_{c\ell} \le \delta \le \delta_m$. Portanto, a Equação 11.15 pode ser escrita como

$$\underbrace{\int_{\delta_0}^{\delta_c}\left(P_{m,pu} - P_{e,\,falta,pu}\right)d\delta}_{\text{Área A}} - \underbrace{\int_{\delta_c}^{\delta_m}\left(P_{e,\,pós\text{-}falta,pu} - P_{m,pu}\right)d\delta}_{\text{Área B}} = 0 \quad (11.16)$$

que mostra que, em um sistema estável, a área A é igual à área B em magnitude.

Durante o defeito na linha ainda conectada ao sistema, $d\delta/dt$, dada pela Equação 11.14, é positiva na Figura 11.4b desde que a potência mecânica de entrada exceda a potência elétrica de saída e o ângulo do rotor aumente de δ_0 para um novo valor $\delta_{c\ell}$ no tempo de eliminação $t_{c\ell}$. A área A dada pela Equação 11.16 e ilustrada graficamente na Figura 11.4b representa o excesso de energia entregue à inércia do rotor, causando o incremento do ângulo do rotor.

Depois do tempo de eliminação $t_{c\ell}$, quando o ângulo do rotor alcança $\delta_{c\ell}$, os disjuntores nas duas extremidades da linha de transmissão em falta abrem-se para isolar a linha com defeito do resto do sistema e a potência elétrica na saída desloca-se para a curva potência-ângulo pós-falta, representada pela curva pontilhada na Figura 11.4b. Agora, a potência elétrica que sai excede a potência mecânica na segunda parte da integral da Equação 11.16. Portanto, além de $\delta_{c\ell}$ na Figura 11.4b, a velocidade começa a decrescer, embora ainda esteja acima da velocidade síncrona, causando o aumento do ângulo, como mostrado na Figura 11.4b. Quando a área A se iguala à área B em magnitude, o excesso de energia fornecida ao rotor iguala a energia entregue por ele, e a velocidade do rotor retorna à velocidade síncrona original. Nesse momento, o ângulo do rotor alcança seu valor máximo δ_m e, nesse instante, $d\delta/dt = 0$, na Equação 11.14, e a área B se iguala à área A.

Assim, o critério das áreas iguais fornecido pela Equação 11.16 permite determinar o ângulo máximo de oscilação do rotor. Para manter a estabilidade, δ_m, determinado pelo critério das áreas iguais na Equação 11.16, deve ser menor que $\delta_{máx}$, como destacado na Figura 11.4b, a fim de que o gerador se mantenha em sincronismo, como se explicará posteriormente, na seção 11.2.2.1. Após o ângulo do rotor alcançar δ_m, a energia elétrica ainda é maior que a energia mecânica (conforme Figura 11.4b), por isso a velocidade começa a decair e o ângulo δ do rotor começa a decrescer, como apresentado na Figura 11.5.

Com a suposição de ausência de amortecimento, o ângulo poderia oscilar para sempre em torno de δ_1 na Figura 11.5, entre δ_m e δ_2, com as áreas C e D iguais em magnitude.

Contudo, o amortecimento em um sistema real poderia eventualmente acarretar a estabilização do ângulo do rotor em δ_1.

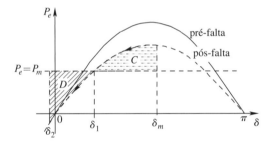

FIGURA 11.5 Oscilações do rotor depois de a falta ser eliminada.

11.2.2.1 Ângulo Crítico de Eliminação da Falta

Considere um caso como o apresentado na Figura 11.6, em que o tempo de eliminação é maior que antes, de forma que, quando as áreas A e B igualam-se em magnitude, δ_m é igual ao $\delta_{máx}$ indicado na Figura 11.6.

A Figura 11.6 representa o caso limite do tempo de eliminação crítico (máximo) e por isso δ_{crit} durante esse tempo, acima do qual a estabilidade poderia ser perdida. Antes de o ângulo do rotor alcançar $\delta_{máx}$, se a inércia do gerador não for capaz de entregar o excesso de

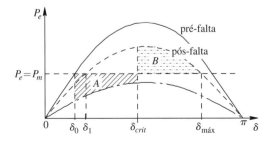

FIGURA 11.6 Ângulo crítico de eliminação da falta.

energia obtido durante o período de falta, o rotor não será capaz de desacelerar. A razão é que, acima de $\delta_{máx}$, a potência mecânica de entrada é maior que a potência elétrica de saída sob a condição pós-falta. Assim, o ângulo do rotor continuará aumentando, resultando na chamada operação "fora de passo", ou sem sincronismo. Isto provocará nos relés a atuação dos disjuntores, isolando o gerador para prevenir danos devidos a correntes excessivas no sistema. Em consequência, a estabilidade será perdida. Portanto, para dado tipo e localização de falta ou mudança súbita na carga elétrica, há um ângulo crítico δ_{crit} correspondente a um tempo de eliminação crítico t_{crit} que resulta na igualdade da área A com a área B em magnitude, como demonstrado na Figura 11.6. Note que $\delta_{máx} = \pi - \delta_1$.

É claro que a discussão acima é teórica. Na prática deve haver uma margem de segurança suficiente para manter a estabilidade transitória.

Exemplo 11.2

Considere o sistema simples discutido anteriormente na Figura 11.4a. A tensão no barramento infinito é $\overline{V}_B = 1 \angle 0$ pu. A magnitude da tensão no barramento 1 é $V_1 = 1,05$ pu. O gerador tem uma reatância transitória $X'_d = 0,28$ pu em uma base de 22 kV (L-L) e a potência base trifásica é 1500 MVA. Na base do gerador, $H_{gen} = 3,5$ s. O transformador eleva 22 kV a 345 kV e tem uma reatância de dispersão de $X_{tr} = 0,2$ pu em sua base de 1500 MVA. As duas linhas de transmissão de 345 kV são de 100 km de comprimento e cada uma tem uma reatância série de 0,367 Ω/km, em que a resistência série e a capacitância *shunt* são ignoradas. Inicialmente, o fluxo de potência trifásico do gerador ao barramento infinito é 1500 MW.

Um curto-circuito trifásico com contato para o terra ocorre em uma das linhas, a 20 % de distância do barramento 1. Calcule a oscilação máxima do ângulo do rotor δ_m, se o ângulo do rotor no tempo de eliminação da falta for 50°.

Solução A solução deste exemplo é realizada utilizando-se um programa do MATLAB, disponível no *site* da LTC Editora. As curvas potência-ângulo para as condições de pré-falta, durante a falta e pós-falta são apresentadas na Figura 11.7, em que inicialmente $\delta_0 = 33,50°$. Os valores de pico das curvas potência-ângulo são calculados considerando-se uma potência base do sistema de 100 MVA: $\hat{P}_{e,\,pré\text{-}falta,\,pu} = 27,17$, $\hat{P}_{e,\,falta,\,pu} = 5,78$ e $\hat{P}_{e,\,pós\text{-}falta,\,pu} = 20,51$. Utilizando esses valores, as curvas potência-ângulo são como mostradas na Figura 11.7.

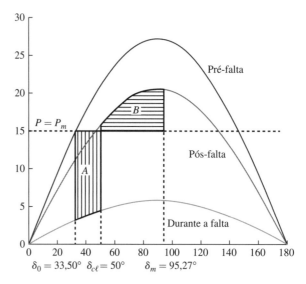

FIGURA 11.7 Curvas de potência-ângulo e critério das áreas iguais no Exemplo 11.2.

Durante a falta, a área A na Figura 11.7 pode ser calculada utilizando-se a Equação 11.16:

$$\text{Área } A = \int_{\delta_0}^{\delta_{c\ell}} (P_{m,pu} - \hat{P}_{e,falta,pu} \operatorname{sen} \delta) d\delta \qquad (11.17)$$
$$= P_{m,pu}(\delta_{c\ell} - \delta_0) + \hat{P}_{e,falta,pu}(\cos \delta_{c\ell} - \cos \delta_0)$$

De forma similar, a área B na Figura 11.7 pode ser calculada com base na Equação 11.16:

$$\text{Área } B = \int_{\delta_{c\ell}}^{\delta_m} (\hat{P}_{e,pós\text{-}falta,pu} \operatorname{sen} \delta - P_{m,pu}) d\delta \qquad (11.18)$$
$$= \hat{P}_{e,pós\text{-}falta,pu}(\cos \delta_{c\ell} - \cos \delta_m) - P_{m,pu}(\delta_m - \delta_{c\ell})$$

Aplicando-se o critério das áreas iguais, a oscilação máxima do ângulo do rotor $\delta_{máx} = 95{,}27°$, como mostrado na Figura 11.7.

11.3 AVALIAÇÃO DA ESTABILIDADE TRANSITÓRIA EM GRANDES SISTEMAS

O método das áreas iguais descreve o princípio por trás da estabilidade transitória. Entretanto, na prática a estabilidade transitória deve ser avaliada na presença de um grande número de geradores. Em tal sistema, como mostrado na Figura 11.8 por meio de um diagrama de blocos, a dinâmica eletromecânica do rotor é representada no domínio do tempo e a rede elétrica é representada no domínio fasorial.

A função da dinâmica eletromecânica é fornecer os ângulos do rotor (ângulos de tensões dos geradores síncronos) enquanto a função dos cálculos fasoriais da rede é calcular a potência elétrica que vários geradores estão fornecendo nesse tempo. Os cálculos fasoriais são feitos assumindo que a rede está em estado quase estacionário. Dessa forma, a frequência da rede no sistema é eliminada. Esse procedimento, como ilustrado no diagrama de blocos da Figura 11.8, permite que grandes passos de tempo sejam tomados com base nas constantes de tempo eletromecânicas do sistema.

É importante que a rede toda não seja calculada no domínio do tempo, o que pode exigir um passo de tempo de simulação curto, fazendo com que o tempo de execução seja proibitivamente longo. É necessário adotar-se procedimento no domínio do tempo utilizando-se um programa como o EMTDC somente se certo fenômeno, por exemplo o desempenho de um capacitor série controlado a tiristores (TCSC), estiver sendo avaliado. O procedimento

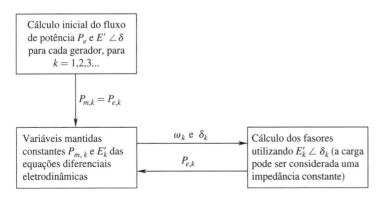

FIGURA 11.8 Diagrama de blocos do programa de estabilidade transitória para um caso de n geradores.

para a análise de estabilidade de grandes redes é ilustrado utilizando-se um sistema de três barramentos no Exemplo 11.3.

Exemplo 11.3

Considere o sistema de três barramentos discutido anteriormente no Capítulo 5 e repetido na Figura 11.9. Esses três barramentos são conectados através de três linhas de transmissão de 345 kV de 200 km, 150 km e 150 km de comprimento, como representado na Figura 5.1, do Capítulo 5. Essas linhas de transmissão consistem em condutores agrupados e têm a reatância de linha de 0,367 Ω/km em 60 Hz. A resistência de linha é 0,0367 Ω/km. Ignore todas as susceptâncias *shunt*. O barramento 1 é uma barra de referência (*slack*) com $V_1 = 1,0$ pu e $\theta_1 = 0$. O barramento 2 é um barramento PV com $V_2 = 1,05$ pu e $P_2^{sp} = 4,0$ pu. O barramento 3 é um barramento PQ com a injeção de $P_3^{sp} = -5,0$ pu e $Q_3^{sp} = -1,0$ pu.

Tanto os transformadores quanto os geradores têm uma potência nominal trifásica de 500 MVA cada um. Ambos os geradores tem uma reatância transitória $X_d' = 0,23$ pu na base de 22 kV (L-L) e sua própria potência base. Também, cada gerador tem $H_{gen} = 3,5$ s na base do gerador. Cada transformador eleva 22 kV a 345 kV e tem uma reatância de dispersão de $X_{tr} = 0,2$ pu em sua própria potência base.

Um curto-circuito trifásico com o terra ocorre na linha 1-2, a um terço de distância do barramento 1. Calcule a oscilação do ângulo do rotor se o tempo de eliminação da falta for 0,1 s, depois do qual a linha de transmissão com defeito é isolada do sistema pelos disjuntores nas duas extremidades da linha 1-2.

Solução A solução deste exemplo utilizando o MATLAB e o *PowerWorld* — disponível no *site* [1] — está na página *on-line* da LTC Editora.

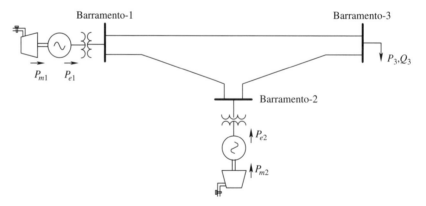

FIGURA 11.9 Um sistema exemplo de 345 kV.

11.4 ESTABILIDADE DINÂMICA

Sem o adequado amortecimento, um sistema de potência interligado pode desenvolver oscilações crescentes de potência — de acordo com Graham Rogers [2] —, causando sua separação e possivelmente resultando em blecaute. Um tipo de incidente assim ocorreu no sistema oeste da interligação EUA/Canadá em 10 de agosto de 1996, como mostrado na representação gráfica das oscilações de potência na Figura 11.10 [3], que deixou milhões de consumidores sem energia.

Esse incidente, entre muitos, ilustra que deveria existir um amortecimento mais adequado no sistema, de modo que as oscilações causadas por variações nas cargas, independentemente do tamanho dessas variações, decaíssem a um novo ponto de operação em regime permanente. Essa situação é considerada como estabilidade dinâmica, que se tornou particularmente importante em sistemas de potência modernos, com controladores de ação rápida utilizados nos sistemas de excitação, em sistemas de transmissão HVDC e nos

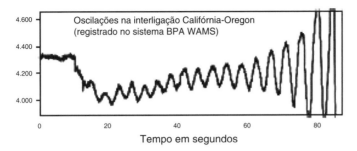

FIGURA 11.10 Oscilações de potência crescentes: sistema oeste da Interligação EUA/Canadá, 10 de agosto de 1996 [3].

equipamentos FACTS [5]. Por meio de um projeto adequado, por exemplo, utilizando-se estabilizadores de sistemas de potência (PSS) em conjunto com excitadores para geradores síncronos e para controle de sistemas HVDC [4], é possível fornecer o amortecimento necessário para manter a estabilidade dinâmica. A compensação com capacitor série nas linhas de transmissão pode causar ressonância subsíncrona, que pode fatigar o eixo do conjunto gerador-turbina e que, portanto, deve ser amortecida. Para a análise da estabilidade dinâmica e o projeto dos controladores correspondentes, é necessário realizar-se uma análise modal que utilize o conceito de autovetores e autovalores. Assim, embora seja um tópico importante, esse assunto está fora do escopo deste primeiro curso em sistemas de potência.

REFERÊNCIAS

1. P. Kundur, *Power System Stability and Control*, McGraw-Hill, 1994.
2. C.W. Taylor, *Power System Voltage Stability*, McGraw-Hill, 1994 (for reprints, Email: cwtaylor@ieee.org).
3. *PowerWorld* Computer Program, (http://www.powerworld.com).
4. N. Hingorani, L. Gyugyi, *Understanding FACTS : Concepts and Technology of Flexible AC Transmission Systems*, Wiley-IEEE Press, 1999.
5. W. Breuer, D. Povh, D. Retzmann, Ch. Urbanke, M. Weinhold, "Prospects of Smart Grid Technologies for a Sustainable and Secure Power Supply," The 20th World Energy Congress and Exposition, Rome, Italy, November 11-25, 2007.

EXERCÍCIOS

11.1 Refaça o Exemplo 11.1 para um tempo de eliminação de falta duas vezes mais longo.

11.2 No Exemplo 11.2, qual é o valor da tensão E', como definida na Figura 11.1b?

11.3 No Exemplo 11.2, qual é o tempo necessário para o ângulo do rotor alcançar $\delta_{c\ell} = 75°$ no instante da eliminação da falta?

11.4 No Exemplo 11.2, qual é o valor de δ_{crit} e qual é o tempo necessário para o ângulo do rotor alcançar aquele valor?

11.5 Refaça o Exemplo 11.3 assumindo que as potências ativa e reativa iniciais no barramento 3 são 75 % de seus valores originais.

11.6 Refaça o Exemplo 11.3 assumindo que as constantes H_{gen} dos geradores são 50% de seu valor original.

11.7 Refaça o Exemplo 11.3 assumindo que a falta ocorre na linha 1-3, a um terço de distância do barramento 1.

APÊNDICE 11A INÉRCIA, TORQUE E ACELERAÇÃO EM SISTEMAS GIRANTES

Geradores síncronos são do tipo girante. Considere uma alavanca, articulada e livre para mover-se, como na Figura 11A.1. Quando uma força externa f é aplicada em direção perpendicular ao raio r do ponto de giro, então o torque atuando na alavanca é

$$\underset{[Nm]}{T} = \underset{[N]}{f}\ \underset{[m]}{r} \tag{11A.1}$$

que atua em sentido anti-horário, considerado aqui como positivo.

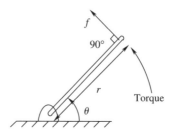

FIGURA 11A.1 Alavanca que pode girar.

No sistema turbina-gerador, as forças mostradas pelas setas na Figura 11A.2 são produzidas pela turbina. A definição de torque na Equação 11A.1 descreve corretamente o torque T_m que causa a rotação da turbina e o gerador síncrono acoplado ao eixo.

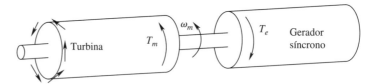

FIGURA 11A.2 Forças e torques em um sistema turbina-gerador.

Em um sistema rotacional, a aceleração angular devido ao torque resultante que atua nele é determinada pelo momento de inércia J_m do sistema todo. O torque resultante T_a que atua no corpo em rotação de inércia J causa nele a aceleração. De forma similar a sistemas com movimento linear em que $f_a = Ma$, a lei de Newton em sistemas rotacionais torna-se

$$T_a = J_m \alpha_m \tag{11A.2}$$

em que a aceleração angular $\alpha_m\ (= d\omega_m/dt)$ em rad/s² é

$$\alpha_m = \frac{d\omega_m}{dt} = \frac{T_m}{J_m} \tag{11A.3}$$

em que o amortecimento é ignorado. No sistema MKS de unidades, um torque de 1 Nm, atuando sobre uma inércia de 1 kg · m², resulta em uma aceleração angular de 1 rad/s².

Em um sistema como o apresemtado na Figura 11A.3a, a turbina produz um torque mecânico T_m. O atrito nos rolamentos e a resistência do vento (arrasto) podem ser combinados com o torque do gerador síncrono T_e oposto à rotação. O torque resultante, a diferença entre o torque mecânico desenvolvido pela turbina e o torque do gerador que se opõe a ele, causa uma aceleração nas inércias combinadas da turbina e do gerador, de acordo com a Equação 11A.3

$$\frac{d}{dt}\omega_m = \frac{T_a}{J_m} \qquad (11A.4)$$

em que o torque resultante $T_a = T_m - T_e$ é como o representado na Figura 11A.3b e a inércia combinada equivalente é J_m.

FIGURA 11A.3 Torque acelerante e aceleração.

A Equação 11A.4 mostra que o torque resultante é a quantidade que causa a aceleração, que por sua vez conduz a variações na velocidade e na posição. Integrando a aceleração $\alpha(t)$ em relação ao tempo,

$$\text{Velocidade } \omega_m(t) = \omega_m(0) + \int_0^t \alpha(\tau)d\tau \qquad (11A.5)$$

em que $\omega_m(0)$ é a velocidade em $t = 0$ e τ é uma variável de integração. Ao integrar-se $\omega_m(t)$ na Equação 11A.5 em relação ao tempo, obtém-se

$$\theta(t) = \theta(0) + \int_0^t \omega_m(\tau)d\tau \qquad (11A.6)$$

em que $\theta(0)$ é a posição em $t = 0$ e τ é novamente a variável de integração. As Equações 11A.4 a 11A.6 indicam que o torque é a variável fundamental para o controle da velocidade e da posição. As Equações 11A.4 a 11A.6 podem ser representadas na forma de diagrama de blocos, como apresentado na Figura 11A.3b.

No sistema rotacional representado na Figura 11A.4, se um torque resultante T_a causa um giro do cilindro em um ângulo diferencial $d\theta$, o trabalho diferencial é

$$dW = Td\theta \qquad (11A.7)$$

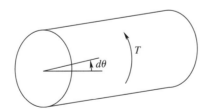

FIGURA 11A.4 Torque, trabalho e potência.

Se essa rotação diferencial ocorre em um tempo diferencial dt, a potência pode ser expressa como

$$p = \frac{dW}{dt} = T\frac{d\theta}{dt} = T\omega_m \qquad (11A.8)$$

em que $\omega_m = d\theta/dt$ é a velocidade angular de rotação.

12

CONTROLE DE SISTEMAS DE POTÊNCIA INTERLIGADOS E DESPACHO ECONÔMICO

12.1 OBJETIVOS DO CONTROLE

Em um sistema de potência interligado como o da América do Norte, milhares de geradores conectados por meio de centenas de milhares de linhas de transmissão e subtransmissão operam em sincronismo para alimentar a carga que varia continuamente. A vantagem principal de um sistema altamente interligado é a continuidade de serviço aos consumidores, assegurando confiabilidade no caso de contingências como saídas de serviço não programadas. Um sistema interligado também proporciona economia de operação pela utilização da geração ótima, fazendo uso do custo de geração mais baixo. Conforme será examinado em breve, as variações de frequência também são pequenas em um sistema altamente interligado.

Para atender à demanda da carga que varia continuamente e da estrutura de rede em caso de possíveis falhas, a tensão e frequência da rede são mantidas pelos seguintes meios:

1. Regulação de tensão por meio do controle de excitação dos geradores para controlar a potência reativa fornecida por eles
2. Controle da frequência e manutenção do intercâmbio de potência em seus valores programados
3. Fluxo de potência ótimo de modo que a potência para a carga seja fornecida da maneira mais econômica, considerando restrições tais como capacidades da linha de transmissão e estabilidade do sistema de potência

Adicionalmente aos controles acima mencionados, há controles suplementares do tipo integrador que atuam periodicamente na eliminação (ou redução a zero) do erro de frequência. Assim, os relógios e outras aplicações que dependem da frequência da rede retornam a seus valores normais e o erro de intercâmbio de potência também é reduzido a zero.

Embora os controles de tensão e frequência sejam implementados simultaneamente no tempo, eles atuam de forma relativamente independente um do outro, como descrito a seguir.

12.2 CONTROLE DE TENSÃO POR CONTROLE DA EXCITAÇÃO E DA POTÊNCIA REATIVA

Em um sistema de potência, a qualidade de energia é definida mantendo-se o nível da tensão em seu valor nominal em uma faixa bastante estreita, de $\pm 5\%$, por exemplo. Isto porque a variação no nível da tensão pode perturbar a carga, em baixas tensões diminuindo as intensidades luminosas e desacelerando os motores de indução e em altas tensões causando saturação magnética de transformadores e motores. Como discutido no capítulo sobre a estabilidade de tensão, a falta de potência reativa pode causar a instabilidade da tensão e seu possível colapso. Para evitar isto, certa reserva de potência reativa deve ser mantida.

Apesar de existir outros meios, o principal meio para o controle da tensão é controlar a excitação do gerador síncrono em usinas de potência. Como discutido anteriormente, a sobre-excitação desses geradores lhes permite fornecer potência reativa para o sistema e sua subexcitação lhes permite absorver potência reativa. Outros meios de controle da potência reativa para manter as tensões são os seguintes, que são discutidos no capítulo de estabilidade de tensão: capacitores *shunt* (em derivação), reatores indutivos *shunt*, controladores estáticos de reativos (SVCs), STATCOM, capacitores série (incluindo os capacitores série controlados a tiristores) e os terminais de HVDC. As tensões também podem ser controladas por transformadores com seletor de derivações. O esquema de último recurso inclui o corte automático de carga (ou rejeição de carga). Contudo, como mencionado anteriormente, o meio primário para obter o objetivo do controle da tensão é por regulação automática de tensão (RAT) — ou *automatic voltage regulation* (AVR) — de geradores síncronos, como discutido a seguir.

12.2.1 Regulação Automática de Tensão por meio do Controle da Excitação

Conforme discutido no capítulo de geradores síncronos, o enrolamento de campo no rotor é alimentado por uma corrente CC para estabelecer o fluxo do campo. Isto requer um sistema de excitação. Há muitos tipos de sistemas de excitação em uso, mas um dos sistemas de excitação de atuação mais rápida é o apresentado na Figura 12.1.

O sistema consiste em um retificador a tiristores que controla o deslocamento de fase, que é alimentado por um sistema trifásico CA derivado da saída de um gerador ou de um fornecimento auxiliar. A saída CC do retificador a tiristores é conectada ao enrolamento de campo por meio de escovas e anéis deslizantes, de tal forma que o enrolamento gira junto com o rotor. A tensão da excitatriz como mostrada na Figura 12.1 pode ser projetada para regular uma tensão diferente da tensão de saída do gerador; por exemplo, no barramento de alta tensão depois de um transformador elevador. Isto pode ser realizado por meio de uma rede de compensação de carga que leve em conta a queda de tensão na impedância entre o gerador e o ponto de regulação, principalmente na indutância de dispersão do transformador. Nessas excitatrizes, várias funções de segurança são incorporadas; por exemplo, a limitação da subexcitação para evitar a superação do limite de estabilidade em regime permanente e da sobre-excitação para evitar a sobrecarga térmica.

Como discutido no capítulo sobre estabilidade transitória e dinâmica, uma resposta rápida da excitação pode ser uma função benéfica no melhoramento da estabilidade transitória. Entretanto, um estabilizador de sistema de potência deve, adicionalmente, ser usado para introduzir amortecimento e prevenir as oscilações do rotor, utilizando as oscilações da velocidade do rotor como um sinal para controlar a excitação do campo do gerador para manter a estabilidade dinâmica.

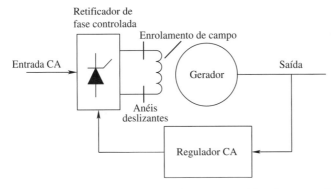

FIGURA 12.1 Excitatriz de campo para regulação automática da tensão (*automatic voltage regulation* — AVR).

12.3 CONTROLE AUTOMÁTICO DA GERAÇÃO (CAG)

Como mencionado anteriormente, a demanda de carga varia aleatória e continuamente e a potência ativa gerada deve ser ajustada para atender à variação instantânea na demanda de carga. Para esse propósito, um sistema de potência interligado, por exemplo, a rede de potência da América do Norte, é dividido em quatro interconexões [2]. Para operar de forma segura e confiável, cada interconexão compreende algumas áreas de controle que monitoram e controlam continuamente o fluxo de potência. Cada área consiste em uma parte de uma companhia, de uma companhia inteira ou de um grupo delas, compreendendo muitos geradores. Essas áreas de controle são interligadas umas às outras por meio de linhas de transmissão chamadas linhas de conexão (ou *tie-lines*). Há um intercâmbio programado de potência entre essas áreas de controle para realizar os benefícios das interligações. Em termos dinâmicos, a maioria dos geradores de todas as áreas participam do fornecimento de energia para atender às variações na demanda de carga em qualquer uma das áreas. Contudo, em regime permanente, cada área de controle (isto se a área realmente for definida como de controle) cumpre toda a variação de demanda de carga em sua própria área. Isto requer um controle automático da geração (CAG) — ou *automatic generation control* (AGC) —, e a maioria dos geradores é equipada com esses controladores. O CAG necessita de certa quantidade de reserva girante que pode rapidamente atender às variações instantâneas na demanda de carga que varia aleatoriamente.

12.3.1 Controle de Carga-Frequência

As turbinas na maioria dos geradores acima de certa potência são reguladas para prover o controle automático da geração (CAG). Para entender o controle do regulador da turbina, considere uma turbina simples como apresentada na Figura 12.2a. Nesse sistema, se a carga elétrica estivesse aumentando, então o rotor desaceleraria, resultando em uma redução da velocidade e, por conseguinte, uma frequência reduzida. A diminuição da frequência é detectada como um sinal de realimentação enviado para o regulador, que atua (com um sinal negativo) na turbina para variar a posição da válvula, deixando entrar mais vapor. Em regime permanente, sem considerar perdas, a potência mecânica que entra, a potência elétrica que sai e a potência da carga são todas as mesmas: $P_m = P_e = P_{Carga}$.

Propositadamente, o gráfico da carga-frequência é uma linha reta inclinada GG, como apresentado na Figura 12.2b. Inicialmente, em uma carga igual a P_m, a frequência de operação é f_0. Se a carga estivesse aumentando, em regime permanente, em uma quantidade ΔP_m, então a frequência decresceria em um valor igual a Δf, que permite, como demonstrado na Figura 12.2a, deixar mais vapor entrar. (Note que, quando as frequências decrescem, Δf é um valor negativo e a saída do regulador é multiplicada por um sinal negativo, resultando assim em uma variação na potência ΔP_m, que é positiva, para satisfazer o aumento da carga.)

Como apresentado na Figura 12.2b, a inclinação da característica do controle carga-frequência é $(-R)$, em que R é chamada de regulação de velocidade, que tem um valor positivo

$$R(\text{em }\%) = -\frac{\Delta f(\text{em }\%)}{\Delta P_m(\text{em pu})} \tag{12.1}$$

ou

$$\Delta f(\text{em }\%) = -R(\text{em}\%) \times \Delta P_m(\text{em pu}) \tag{12.2}$$

Por exemplo, a regulação R igual a 5 % implica um aumento de 0,1 pu na carga elétrica, corresponde a um decréscimo de 0,5 % na frequência base. Se a frequência base é 60 Hz, isto corresponde a um decremento de 0,3 Hz, ou seja, a nova frequência será 59,7 Hz.

Agora considere o caso de dois geradores interligados por uma linha de interligação alimentando a carga, como representado na Figura 12.3a, em que, em regime permanente, ignorando as perdas, $P_{e1} = P_{m1}$, $P_{e2} = P_{m2}$ e $P_{m1} + P_{m2} = P_{Carga}$

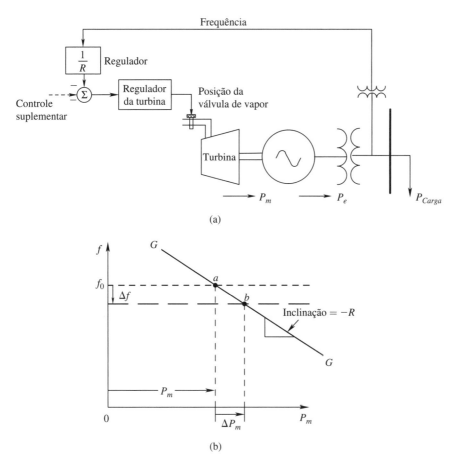

FIGURA 12.2 Controle de carga-frequência (ignore o controle suplementar neste momento).

Ambas as turbinas têm os mecanismos de realimentação do regulador que fornecem as características de inclinação a suas unidades, como mostrado pelas linhas sólidas $G_1\,G_1$ e $G_2\,G_2$ na Figura 12.3b, com valores de regulação R_1 e R_2. Inicialmente na frequência nominal f_0 de 60 Hz (ou 50 Hz), os pontos de operação são "a" e "b" e $P_{m1} + P_{m2} = P_{Carga}$. Para as características dadas $G_1\,G_1$ e $G_2\,G_2$, se a carga elétrica aumentasse em uma quantidade ΔP_{Carga}, a nova frequência, em regime permanente (comum a ambas as unidades), cairia, e pela Equação 12.1,

$$\Delta f = -R_1 \Delta P_{m1} \quad \text{e} \quad \Delta f = -R_2 \Delta P_{m2} \tag{12.3}$$

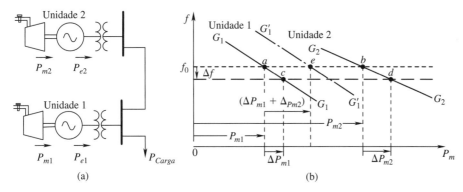

FIGURA 12.3 Resposta de dois geradores ao controle carga-frequência.

176 *Capítulo 12*

e os pontos de operação mudam para "c" e "d", de forma que

$$\Delta P_{m1} + \Delta P_{m2} = \Delta P_{Carga} \tag{12.4}$$

Das Equações 12.3 e 12.4,

$$\Delta f = -\frac{\Delta P_{Carga}}{(1/R_1 + 1/R_2)} \tag{12.5}$$

Em geral, se muitos desses geradores estão interligados, logo, da Equação 12.5,

$$\Delta f = -\frac{1}{\sum_i 1/R_i} \Delta P_{Carga} \tag{12.6}$$

Portanto, comparando a Equação 12.6 com a Equação 12.2, a regulação equivalente da velocidade é

$$R_{eq} = \frac{1}{\sum_i 1/R_i} \tag{12.7}$$

e a variação na frequência para dada variação na carga é muito menor em um sistema interligado se comparado ao caso de um simples gerador. Consequentemente, os geradores interligados resultam em um sistema muito "rígido", em que todos os geradores inicialmente participam no atendimento às variações na carga e, por conseguinte, a variação na frequência é muito pequena.

Exemplo 12.1

Considere dois geradores operando em paralelo a 60 Hz e tendo regulações muito diferentes, com $R_1 = 5\,\%$ e $R_2 = 16,7\,\%$. Uma variação de carga de 0,1 pu ocorre. Calcule o valor equivalente da regulação, o decréscimo inicial na frequência e como a variação na carga é compartilhada pelos dois geradores inicialmente.

Solução Da Equação 12.7, $R_{eq} = 3,85$ (em %). Portanto, da Equação 12.6,

$$\Delta f = -0,385 \text{ (em \%)} = -0,231 \text{ Hz}$$

Depois da variação da carga, inicialmente a nova frequência será 59,77 Hz. Utilizando-se a Equação 12.1,

$$\Delta P_{m1} = \frac{0,385}{5,0} = 0,077 \text{ pu} \quad \text{e} \quad \Delta P_{m2} = \frac{0,385}{16,7} = 0,023 \text{ pu}$$

que mostra que a unidade 1, com um valor inicialmente menor de regulação, contribui com uma parcela maior da carga.

12.3.2 Controle Automático da Geração (CAG) e Erro de Controle de Área (ECA)

Anteriormente, observou-se a resposta inicial de unidades geradoras interligadas para uma variação na carga. Agora considere duas áreas de controle interligadas por uma linha de interligação, como mostrado na Figura 12.4, em que cada área pode ser composta de várias unidades de geração. Em cada área de controle, para propósitos de discussão, todos os geradores são combinados em uma única unidade geradora equivalente, similar ao apresentado na Figura 12.3a.

A fim de restaurar a frequência e o fluxo na linha de conexão a seus valores originais e programados, no sistema da Figura 12.3a, em que a variação da carga ocorre na unidade 1, um controle suplementar chamado controle automático da geração (CAG) eleva a característica de geração da unidade 1 em regime permanente para $G_1'G_1'$, como mostrado na Figura 12.3b, de forma que a variação de toda a carga é fornecida pela unidade 1 e o ponto de operação para a unidade 1 muda para um novo ponto "e", enquanto o ponto de operação para a unidade 2 retorna a seu valor original "b".

Para fazer isto acontecer, para cada área, um erro de controle de área (ECA) — ou *area control error* (ACE) — é definido como a soma do desvio do fluxo da linha de conexão e do desvio de frequência multiplicados por um fator de tendência da frequência B. Portanto, definindo o incremento no fluxo de potência de saída de uma área para outra área — por exemplo, o incremento ΔP_{12} da área 1 para a área 2 — como positivo,

$$ACE_1 = \Delta P_{12} + B_1 \Delta f \tag{12.8}$$

De forma similar

$$ACE_2 = \Delta P_{21} + B_2 \Delta f \quad (\text{em que, ignorando as perdas,} \quad \Delta P_{21} = -\Delta P_{12}) \tag{12.9}$$

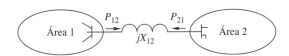

FIGURA 12.4 Duas áreas de controle.

Um valor negativo do *ECA* para dada área indica que não há geração suficiente naquela área. No diagrama de blocos da Figura 12.4, após uma variação de carga em qualquer uma das áreas, o regime permanente final é alcançado somente se ambos *ECA*, como definidos pelas Equações 12.8 e 12.9, tornam-se zero. Isto ocorre quando o fluxo na linha de interligação e a frequência são restabelecidos para seus valores originais. Isto implica que, em regime permanente, uma área com uma variação da carga absorve completamente sua própria variação de carga. Isto foi anteriormente ilustrado na Figura 12.3b, em que a variação na carga na unidade 1 resulta em uma mudança na característica carga-frequência para $G_1'G_1'$ de forma que esta forneça toda a variação para aquela área e a unidade de geração 2 permaneça sem variação na característica $G_2 G_2$.

Cada unidade de geração que participa do controle automático de geração (CAG) apresenta um controlador suplementar (ou secundário) que tem o erro de controle de área (ECA) como entrada, como apresentado na Figura 12.5. A saída do controlador suplementar e a realimentação de regulação atuam no regulador da turbina mudando a posição da válvula de vapor, como apresentado na Figura 12.5.

Em regime permanente, os resultados são os mesmos independentemente dos valores definidos das tendência de frequência, B_1 e B_2 nas Equações 12.8 e 12.9, desde que o controle seja estável. Durante a operação dinâmica, a experiência de campo tem mostrado que a seleção do fator de tendência de frequência de aproximadamente $B = 1/R$ em cada área

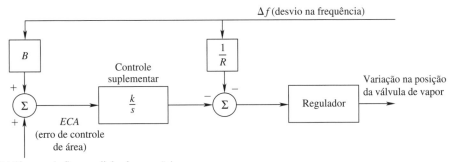

FIGURA 12.5 Erro de controle de área (ECA) para controle automático da geração (CAG).

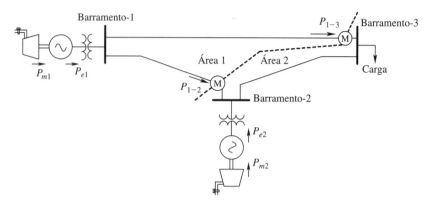

FIGURA 12.6 Duas áreas de controle no exemplo de um sistema de potência com três barramentos.

fornece bons resultados dinâmicos. Quando uma área de controle tem mais de uma linha de interligação, como é quase sempre o caso, a ação do CAG descrita acima leva o intercâmbio da área de controle para seu valor programado original. Isto é ilustrado no exemplo de sistema de potência da Figura 12.6, em que há duas áreas de controle conectadas por duas linhas de interligação. Há dois medidores (M) para medir os fluxos de potência nos limites (ou nas fronteiras) das duas áreas de controle. Assim, na definição do ECA nas Equações 12.8 e 12.9, o desvio de fluxo de potência nas linhas de interligação entre as duas áreas de controle é $\Delta P_{12} = \Delta P_{1\text{-}2} + \Delta P_{1\text{-}3}$, em que $\Delta P_{1\text{-}2}$ e $\Delta P_{1\text{-}3}$ são os fluxos nas linhas nos limites das duas áreas de controle.

Exemplo 12.2

Considere o exemplo de sistema de potência de três barramentos descrito no capítulo sobre fluxo de potência. Ignorando as perdas das linhas, calcule o fluxo de potência nas três linhas. Repita o procedimento considerando que a carga tenha aumentado para 600 MW (6 pu), mas, devido ao CAG aplicado a ambas as unidades, o fluxo de potência líquido entre as duas áreas é mantido o mesmo.

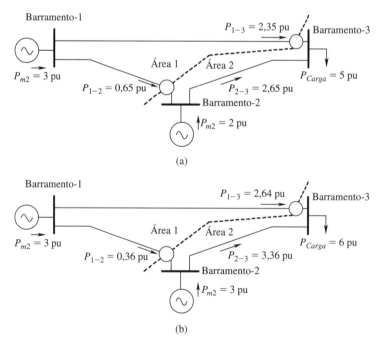

FIGURA 12.7 Fluxos de linha no Exemplo 12.2.

Solução Utilizando o programa desenvolvido no MATLAB no capítulo de fluxo de potência e reduzindo todas as resistências a zero, os fluxos de linha são como os apresentados na Figura 12.7a para a carga de 500 MW. No caso de uma carga de 600 MW e ambas as unidades sob CAG, o fluxo líquido da Área 1 para a Área 2 permanece o mesmo e a variação da carga inteira na área 2 é absorvida pela unidade 2. Os fluxos de linha são mostrados na Figura 12.7b.

Na prática, o CAG é executado a cada dois ou quatro segundos e o erro de controle de área (ECA) tem que ser anulado a cada dez minutos de intervalo.

12.3.3 Desempenho Dinâmico de Áreas Interligadas

Até agora, examinaram-se as interligações de várias áreas com base em uma análise em regime permanente. Contudo, a carga pode variar como um degrau e o sistema interligado reage a isto de modo dinâmico. Ao fazê-lo, é importante que haja amortecimento suficiente, se não, o sistema pode tornar-se instável. A resposta dinâmica do sistema depende de muitos parâmetros: inércias dos sistemas interligados, amortecimento, reguladores, valores dos ganhos do controlador suplementar na Figura 12.5 para corrigir o erro do controle da área (ECA) etc.

Outro parâmetro importante é a magnitude do coeficiente do torque sincronizante entre as áreas, que pode ser explicado por meio de um simples exemplo de duas áreas, representado na Figura 12.8, em que todas as unidades de geração em uma área de controle são representadas pelo gerador equivalente, desde que o objetivo seja estudar as oscilações entre as áreas (*inter-area*) e não as oscilações dentro de uma área (*intra-area*).

Na Figura 12.8, X_1 e X_2 são as reatâncias de cada um dos geradores equivalentes, com E_1 e E_2 como as fems internas, e X_{12} é a reatância da linha de conexão. Assim,

$$X_T = X_1 + X_{12} + X_2 \tag{12.10}$$

O fluxo de potência da área 1 para a área 2 é

$$P_{12} = \frac{E_1 E_2}{X_T} \operatorname{sen} \delta_{12} \tag{12.11}$$

em que $\delta_{12} = \delta_1 - \delta_2$. Portanto, linearizando a Equação 12.11 ao redor de um ponto de operação em regime permanente com potência inicial P_0 e a diferença de ângulo inicial δ_0, pode-se escrever a Equação 12.11 como

$$P_0 + \Delta P_{12} = \frac{E_1 E_2}{X_T} \operatorname{sen}(\delta_0 + \Delta \delta_{12}) \tag{12.12a}$$

Notando que $\operatorname{sen}(a+b) = \operatorname{sen} a \cdot \cos b + \cos a \cdot \operatorname{sen} b$, e a expansão do termo senoidal na Equação 12.12a para uma perturbação pequena em $\Delta \delta_{12}$ leva a:

$$P_0 + \Delta P_{12} = \frac{E_1 E_2}{X_T} \left(\operatorname{sen} \delta_0 \cdot \underbrace{\cos \Delta \delta_{12}}_{(\approx 1)} + \cos \delta_0 \cdot \underbrace{\operatorname{sen} \Delta \delta_{12}}_{(\approx \Delta \delta_{12})} \right) \tag{12.12b}$$

Portanto, por meio da Equação 12.12b, reconhecendo que $\Delta \delta_{12} = \Delta \delta_1 - \Delta \delta_2$,

$$\Delta P_{12} = \underbrace{\left(\frac{E_1 E_2}{X_T} \cos \delta_0 \right)}_{T_{12}} (\Delta \delta_1 - \Delta \delta_2) \tag{12.13}$$

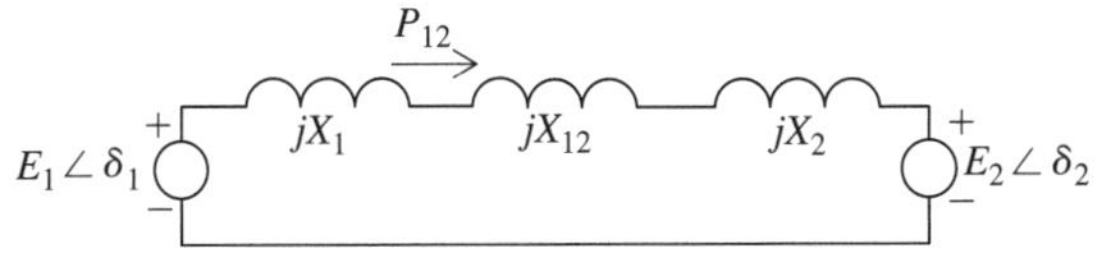

FIGURA 12.8 Equivalente elétrico de duas áreas interligadas.

180 *Capítulo 12*

em que a quantidade entre parêntesis é o coeficiente do torque sincronizante T_{12} entre as áreas 1 e 2, caso a velocidade seja expressa em pu:

$$T_{12} = \frac{E_1 E_2}{X_T} \cos \delta_0 \qquad (12.14)$$

A Equação 12.14 mostra que, quanto menor for o ângulo de operação inicial, maior será a magnitude do coeficiente do torque sincronizante que determina o período e a magnitude das oscilações da linha de conexão decorrente de uma variação de carga. As oscilações interárea em um sistema de duas áreas são ilustradas pelo exemplo a seguir.

Exemplo 12.3

Considere o sistema de duas áreas mostrado na Figura 12.9 em que ambas as áreas são idênticas e ambas estão sob CAG (controle automático de geração). Os parâmetros do sistema são especificados em um arquivo MATLAB associado a este exemplo disponível no *site* da LTC Editora. Há uma variação em degrau da carga na área 1. Represente graficamente o seguinte: ΔP_{m1}, ΔP_{m2} e ΔP_{12}.

Solução Este sistema é modelado no *Simulink* e está incluído no *site* da LTC Editora. Os resultados, que são representados graficamente na Figura 12.10, mostram que, para uma variação de carga na área 1, inicialmente ambas as áreas participam, mas em regime permanente a variação da carga é inteiramente satisfeita pela área 1, e assim $\Delta P_{m1} = \Delta P_{Carga1}$ e $\Delta P_{m2} = 0$. A diferença de potência na linha de conexão ΔP_{12} oscila e eventualmente decai a zero. A frequência dessas oscilações depende dos parâmetros do sistema.

12.4 DESPACHO ECONÔMICO E FLUXO DE POTÊNCIA ÓTIMO

Uma das vantagens de um sistema interligado é a alocação ótima da geração para o menor custo de produção total, com a certeza de que os valores de carregamento das linhas de transmissão sejam mantidos dentro dos limites (margens) de capacidade e de estabilidade transitória do sistema.

12.4.1 Despacho Econômico

Em usinas de potência, o custo da geração de eletricidade depende dos custos de operação fixos (que dependem do capital investido etc. e são independentes da energia que é produzida) e dos custos variáveis, incluindo os custos de combustível, o qual depende da energia que é produzida. Entretanto, uma vez que as usinas tenham sido construídas, a estratégia de operação do ponto de vista econômico é minimizar o custo de combustível total para gerar a quantidade de energia requerida.

Na faixa de operação normal, a eficiência de uma usina térmica de potência aumenta de acordo com o aumento do nível de potência. Em outras palavras, a taxa de calor, que é a energia primária em MBTUs (*million British thermal units*) consumida por hora dividida pela potência elétrica P, decresce ligeiramente com o nível de potência, como representado na Figura 12.11.

Contrariamente ao que a curva de taxa de calor da Figura 12.11 poderia sugerir, na prática, devido a várias considerações, o custo de combustível aumenta com o aumento de potência, como representado na Figura 12.12a.

Em geral, a curva de custo de combustível para uma unidade i pode ser expressa, embora de modo geral, como uma função quadrática da potência P_i que é gerada:

$$C_i(P_i) = a_i + b_i P_i + c_i P_i^2 \qquad (12.15)$$

A inclinação da curva de custo de combustível na Figura 12.12a, em qualquer nível de potência, é o custo marginal ou incremental, ou seja, o custo da gerar 1 MWh adicional em

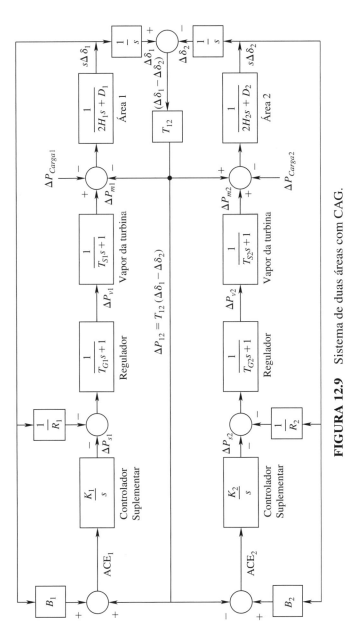

FIGURA 12.9 Sistema de duas áreas com CAG.

Fonte: Adaptado da Referência 6, Leon K. Kirchmayer, *Economic Control of Interconnected Systems*. John Wiley & Sons, 1959.

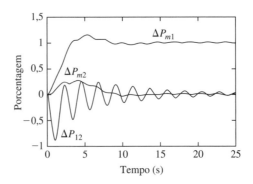

FIGURA 12.10 Resultados de simulação executada no *Simulink* do sistema de duas áreas com CAG no Exemplo 12.3.

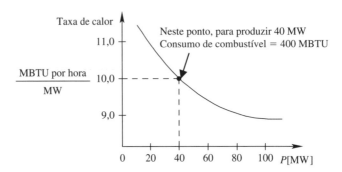

FIGURA 12.11 Taxa do calor em diferentes níveis de potência gerados.

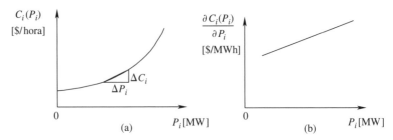

FIGURA 12.12 (a) Custo de combustível e (b) custo marginal, em função da potência de saída.

dado nível de potência. Esse custo marginal, em dólares/MWh, pode ser calculado tomando-se a derivada parcial do custo em relação a P_i na Equação 12.15:

$$\frac{\partial C_i(P_i)}{\partial P_i} = b_i + 2c_iP_i \quad (12.16)$$

que é uma linha reta com uma inclinação ascendente (positiva), como apresentado na Figura 12.12b.

Considere um exemplo em que uma área tem três geradores. Nesse caso haverá três equações de custos marginais similares à Equação 12.16 e três curvas de custos marginais, conforme a representação gráfica na Figura 12.13.

Outra equação é baseada no balanço de potência, qual seja, a soma da geração deve ser igual à soma da carga e das perdas:

$$\sum_i P_i = P_{Carga} + P_{Perdas} \quad (12.17)$$

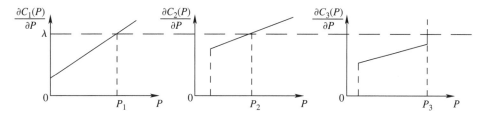

FIGURA 12.13 Custos marginais para três geradores.

Serão calculados os valores de P_1, P_2 e P_3 que resultam no custo mínimo total de combustível enquanto a equação do balanço de potência é satisfeita. Uma solução intuitiva, e também correta, é operar o sistema de tal modo que todos os três geradores tenham o mesmo custo marginal e o balanço de potência seja satisfeito. A razão é como segue: se um dos geradores opera com um custo marginal elevado, mudar a geração dele para os geradores com custo marginal inferior poderia resultar em um custo total menor. Isto continuará até que todos os geradores tenham custos marginais iguais, como representado na Figura 12.13.

Uma solução mais formal para esse problema de otimização bem conhecido pode ser obtida utilizando-se o chamado método dos multiplicadores de Lagrange, no qual uma função de custo de Lagrange é definida como segue para este sistema de três geradores:

$$L = C_1(P_1) + C_2(P_2) + C_3(P_3) - \lambda[P_1 + P_2 + P_3 - (P_{Carga} + P_{Perdas})] \quad (12.18)$$

em que λ é o multiplicador de Lagrange. Essa função de Lagrange tem quatro variáveis: P_1, P_2, P_3 e λ, supondo que P_{Perdas} seja constante. Para minimizar a função de custo de Lagrange, calcula-se a derivada parcial em relação a cada uma dessas quatro variáveis e igualam-se todas elas a zero. Portanto, da Equação 12.18,

$$\frac{\partial L}{\partial P_1} = \frac{\partial C_1(P_1)}{\partial P_1} - \lambda = 0 \quad (12.19)$$

$$\frac{\partial L}{\partial P_2} = \frac{\partial C_2(P_2)}{\partial P_2} - \lambda = 0 \quad (12.20)$$

$$\frac{\partial L}{\partial P_3} = \frac{\partial C_3(P_3)}{\partial P_3} - \lambda = 0 \quad (12.21)$$

$$P_1 + P_2 + P_3 - (P_{Carga} + P_{Perdas}) = 0 \quad \left(\because \frac{\partial L}{\partial \lambda} = 0\right) \quad (12.22)$$

A última equação é a equação de balanço de potência. Da Equação 12.19 à 12.22, a função de custo na Equação 12.18 é minimizada, se

$$\frac{\partial C_1(P_1)}{\partial P_1} = \frac{\partial C_2(P_2)}{\partial P_2} = \frac{\partial C_3(P_3)}{\partial P_3} = \lambda \quad (\text{supondo que } P_{Perdas} \text{ seja constante}) \quad (12.23)$$

A solução dada pela Equação 12.23 é idêntica à solução intuitiva: o custo total é minimizado se os três geradores operarem em custos marginais iguais enquanto satisfazem o balanço de potência. Portanto, com base em equações similares à Equação 12.16,

$$b_1 + 2c_1 P_1 = \lambda \quad (12.24)$$

$$b_2 + 2c_2 P_2 = \lambda \quad (12.25)$$

$$b_3 + 2c_3 P_3 = \lambda \quad (12.26)$$

184 *Capítulo 12*

e

$$P_1 + P_2 + P_3 = P_{Carga} + P_{Perdas} \qquad (12.27)$$

Dessas quatro equações, as quatro variáveis P_1, P_2, P_3 e λ podem ser resolvidas, em que λ é o custo marginal ótimo do sistema em \$/MWh (isto é, o custo em \$/hora para fornecer um incremento de 1 MW em carga e perdas do sistema). Na prática, há um limite máximo na potência que pode ser produzida pelo gerador e também um limite mínimo que uma unidade deve produzir a não ser que esteja fora de serviço. Esses limites são indicados por linhas verticais nas curvas de custo marginal, como apresentado na Figura 12.13.

Exemplo 12.4

Em uma área de controle, há dois geradôres de 100 MW cada. Os custos marginais para esses dois geradores podem ser expressos como segue:

$$\frac{\partial C_1}{\partial P_1} = 1{,}8 + 0{,}01\,P_1 \qquad (\text{em \$/MWh})$$

$$\frac{\partial C_2}{\partial P_2} = 1{,}5 + 0{,}02\,P_2 \qquad (\text{em \$/MWh})$$

Se essa área tem que fornecer um total de 150 MW, calcule o custo marginal ótimo da área λ e a potência fornecida por cada gerador.

Solução Igualando os dois custos marginais e igualando a soma das duas potências a 150 MW,

$$1{,}8 + 0{,}01\,P_1 = 1{,}5 + 0{,}02\,P_2 \quad \text{e} \quad P_1 + P_2 = 150$$

Resolvendo as duas equações acima, $P_1 = 90$ MW e $P_2 = 60$ MW. A partir desses resultados, o custo marginal é $\lambda = 2{,}7$ [\$/MWh].

12.4.2 Programação da Operação de Unidades Geradoras e Reserva Girante

O despacho econômico discutido anteriormente é baseado na capacidade de geração que deve ser colocada em serviço. Entretanto, há outros fatores que ditam a capacidade que deve ser colocada em serviço para dada carga levando-se em conta a estabilidade de ângulo e de tensão e a habilidade para atender rapidamente à variação de carga em uma área de controle. Isto requer que cada área de controle mantenha certo nível, 15 % a 20 %, por exemplo, de reserva girante, o que representa uma capacidade agregada da usina em uma área de controle que não é utilizada em determinado tempo e pode ser aproveitada imediatamente após ser solicitada (*on-line*), uma vez que uma partida fria, especialmente em usinas térmicas, pode tomar longos períodos, dezenas de minutos, se não horas. Se essa reserva girante não for suficiente, uma nova unidade de geração pode ser comprometida ou comissionada, o que é chamado de programação de unidades geradoras, ou *unit commitment*.

12.4.3 Despacho e Fluxo de Potência Ótimo

Na análise anterior do despacho econômico para minimizar o custo total de combustível, as perdas das linhas de transmissão são representadas como constantes, independentes dos valores de P_1, P_2 e P_3, mas isso não se dá dessa forma, uma vez que um gerador distante acarretará perdas elevadas na linha de transmissão e o custo dessas perdas deve ser incluído no problema de minimização de custos. Além disso, nenhuma consideração foi feita em relação às capacidades da linha de transmissão e à estabilidade transitória do sistema. Quando restrições como essas são levadas em consideração, a minimização do custo é chamada despacho ótimo de potência e, nessas condições, o fluxo de potência nas diferentes linhas é o fluxo de potência ótimo.

REFERÊNCIAS

1. Prabha Kundur, *Power System Stability and Control*, McGraw Hill, 1994.
2. Control Area Concepts and Obligations, NERC Document.
3. United States Department of Agriculture, Rural Utilities Service, Design Guide for Rural Substations, RUS BULLETIN 1724E-300.
4. Leon K. Kirchmayer, *Economic Operation of Power Systems*, John Wiley & Sons, 1958.
5. Nathan Cohn, *Control of Generation and Power Flow on Interconnected Systems*, John Wiley & Sons, 1967.
6. Leon K. Kirchmayer, *Economic Control of Interconnected Systems*, John Wiley & Sons, 1959.
7. A. Wood, B. Wollenberg, *Power Generation, Operation, and Control*, 2nd edition, Wiley-Interscience, 1996.

EXERCÍCIOS

12.1 Três geradores operando a 60 Hz estão conectados em paralelo e têm os seguintes valores de regulação: $R_1 = 5\%$, $R_2 = 10\%$ e $R_3 = 15\%$. Uma variação de carga de 0,1 pu ocorre. Calcule o valor equivalente da regulação, o decréscimo inicial na frequência e como a variação inicial na carga é compartilhada pelos três geradores.

12.2 Repita o Exemplo 12.2 utilizando o MATLAB e *PowerWorld* para calcular os fluxos na linha se a carga no barramento 3 decrescer de 500 MW para 400 MW.

12.3 Repita o Exemplo 12.3 utilizando o *Simulink*, eliminando o filtro passa baixa nos reguladores por meio do ajuste de $T_{s1} = T_{s2} = 0$. Compare os resultados com aqueles do Exemplo 12.3.

12.4 Os custos marginais em $/MWh de três geradores podem ser expressos como segue: $(1,0 + 0,02P)$ para o gerador 1, $(2,0 + 0,015P)$ para o gerador 2 e $(1,5 + 0,01P)$ para o gerador 3, em que P está em MW. A potência total fornecida por esses geradores é 500 MW. Calcule o custo marginal do sistema λ e a carga compartilhada por cada um dos geradores.

12.5 Repita o Exercício 12.4 considerando que a potência de saída do gerador 3 é limitada em uma faixa de 25 MW a 75 MW.

12.6 A curva de duração de carga diária em 24 horas é como representada na Figura E12.6, em que ela varia de 200 MW a 600 MW. A potência do sistema é fornecida por três geradores cujas curvas de custo marginal são descritas no Exercício 12.4. Se um despacho econômico é implementado, calcule o custo de combustível em dólares para cada um dos geradores e o total para satisfazer a demanda de potência.

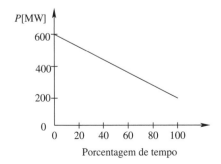

FIGURA E12.6 Curva de duração de carga.

13

FALTAS EM LINHAS DE TRANSMISSÃO, RELÉS DE PROTEÇÃO E DISJUNTORES

As linhas de transmissão estendem-se por longas distâncias e estão sujeitas a faltas envolvendo uma ou mais fases e terra. Essas faltas causam saídas de serviço da rede, mas, mais importante, se uma ação de proteção não for tomada, pode causar dano permanente ao equipamento de transmissão, bem como à própria linha e aos transformadores. Neste capítulo, analisam-se as causas e os tipos de faltas, os relés para detectá-los e os disjuntores para isolá-los do restante da rede e, com isso, restaurar o sistema de potência à normalidade.

13.1   CAUSAS DE FALTAS EM LINHAS DE TRANSMISSÃO

Uma causa comum de tais faltas é a queda de galhos de árvores sobre as linhas de transmissão e o consequente curto-circuito com a terra. Mencione-se, por exemplo, o contato de linhas de transmissão com árvores sob elas que iniciou o grande blecaute de 14 de agosto de 2003 no nordeste dos Estados Unidos. Outra ocorrência comum de faltas são as descargas elétricas ocorridas quando a torre de uma linha de transmissão ou um dos cabos de terra é atingido por um raio, que representa uma fonte de corrente de alguns milhares de quiloampères. Essa corrente fluindo através dos pés da torre pode elevar o potencial da torre acima do aterramento local de tal modo que, sem para-raios (discutidos no capítulo seguinte), a cadeia de isoladores pode produzir faíscas e descargas elétricas (efeito *flash over*).

A corrente do raio é momentânea e dura apenas algumas dezenas de microssegundos, mas o arco estabelecido em razão das faíscas e descargas elétricas na cadeia de isoladores resulta em um curto à terra com frequência da rede através do arco voltaico. Se as correntes de curto-circuito não são detectadas pelo relé que envia o sinal para abrir o disjuntor e interromper essa corrente, a corrente na frequência da rede continuaria fluindo até danificar seriamente o equipamento, por causa do fogo, por exemplo. Portanto, é essencial que essas faltas sejam detectadas e os disjuntores as interrompam rapidamente. Alguns ciclos depois que a falta tenha sido eliminada, os disjuntores podem ser novamente fechados, e a operação normal, retomada.

A razão para analisar as faltas do tipo curto-circuito são para (1) ajustar os relés de modo que possam detectar os curtos, e (2) certificar-se de que os valores nominais dos disjuntores sejam adequados, e o equipamento, capaz de interromper as correntes de falta.

13.2   COMPONENTES SIMÉTRICAS PARA ANÁLISE DE FALTAS

Mais de 80 % das faltas envolvem apenas uma das três fases e a terra. Por exemplo, um galho de árvore que toque ou caia em uma das fases. Essas faltas são geralmente assimétricas, visto que não envolvem as três fases.

Iniciaremos com a discussão da abordagem analítica para análise de faltas assimétricas, das quais as faltas simétricas são um subconjunto. Considere a localização da falta *f* indicada na Figura 13.1. Para manter esta discussão simples e ainda prática, embora a falta possa ser assimétrica, supõe-se que o restante do sistema "visto" do local da falta seja balanceado. Essa falta resulta em correntes de falta i_a, i_b e i_c, como representado na Figura 13.1a. Durante o período em falta, mesmo que as tensões e correntes do sistema de potência estejam em estado transitório, podemos supor que essas variáveis tenham alcançado um pseudorregime permanente, com o objetivo de usar fasores para descrevê-los. Portanto, em tal regime permanente na frequência da rede, i_a, i_b e i_c, na Figura 13.1a, podem ser representados por fasores $\overline{I}_a$, $\overline{I}_b$ e $\overline{I}_c$ como na Figura 13.1b.

13.2.1 Calculando as Componentes Simétricas

Para analisar o sistema de potência com faltas assimétricas, Fortesque [1] mostrou muito tempo atrás que as correntes assimétricas (causadas por linhas ou cargas desbalanceadas) podem ser expressas como somas de componentes simétricas e balanceadas.

Supondo que o sistema de potência seja uma rede linear em que o Princípio de Superposição possa ser aplicado, as tensões e as correntes no sistema em falta podem ser obtidas somando-se as componentes em cada rede de sequência balanceada.

Como exemplo, as correntes de falta desbalanceadas $\overline{I}_a$, $\overline{I}_b$ e $\overline{I}_c$ são mostradas na Figura 13.2. Elas podem ser representadas como a composição de três componentes, como se segue:

$$\begin{aligned} \overline{I}_a &= \overline{I}_{a1} + \overline{I}_{a2} + \overline{I}_{a0} \\ \overline{I}_b &= \overline{I}_{b1} + \overline{I}_{b2} + \overline{I}_{b0} \\ \overline{I}_c &= \overline{I}_{c1} + \overline{I}_{c2} + \overline{I}_{c0} \end{aligned} \quad (13.1)$$

em que o subscrito 1 refere-se às componentes de sequência positiva (ou direta), o 2 às componentes de sequência negativa (ou inversa) e o 0 às componentes de sequência zero (ou nula).

Dentro de cada sequência, as três fases são balanceadas e senoidais na frequência da rede. As componentes de sequência positiva ($\overline{I}_{a1}$, $\overline{I}_{b1}$ e $\overline{I}_{c1}$) são balanceadas em amplitude e estão na mesma sequência a-b-c que as tensões e correntes do sistema de potência, isto é, a fase

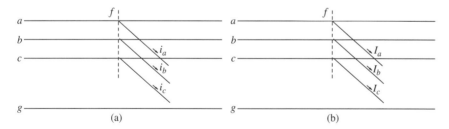

FIGURA 13.1 Falta no sistema de potência.

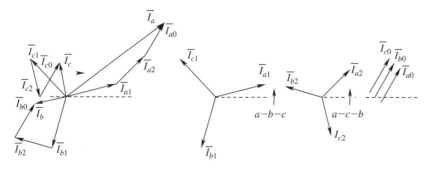

FIGURA 13.2 Componentes de sequência.

$\bar{I}_{b1}$ está atrasada em relação a $\bar{I}_{a1}$ em 120° e assim por diante. As componentes de sequência negativa também estão balanceadas em amplitude, mas são de sequência a-c-b, isto é, $\bar{I}_{c2}$ está atrasada em relação a $\bar{I}_{a2}$ em 120° e assim por diante. As componentes de sequência zero também são balanceadas em amplitude, mas, ao contrário das componentes de sequência positiva e negativa, $\bar{I}_{a0}$, $\bar{I}_{b0}$ e $\bar{I}_{c0}$ têm a mesma fase e, assim, são iguais entre si, por isso o nome de sequência zero. Dadas essas propriedades das componentes de sequência, para escrevê-las, definem-se os seguintes operadores:

$$a = 1 \angle 120° = -0,5 + j0,866$$
$$a^2 = 1 \angle 240° = -0,5 - j0,866 \quad (13.2)$$

Assim, as componentes de sequência nas fases b e c, na Equação 13.1, podem ser escritas em termos das componentes da fase a, como se segue:

$$\bar{I}_{b1} = a^2\bar{I}_{a1}; \quad \bar{I}_{c1} = a\bar{I}_{a1}$$
$$\bar{I}_{b2} = a\bar{I}_{a2}; \quad \bar{I}_{c2} = a^2\bar{I}_{a2} \quad (13.3)$$

Assim, substituindo acima as correntes de falta em termos das componentes da fase a, têm-se

$$\bar{I}_a = \bar{I}_{a1} + \bar{I}_{a2} + \bar{I}_{a0}$$
$$\bar{I}_b = a^2\bar{I}_{a1} + a\bar{I}_{a2} + \bar{I}_{a0} \quad (13.4)$$
$$\bar{I}_c = a\bar{I}_{a1} + a^2\bar{I}_{a2} + \bar{I}_{a0}$$

que, na forma matricial, pode ser escrita como

$$\begin{bmatrix} \bar{I}_a \\ \bar{I}_b \\ \bar{I}_c \end{bmatrix} = \begin{bmatrix} 1 & 1 & 1 \\ a^2 & a & 1 \\ a & a^2 & 1 \end{bmatrix} \begin{bmatrix} \bar{I}_{a1} \\ \bar{I}_{a2} \\ \bar{I}_{a0} \end{bmatrix} \quad (13.5)$$

Invertendo a matriz na Equação 13.5, pode-se obter os valores para as componentes de sequência das correntes da fase a em termos das correntes de falta:

$$\begin{bmatrix} \bar{I}_{a1} \\ \bar{I}_{a2} \\ \bar{I}_{a0} \end{bmatrix} = \frac{1}{3} \begin{bmatrix} 1 & a & a^2 \\ 1 & a^2 & a \\ 1 & 1 & 1 \end{bmatrix} \begin{bmatrix} \bar{I}_a \\ \bar{I}_b \\ \bar{I}_c \end{bmatrix} \quad (13.6)$$

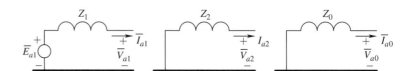

FIGURA 13.3 Redes de sequência.

Exemplo 13.1

Na Figura 13.2, as três correntes de fase são desbalanceadas e têm os seguintes valores por unidade: $\bar{I}_a = 2,2 \angle 26,6°$ A, $\bar{I}_b = 0,6 \angle -156,8°$ A e $\bar{I}_c = 0,47 \angle 138,7°$ A. Calcule as componentes simétricas $\bar{I}_{a1}$, $\bar{I}_{a2}$ e $\bar{I}_{a0}$.

Solução Aplicando a Equação 13.6 aos valores das correntes de fase acima, as três correntes de fase são compostas das componentes simétricas de sequência positiva $\bar{I}_{a1} = 1,0 \angle 15°$ A, de sequência negativa $\bar{I}_{a2} = 0,75 \angle 30°$ A e de sequência zero $\bar{I}_{a0} = 0,5 \angle 45°$ A.

13.2.2 Aplicando as Componentes de Sequência às Redes e a Superposição

Investigando o sistema desde o ponto de falta para cada sequência, observa-se que este é balanceado e, portanto, o sistema trifásico pode ser representado por um modelo monofásico, como discutido no Capítulo 3, em termos da fase a, por exemplo. Portanto, para cada sequência, a rede do sistema de potência pode ser desenhada por um modelo monofásico, como apresentado na Figura 13.3. A conexão dessas redes de sequência depende do tipo de falta. Uma vez que as correntes e tensões sejam calculadas nessas redes de sequência para a fase a, elas podem ser utilizadas para calcular as tensões e correntes no sistema em falta, utilizando equações similares à Equação 13.5.

Observe que, investigando a rede, somente a rede de sequência positiva, na Figura 13.3 tem uma fem interna igual à tensão de Thevenin "vista" do ponto de falta. As outras sequências não têm fems internas pela suposição de uma rede balanceada anterior à falta.

13.3 TIPOS DE FALTAS[1]

Pode haver muitos tipos diferentes de faltas e o procedimento para resolver todos eles é similar. Neste capítulo, as seguintes faltas são consideradas:

- Falta Trifásica Simétrica e Falta Trifásica envolvendo a Terra
- Falta de uma Fase à Terra (ou Fase-Terra)
- Falta de Duas Fases à Terra (ou Fase-Fase-Terra)
- Falta de Duas Fases (ou Fase-Fase, terra não envolvida)
- Falta com Impedância de Falta

Adicionalmente a essas faltas de curto-circuito, pode haver ocasiões em que os condutores estão em circuitos abertos (por exemplo, abertura monopolar ou bipolar) e podem representar sérios problemas de segurança. A análise dessas questões é proposta como um exercício de estudo independente.

13.3.1 Faltas Trifásica Simétrica e Trifásica Envolvendo a Terra

Em um sistema balanceado, as faltas trifásicas e trifásicas envolvendo a terra são idênticas, nas quais a tensão no ponto em falta é zero em relação à terra e a corrente fluindo à terra também é zero, desde que $\overline{I}_a + \overline{I}_b + \overline{I}_c = 0$, na Figura 13.4a.

Como essas três correntes de falta formam um conjunto trifásico balanceado, suas componentes de sequência negativa e nula são zero e somente a rede de sequência positiva deve ser considerada, como representado na Figura 13.4 b, em que $\overline{I}_a = \overline{I}_{a1}$, uma vez que as outras duas componentes são zero.

13.3.2 Falta Fase-Terra

Esse tipo de falta é apresentado na Figura 13.5a, na qual a fase a está em curto-circuito com a terra através de uma impedância de falta Z_f.

Para essa falta,

$$\overline{I}_b = \overline{I}_c = 0 \tag{13.7}$$

$$\overline{V}_a = Z_f \overline{I}_a \tag{13.8}$$

---

[1]O termo "faltas" (ou *faults*, do inglês) é abrangente, ou seja, engloba problemas na rede elétrica como curto-circuito e abertura de circuitos. Por exemplo, um curto-circuito fase-terra é um tipo específico de falta, assim como a abertura bipolar de um circuito é outro tipo específico de falta. (N.T.)

Substituindo $\bar{I}_b$ e $\bar{I}_c$ por zero, na Equação 13.6,

$$\bar{I}_{a1} = \bar{I}_{a2} = \bar{I}_{a0} \tag{13.9}$$

E assim, da Equação 13.4,

$$\bar{I}_{a1} = \frac{\bar{I}_a}{3} \tag{13.10}$$

Da Equação 13.8, em termos das componentes simétricas

$$\bar{V}_a = \bar{V}_{a1} + \bar{V}_{a2} + \bar{V}_{a0} = Z_f \bar{I}_a \tag{13.11}$$

Fazendo a substituição por $\bar{I}_a$ da Equação 13.10 na Equação 13.11,

$$\bar{V}_a = 3Z_f \bar{I}_{a1} \tag{13.12}$$

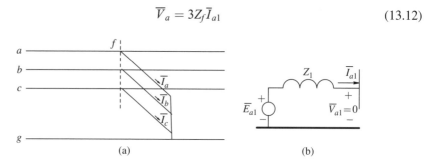

FIGURA 13.4 Falta trifásica simétrica.

As Equações 13.9 e 13.12 são satisfeitas conectando-se as três redes de sequência em série, como apresentado na Figura 13.5b, da qual

$$\bar{I}_{a1} = \bar{I}_{a2} = \bar{I}_{a0} = \frac{\bar{E}_{a1}}{Z_1 + Z_2 + Z_0 + 3Z_f} \tag{13.13}$$

Conhecendo as correntes de sequência, todas as três redes de sequência podem ser resolvidas e qualquer tensão e corrente pode ser calculada na rede em falta.

13.3.3 Falta Fase-Fase-Terra

Esse tipo de falta é apresentado na Figura 13.6a, em que as fases b e c estão em curto-circuito. As condições de falta resultam nas seguintes condições:

$$\bar{I}_a = 0 \tag{13.14}$$

$$\bar{V}_b = \bar{V}_c = 0 \tag{13.15}$$

Utilizando-se a condição da Equação 13.15 para as tensões e aplicando-se a decomposição similar à Equação 13.6,

$$\bar{V}_{a1} = \bar{V}_{a2} = \bar{V}_{ao} \tag{13.16}$$

Com base na Equação 13.16, está claro que todas as três redes de sequência estão em paralelo, como indicado na Figura 13.6b, e, aplicando-se a Lei de Correntes de Kirchhoff nesse circuito, satisfaz-se a Equação 13.14 considerando o primeiro termo da Equação 13.4, isto é, $\bar{I}_a = \bar{I}_{a1} + \bar{I}_{a2} + \bar{I}_{a0} = 0$.

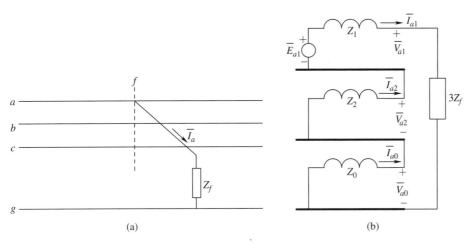

FIGURA 13.5 Falta fase-terra.

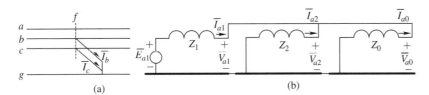

FIGURA 13.6 Falta fase-fase-terra.

13.3.4 Falta Fase-Fase (Terra Não Envolvida)

Esse tipo de falta é apresentado na Figura 13.7a, em que as fases b e c estão em curto uma com a outra através de Z_f. Esta falta resulta nas seguintes condições:

$$\bar{I}_a = 0 \tag{13.17}$$

$$\bar{I}_b = -\bar{I}_c \tag{13.18}$$

$$\bar{V}_b = \bar{V}_c + Z_f \bar{I}_b \tag{13.19}$$

Por observação do sistema em falta, verifica-se que não há nenhuma conexão com a terra e, por isso, não pode haver qualquer corrente de sequência zero

$$\bar{I}_{a0} = 0 \tag{13.20}$$

portanto, na rede de sequência zero da Figura 13.3,

$$\bar{V}_{a0} = 0 \tag{13.21}$$

Como $\bar{I}_a$ e $\bar{I}_{a0}$ são ambos zero, da Equação 13.4,

$$\bar{I}_{a1} = -\bar{I}_{a2} \tag{13.22}$$

Portanto, da Equação 13.5,

$$\bar{I}_b = (a^2 - a)\bar{I}_{a1} \tag{13.23}$$

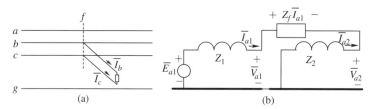

FIGURA 13.7 Falta fase-fase (terra não envolvida).

Por meio da condição de falta da tensão da Equação 13.19, com $\overline{V}_{a0} = 0$, considerando-se a decomposição em componentes simétricas similar à Equação 13.5 para $\overline{V}_b$ e utilizando-se a Equação 13.23,

$$\underbrace{a^2\overline{V}_{a1} + a\overline{V}_{a2}}_{(=\overline{V}_b)} = \underbrace{a\overline{V}_{a1} + a^2\overline{V}_{a2}}_{(=\overline{V}_c)} + Z_f(a^2 - a)\overline{I}_{a1} \qquad (13.24)$$

da equação acima

$$\overline{V}_{a1} = \overline{V}_{a2} + Z_f\overline{I}_{a1} \qquad (13.25)$$

Utilizando-se as Equações 13.18 e 13.25, as redes de sequência são conectadas como apresentado na Figura 13.7b.

13.4 IMPEDÂNCIAS DO SISTEMA PARA CÁLCULOS DE FALTA

Para o cálculo de correntes sob faltas assimétricas, os elementos de sistemas de potência devem ser representados por suas impedâncias apropriadas para as três sequências: positiva, negativa e zero.

13.4.1 Linhas de Transmissão

As linhas de transmissão são consideradas perfeitamente transpostas e suas impedâncias de sequência positiva e negativa são as mesmas. Sua impedância de sequência zero que envolve retorno à aterra é maior em valor (em relação às impedâncias de sequências positiva e negativa) e pode ser calculada utilizando-se programas de constantes de linha, como o EMTDC, como descrito no Capítulo 14 em relação a sobretensões transitórias em linhas de transmissão.

13.4.2 Representação Simplificada de Geradores Síncronos

Para calcular as correntes de falta em alguns ciclos a partir do início da falta, as reatâncias subtransitórias dos geradores são utilizadas como discutido no Capítulo 9. Supondo que seja uma máquina de rotor liso, a impedância de sequência positiva é igual a X''_d para o eixo d, enquanto a reatância subtransitória do eixo q pode ser ligeiramente menor. Tipicamente, $X''_d = 0,12 - 0,25$ pu.

Na sequência negativa, as tensões e correntes são de sequência negativa a-c-b, enquanto o rotor gira na velocidade síncrona na direção direta imposta pela excitação a-b-c de sequência positiva. Nessa situação, a fmm de reação de armadura produzida pelas correntes de sequência negativa giraria na direção oposta ao rotor. A velocidade desse giro seria duas vezes a velocidade síncrona em relação ao rotor. Assim, os enrolamentos de amortecimento dos eixos d e q no rotor protegem o fluxo pelo fato de que o fluxo de reação de armadura de sequência negativa passa pelos enrolamentos de amortecimento. Portanto, a reatância de sequência negativa do gerador síncrono pode ser escrita como

$$X_2 = \frac{X_d'' + X_q''}{2} \tag{13.26}$$

Assim, $X_2 \simeq X_d''$.

A impedância de sequência zero depende da reatância de dispersão por fase mais três vezes a impedância que é geralmente conectada do neutro à terra do gerador por meio de um transformador. Se o neutro por qualquer motivo for flutuante em relação à terra e a impedância de neutro for infinita, então, a impedância de sequência zero poderá também ser infinita, indicando que as correntes de sequência zero não podem fluir através do gerador. Tipicamente, a reatância interna de sequência zero de um turbo gerador pode ser aproximada como $X_0 = 0{,}5X_2$.

Para cálculos de faltas, geralmente a rede de sequência positiva para o gerador é representada por uma reatância subtransitória e uma fonte de tensão atrás dela, de modo que produzam as tensões e correntes apropriadas de pré-falta na rede, como discutido no Capítulo 9.

13.4.3 Representação de Transformadores em Estudos de Faltas

Geralmente, apenas as impedâncias de dispersão dos transformadores precisam ser incluídas nos estudos de faltas. Em um modelo por unidade, normalmente a relação de espiras dos transformadores não aparece nos cálculos. As reatâncias de dispersão dos transformadores são as mesmas para as sequências positiva e negativa. A impedância de sequência zero depende de como estão conectados os enrolamentos das três fases. Por exemplo, um enrolamento conectado em delta não fornece um caminho para as correntes de sequência zero, como mostrado na Figura 13.8a.

De forma similar, os enrolamentos conectados em estrela com um neutro isolado aparecerá como um circuito aberto para a sequência zero, como na Figura 13.8b. Como na Figura 13.8c, um transformador com enrolamentos primários conectados em estrela aterrado e enrolamentos secundários ligados em delta fornece um caminho de curto-circuito que permitem fluir as correntes de sequência zero. Este será também o caso se o secundário estiver conectado em uma estrela aterrada. Entretanto, o primário conectado em estrela aterrado, na Figura 13.8c, aparecerá como um circuito aberto se o secundário estiver conectado em estrela com um neutro isolado. Se as correntes de sequência zero puderem fluir, uma impedância Z_n de neutro a terra, como a da Figura 13.9a, aparecerá como $3Z_n$ na rede de sequência zero da Figura 13.9b.

No caso de transformadores trifásicos, a impedância de sequência zero Z_0 na Figura 13.9b é igual à impedância de dispersão de sequência positiva. Este será também o caso dos transformadores trifásicos do tipo *shell*.

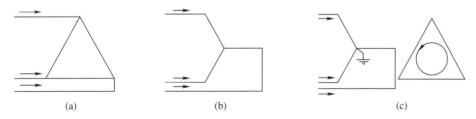

FIGURA 13.8 Caminho para as correntes de sequência zero em transformadores.

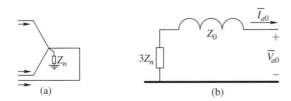

FIGURA 13.9 Neutro aterrado através de uma impedância.

Exemplo 13.2

Considere um sistema simples com uma carga de 1 pu conectada ao barramento-3 que é alimentada por um gerador simples, como o representado na Figura 13.10, em que todas as quantidades estão em pu. Calcule as correntes de falta em pu no barramento-2 para (a) uma falta trifásica e (b) uma falta fase-terra — *single-line to ground* (SLG) — com a impedância de falta considerada zero.

Solução O barramento-1 é considerado o barramento de referência com $\overline{V}_1 = 1,0 \angle 0$ pu. Utilizando o programa MATLAB desenvolvido no Capítulo 5, sobre Fluxo de Potência, ou o *PowerWorld* (disponíveis no *site* da LTC Editora), a tensão pré-falta no barramento-3 é calculada como $\overline{V}_3 = 0,98 \angle -11,79°$ pu. Portanto, a carga no barramento-3 pode ser representada por $R_{carga} = 0,96$ pu.

a. No caso de uma falta trifásica no barramento-2, o circuito por fase de sequência positiva é o apresentado na Figura 13.11, em que $\overline{I}_{Carga}$ e $\overline{E}''$ atrás da reatância subtransitória podem ser calculadas como segue:

$\overline{V}_3 \overline{I}^*_{Carga} = 1,0$ pu. Portanto, $\overline{I}_{Carga} = 1,02 \angle -11,79°$ pu antes da falta. Utilizando $\overline{E}$, com X_{gen1} em série, para representar o gerador, e dado que $\overline{V}_1 = 1,0 \angle 0°$ pu antes da falta, pode-se calcular $\overline{E} = 1,0 \angle 0 + j(0,12\overline{I}_{Carga}) = 1,03 \angle 6,67°$ pu. Para uma falta trifásica à terra no barramento-2, representada pelo fechamento da chave na Figura 13.11, $\overline{I}_{falta} = 4,69 \angle -83,32°$ pu.

b. No caso de uma falta fase-terra no barramento-2, as redes de sequência são conectadas em série, como a análise na Figura 13.5 demonstra. Com a impedância de falta $Z_f = 0$, o diagrama do circuito é mostrado na Figura 13.12. Na rede de sequência zero, a impedância de sequência do gerador é colocada em curto-circuito por causa da conexão estrela aterrada e triângulo. Além disso, o deslocamento de fase de 30° introduzido pela conexão do transformador não tem efeito na corrente de falta. Da Figura 13.12, $\overline{I}_{falta} = 5,71 \angle -85,7°$ pu. Os arquivos MATLAB e o *PowerWorld* estão disponíveis no *site* da LTC Editora.

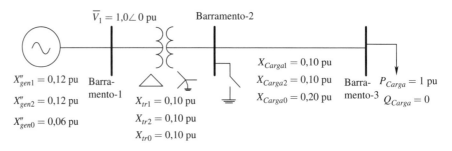

FIGURA 13.10 Diagrama unifilar de um sistema de potência simples.

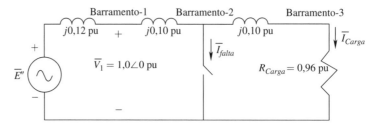

FIGURA 13.11 Circuito de sequência positiva para calcular uma falta trifásica no barramento-2.

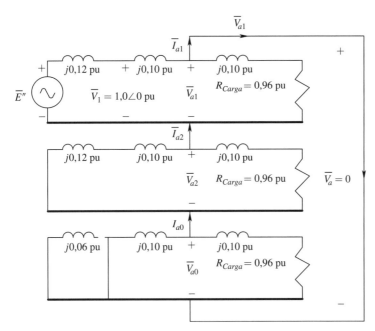

FIGURA 13.12 Redes de sequência para o cálculo de corrente de falta devido a uma falta fase-terra no barramento-2.

13.5 CÁLCULO DE CORRENTES DE FALTA EM REDES GRANDES

O procedimento acima mostra os princípios básicos para os cálculos de faltas que podem ser utilizados para analisar um sistema de potência com alguns barramentos. Para muitas redes práticas, com milhares de barramentos, programas de computador foram desenvolvidos para executar esses cálculos. Um dos procedimentos utilizados no cálculo de correntes de tais redes é descrito a seguir.

Anteriormente, discutiu-se a formulação das equações nodais das redes para a sequência positiva

$$\overline{I}_{pos} = Y_{pos}\overline{V}_{pos} \tag{13.27}$$

em que o subscrito "pos" é utilizado para indicar sequência positiva em lugar de "1", que pode ser um número de barramento. A Equação 13.27 pode ser escrita em termos da matriz de impedâncias como

$$\overline{V}_{pos} = Z_{pos}\overline{I}_{pos} \tag{13.28}$$

em que $Z_{pos}\, (=Y_{pos}^{-1})$ é a inversa da matriz Y. A matriz de impedâncias em redes grandes é obtida sem que se tome a inversa da matriz Y. Equações similares podem ser escritas para relacionar as tensões e correntes de sequência negativa e de sequência zero. Com base nessas redes, as correntes de falta para qualquer tipo de falta podem ser calculadas utilizando-se um programa de computador como o *PowerWorld* [4].

Exemplo 13.3

Considere o sistema de potência exemplo de três barramentos discutido em capítulos anteriores e repetido na Figura 13.13. A modelagem desse sistema sob as condições de operação de pré-falta é descrita no material disponível no *site* da LTC Editora. Uma falta fase-terra ocorre na linha 1-2, a um terço de distância do barramento-1. Calcule a corrente de falta e as correntes nas várias linhas.

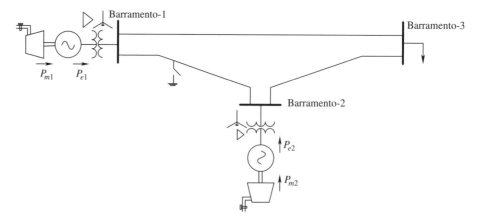

FIGURA 13.13 Uma falta fase-terra no exemplo de sistema de potência de três barramentos.

Solução A solução deste exemplo é calculada por um programa MATLAB e os resultados são verificados utilizando o programa *PowerWorld* [4]. Ambos estão disponíveis no *site* da LTC Editora.

13.6 PROTEÇÃO CONTRA FALTAS DE CURTO-CIRCUITO

Embora os circuitos abertos algumas vezes possam resultar em situações de perigo para as pessoas e devam ser resguardados (ou evitados), o foco aqui é no fenômeno da sobrecorrente devido a faltas de curto-circuito. Para minimizar o intervalo do distúrbio da potência e, principalmente, para evitar dano permanente do equipamento de potência, é importante que as correntes de falta sejam interrompidas rapidamente, antes de fluírem por mais tempo e tornarem-se destrutivas (essas correntes são maiores que as correntes de carga para as quais o equipamento é projetado). Para esse propósito, todos os equipamentos do sistema de potência são equipados com dispositivos de proteção de sobrecorrente. O sistema inteiro de potência é dividido em zonas de sobreposição, de forma que nenhuma parte do sistema fique desprotegida. Esse dispositivo de proteção pode ser categorizado da forma a seguir, como representado no diagrama de blocos da Figura 13.14 para um dos disjuntores (D):

- Transformadores de corrente e de potencial (TCs e TPs) para detecção das tensões e correntes em um sistema de potência
- Relés (R) que determinam se a falta ocorreu e emitem um comando para operar o disjuntor
- Disjuntores (D) que abrem os contatos do circuito para interromper a corrente de falta e subsequentemente os religam para retomar a operação normal.

Todos estes são descritos brevemente na subseção a seguir.

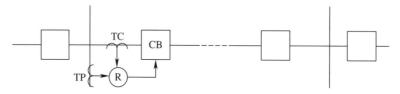

FIGURA 13.14 Equipamento de proteção.

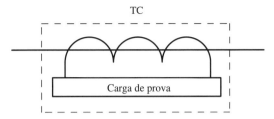

FIGURA 13.15 Transformador de corrente (TC).

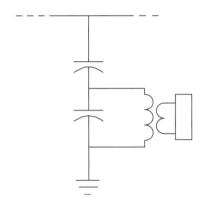

FIGURA 13.16 Transformador de tensão acoplado com capacitor (CCVT).

13.6.1 Transformadores de Corrente e Potencial

As correntes e tensões em um sistema de potência devem ser detectadas (ou percebidas) de modo que os relés possam determinar se uma falta ocorreu ou não. Entretanto, os valores dessas tensões e correntes são extremamente elevados e devem ser reduzidos a sinais de baixa tensão com referência a uma terra lógica.

Os transformadores de corrente, como mostrados na Figura 13.15, são transformadores em que a corrente do sistema de potência flui através de seu primário, que geralmente tem uma espira simples. O secundário geralmente tem um grande número de espiras e produz uma corrente muito baixa — igual à corrente do primário dividida pela relação de espiras —, que flui através de uma pequena carga referida como carga de prova "*burden*". O sinal de tensão da corrente detectada associado ao TC é utilizado na lógica do relé.

O transformador de tensão acoplado com capacitor — *capacitor-coupled voltage transformer* (CCVT) —, um dentre vários tipos, é mostrado na Figura 13.16. Ele utiliza o princípio do divisor de tensão capacitivo no qual a tensão de saída do divisor é isolada por meio de um transformador, para fins de segurança.

13.6.2 Relés

Os relés, baseados na detecção de tensões e correntes e de outros sinais, como o tempo etc., determinam se uma falta ocorreu e se ela deve ser interrompida por um disjuntor. É importante que os relés operem quando necessário, a fim de proteger o sistema de potência, mas é igualmente importante que eles não operem equivocadamente, a fim de evitar distúrbios de potência desnecessários. Portanto, em relés, três coisas são importantes: seletividade, velocidade e confiabilidade.

13.6.2.1 Tipos de Relés

Há relés de muitos tipos, mas eles podem ser basicamente categorizados da seguinte forma:

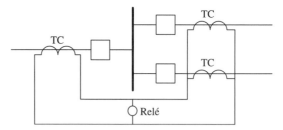

FIGURA 13.17 Relé diferencial para proteção de barramento.

- *Relés Diferenciais*: Esses relés podem ser utilizados, por exemplo, para proteger um gerador, um barramento ou um transformador contra faltas internas, como apresentado na Figura 13.17, em que está protegendo um barramento.

  Sob condições normais, como na Figura 13.17, a corrente diferencial através do relé é zero, que é a diferença entre as correntes medidas. Essa situação não é assim sob condição de falta interna, que faz com que a corrente de falta acione o disjuntor.

- *Relés de Sobrecorrente*: Nesses relés, se a corrente medida exceder um valor mínimo, maior que o máximo da corrente de carga por certo fator, o relé determina que uma falta ocorreu, fornecendo um comando de "acionamento" para o disjuntor operar. Geralmente, tais relés operam com base em um atraso de tempo, em que tal atraso é uma função inversa da magnitude da corrente de falta; quanto maior a magnitude da corrente, menor será o tempo de atraso, como representado na Figura 13.18. É possível ter-se vários ajustes (1, 2, 3 etc.), como indicado na Figura 13.18. Assim, para a mesma corrente, o relé poderia operar com diferentes tempos de atraso. Esses ajustes permitem que esses relés sejam coordenados com outros relés de proteção do sistema.

- *Relés Direcionais de Sobrecorrente*: A proteção oferecida por este relé é para faltas somente em uma direção. Por exemplo, na Figura 13.19, se a falta ocorresse no lado direito da localização do TC, a corrente $\overline{I}$ detectada por esse relé estaria atrasada em relação à tensão nesse barramento, fazendo com que o relé acionasse o disjuntor. Enquanto, para a falta no lado esquerdo da localização do TC, a corrente estaria adiantada em relação à tensão e o relé bloquearia o acionamento do disjuntor.

- *Relés Direcionais de Sobrecorrente a Terra*: Esses são relés de sequência zero que, como mostra a Figura 13.20 para o relé no barramento-A, atuará instantaneamente, emitindo

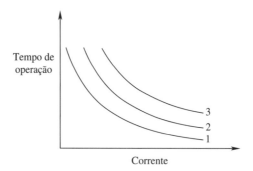

FIGURA 13.18 Características tempo-corrente de um relé de sobrecorrente.

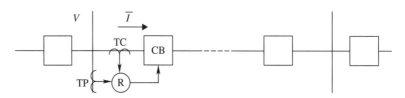

FIGURA 13.19 Relé direcional de sobrecorrente.

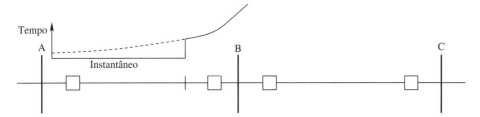

FIGURA 13.20 Relé direcional de sobrecorrente a terra.

um comando de acionamento ao disjuntor se a falta estiver a 80 % da seção da linha A-B (considerada sua zona 1 de proteção, discutido adiante); caso contrário o tempo de acionamento é incrementado como o apresentado. O relé de sobrecorrente no barramento A é coordenado (tempo atrasado) com os relés da seção de linha adjacente. Isto assegura, por exemplo, que o relé no barramento A não acionará disjuntores para faltas na seção B-C da linha adjacente; ele os acionará somente como reserva para o relé no barramento B, observando a seção B-C da linha, se aquele relé funcionar mal e falhar. Deve-se notar que, para uma falta nos 20 % restantes da seção A-B da linha, o relé no barramento-A é também de tempo atrasado, como representado na Figura 13.20; para tal falta, o relé no barramento-B, olhando para o barramento-A, dará um comando de acionamento instantâneo para seu disjuntor, pois essa falta será em sua zona 1 de proteção, discutido adiante.

- *Relés de Distância Direcional (Impedância)*: Calculando a relação da tensão e correntes medidas, como representado na Figura 13.19, esses relés direcionais determinam a impedância e, por isso, são chamados relés de impedância. A característica de tais relés é representada graficamente em um plano R – X, na Figura 3.21, e passa pela origem. Se a impedância calculada está dentro do círculo, o relé acionará; se não, ele será bloqueado.

Sob condições normais do sistema, as correntes de carga são muito menores que as correntes de falta e, por isso, a impedância (relação das medidas da tensão e corrente) seria muito maior e estaria fora do círculo na Figura 13.21, de forma que o relé bloquearia o acionamento dos disjuntores. Em caso de falta, por exemplo, à direita da localização do TC na linha da Figura 13.19, a impedância medida seria a impedância da linha entre a localização do relé e o ponto de falta; esta impedância seria pequena, por exemplo, em algum lugar ao longo da linha reta na Figura 13.21 e dentro do círculo, causando o acionamento do relé. Essa impedância também é uma indicação da distância ao longo da linha onde a falta ocorreu.

A direção de atuação (*directionality*) desse relé é dada alterando-se a característica de tal modo que ela atravesse a origem, como apresentado na Figura 13.21. Se a falta ocorre à esquerda do TC na Figura 13.19, por exemplo, a impedância baseada na medição da tensão e da corrente estaria no terceiro quadrante do plano $R – X$, fora do círculo, implicando que o relé estaria bloqueado. Tais relés são referidos como tendo uma característica "mho".

- *Relés Piloto*: Os relés piloto usam um canal de comunicação, um sistema de comunicação via rede de transmissão — *power line carrier* (PLC) — ou uma fibra óptica, para trocar informações entre os dois terminais da linha de transmissão que está sendo protegida por esses relés. Se uma falta interna ocorre na linha de transmissão, os relés emitirão comandos ao disjuntor em ambas as extremidades da linha para interromper a falta.

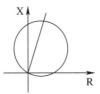

FIGURA 13.21 Relé direcional de impedância (distância) tendo uma característica "mho".

13.6.2.2 Zonas de Proteção em Linhas de Transmissão

O sistema de potência é dividido em zonas de proteção, por exemplo como na Figura 13.22 para o relé no barramento-A.

Cada zona abrange um ou mais equipamentos do sistema de potência e as zonas adjacentes sobrepõem-se aos outros relés. Assim, nenhuma parte do sistema de potência fica desprotegida, mesmo se um ou mais relés falharem na detecção da falta.

- Zona 1: A primeira zona para o relé em A abrange, por exemplo, 80 % da linha A-B. Se a falta ocorre na primeira zona de A, o relé atua instantaneamente sem nenhum atraso de tempo.

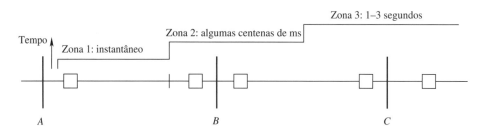

FIGURA 13.22 Zonas de proteção para o relé no barramento-A.

Os 20 % restantes da linha A-B são protegidos por outro relé ou unidade de relé no barramento A, mas com tempo atrasado para o acionamento.

- Zona 2: A segunda zona para o relé em A abrange os 20 % restantes da seção da linha A-B e alcança a seção seguinte B-C, mas abaixo dos 80 % do alcance da zona 1 do relé em B na seção da linha B-C. Se a falta ocorre na segunda zona delimitada pelo relé em A, ele operará com um tempo de atraso de algumas centenas de milissegundos para evitar seu mau funcionamento. Portanto, esse relé deve ser coordenado com o relé no barramento-B, olhando para o barramento-C, para que os 80 % da linha B-C sejam sua primeira zona.
- Zona 3: Essa zona adjacente do relé em A é definida para fornecer proteção de reserva, além da zona 2, para o restante da linha B-C e para a linha seguinte, com um tempo de atraso de 1 a 3 segundos.

13.6.2.3 Proteção de Geradores e Transformadores

Similar à proteção de barramentos com a utilização do relé diferencial da Figura 13.17, um relé diferencial como o apresentado na Figura 13.23 pode fornecer proteção a um gerador. Um esquema similar pode ser utilizado para a proteção de transformadores.

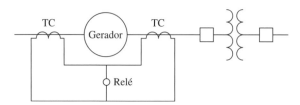

FIGURA 13.23 Proteção de um gerador utilizando um relé diferencial.

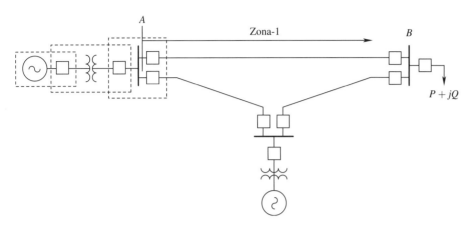

FIGURA 13.24 Relés de proteção no exemplo de sistema de potência de três barramentos.

Exemplo 13.4

Considere o exemplo de sistema de potência de três barramentos mostrado na Figura 13.24. Quais tipos de relés podem proteger o gerador e o transformador no barramento-A? Quais tipos de relés atuam no disjuntor do barramento-A, olhando para o barramento-B?

Solução O esquema do relé de proteção diferencial mostrado nas Figuras 13.17 e 13.23 podem proteger o gerador, o transformador elevador e o barramento. O disjuntor no barramento. A, na linha A-B, é operado de acordo com alguns relés: um relé diferencial apresentado na Figura 13.17 para proteger o barramento, um relé de impedância apresentado na Figura 13.20 para proteger contra faltas fase-fase (não envolvendo terra), entre as fases a-b, b-c e c-a e relés de sobrecorrente para faltas fase-terra. Somente a zona 1 de proteção é mostrada na Figura 13.24.

13.6.3 Disjuntores

Os disjuntores são grandes equipamentos que, comandados pelos relés, interrompem a circulação de corrente e cortam o circuito a fim de proteger o equipamento de potência de faltas de curto-circuito. Há disjuntores disponíveis no mercado que podem operar em dois ciclos e outras melhorias continuam sendo feitas. Vários princípios diferentes são utilizados para prolongar e refrigerar o arco estabelecido pela separação dos contatos, conforme eles tentam interromper a corrente através deles. Esse processo é auxiliado no caso de circuitos CA, nos quais a corrente vai naturalmente a zero a cada meio ciclo. Os disjuntores utilizam um método de interrupção do arco baseado em seu nível de tensão. A 345 kV e acima, muitos disjuntores usam hexa-fluoreto de enxofre (SF_6) e sopro de gás (*gas-puffer*) SF_6 para extinção do arco. O SF_6 é um gás de efeito estufa, mas não há substituto adequado disponível.

13.6.3.1 Religadores Automáticos

Por considerações de estabilidade, os religadores de alta velocidade são importantes. Como muitas faltas são de natureza transitória, muitas concessionárias permitem disjuntores do tipo *extra high voltage* (EHV) com religamento automático simples. Se a falta persistir, o disjuntor abre o circuito sem tentativas de religamento automático, e somente o operador do sistema pode religar a linha. Tal religamento automático não é recomendado para linhas que saem de uma usina de geração, pois religar em uma falta persistente pode fatigar o eixo da turbina do gerador. Em sistemas de distribuição, onde é importante manter a continuidade do serviço para as cargas consumidoras, várias tentativas de religamento automático podem ser permitidas.

13.6.3.2 Operação Monofásica (Polo Independente)

Em esquemas convencionais de proteção com relés e disjuntores, todas as três fases são acionadas para qualquer tipo de falta. Mesmo assim, muitas faltas envolvem somente uma das fases, enquanto o acionamento de todas as três fases representa uma interrupção mais séria. Portanto, certas concessionárias optam por abrir apenas a fase em falta em níveis de EHV e UHV, ou *ultra high voltage*. Certamente, esses esquemas são mais complexos e caros que os esquemas convencionais.

13.6.3.3 Valores Nominais de Disjuntores

Os disjuntores, como discutido anteriormente, são classificados por seus tempos de interrupção em ciclos na frequência da rede. Eles têm tensões nominais baseadas em seu isolamento e correntes nominais baseadas na corrente que eles podem conduzir e interromper de forma segura.

13.6.3.4 Correntes Nominais Simétricas e Assimétricas

Uma falta repentina em um sistema de potência pode resultar em transitórios de corrente que decaem com base na relação *X/R* da reatância *X* e da resistência *R* do circuito. Os cálculos de faltas discutidos anteriormente neste capítulo determinaram a corrente *simétrica* (com valores iguais de pico positivo e negativo) na frequência da rede após uma falta. Mesmo assim, com disjuntores rápidos é importante levar em conta a corrente inicial que resulta em uma corrente *assimétrica*, chamada assim porque os valores de pico positivo e negativo não são iguais. A corrente assimétrica pode ser maior que a corrente simétrica por um fator dependente da relação da reatância sobre a resistência, *X/R*, da rede.

Essa corrente inicial que decai com o tempo pode ser entendida como um circuito R-L simples com fonte senoidal, como o representado na Figura 13.25a, em que $v_s(t) = \hat{V}\mathrm{sen}(\omega t + \beta)$.

Escolhendo o tempo $t = 0$ como o tempo de fechamento da chave, a tensão $v(t)$ na impedância pode ser expressa como $v(t) = \hat{V}\mathrm{sen}(\omega t + \beta)$. Portanto, no circuito da Figura 13.25a,

$$Ri + L\frac{di}{dt} = \hat{V}\,\mathrm{sen}(\omega t + \beta) \quad (t > 0) \qquad (13.29)$$

A componente natural da corrente, reconhecendo que essa componente decai com o tempo, é

$$i_n(t) = Ae^{-t/\tau} \quad \text{(em que, } \tau = L/R \text{ é a constante de tempo)} \qquad (13.30)$$

A componente CA da corrente em regime permanente no circuito R-L é

$$i_{AC} = \hat{I}_{AC}\,\mathrm{sen}(\omega t + \beta - \phi) \qquad (13.31)$$

em que $\hat{I}_{CA} = \hat{V}/(\sqrt{R^2 + (\omega L)^2})$ e $\phi = \tan^{-1}(\omega L/R)$.

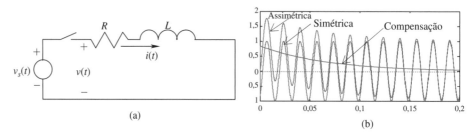

FIGURA 13.25 Corrente em um circuito *RL*.

Assim, a solução completa da corrente, utilizando as Equações 13.30 e 13.31, é

$$i(t) = Ae^{-t/\tau} + \hat{I}_{CA}\,\text{sen}(\omega t + \beta - \phi) \tag{13.32}$$

em que a variável A desconhecida pode ser calculada com base na condição inicial, isto é, para o tempo $t = 0$, a corrente $i = 0$. Dessa forma, da Equação 13.32, $A = \hat{I}_{AC}\,\text{sen}(\phi - \beta)$ e, assim,

$$i(t) = \underbrace{\hat{I}_{CA}\,\text{sen}(\phi - \beta)e^{-t/\tau}}_{compensação\ I_{CC}(t)} + \hat{I}_{CA}\,\text{sen}(\omega t + \beta - \phi) \quad (t > 0) \tag{13.33}$$

A corrente *assimétrica* $i(t)$, na qual o decaimento CC é superposto à componente CA (simétrica), é representada graficamente na Figura 13.25b. Como pode-se ver na Equação 13.33, a corrente $I_{CC}(t)$ é uma componente CC que decai exponencialmente com o tempo conforme $e^{-(R/L)t}$, em que $\tau = L/R$ é a constante de tempo do circuito. Em redes de baixa resistência, que são típicas dos sistemas elétricos de potência, a componente CC decai lentamente se comparada com a frequência da rede e pode ser considerada constante ao em que tempo de o disjuntor abrie em um valor I_{CC} acima de um ou dois ciclos da frequência da rede. Portanto, o valor RMS da corrente assimétrica I_{rms} pode ser calculado, sabendo-se que o valor RMS da componente CA é $I_{CA} = \hat{I}_{CA}/\sqrt{2}$, como

$$I_{rms} = \sqrt{I_{CC}^2 + I_{CA}^2} \tag{13.34}$$

A discussão acima mostra que, em redes com baixa resistência, que são comuns em sistemas de potência, os disjuntores de alta velocidade que interrompem a corrente imediatamente depois da falta têm que interromper uma corrente que é maior que a corrente CA por um fator S, em que S = 1,2 para um interruptor de dois ciclos (que inclui o tempo mínimo de ½ ciclo de um relé e mais o tempo de abertura dos contatos do interruptor) [8]. Esse fator S é inversamente proporcional ao tempo de separação dos contatos, como definido na Norma ANSI/IEEE Guia de Aplicação C37.010 [8]. Para disjuntores em níveis de tensão acima de 115 kV, as capacidades de fechamento e travamento para correntes RMS simétricas momentâneas são definidas como 1,6 vez a corrente de curto-circuito RMS nominal [9].

REFERÊNCIAS

1. C.L. Fortescue, "Method of Symmetrical Coordinates Applied to the Solution of Polyphase Networks," AIEE, vol. 37, pp 1027-1140, 1918.
2. Prabha Kundur, *Power System Stability and Control*, McGraw-Hill, 1994.
3. Paul Anderson, *Analysis of Faulted Power Systems*, IEEE Press, 1995.
4. PowerWorld Computer Program (www.powerworld.com).
5. United States Department of Agriculture, Rural Utilities Service, Design Guide for Rural Substations, RUS BULLETIN 1724E-300 (www.rurdev.usda.gov/RDU_Bulletins_Electric.html).
6. Homer M. Rustebakke (editor) *Electric Utility Systems and Practices*, 4th edition, John Wiley & Sons, August 1983.
7. A. Phadke, J. Thorp, *Computer Relaying for Power Systems*, Institute of Physics Publishers, 2005.
8. H. O. Simmons, Jr., "Symmetrical versus Total Current Rating of Power Circuit Breakers," Applications of Power Circuit Breakers, IEEE Tutorial Course, 75CH0975-3-PWR.
9. ANSI/IEEE Standard C37.04.

204 *Capítulo 13*

EXERCÍCIOS

13.1 Em razão de uma falta fase-terra na fase a em um sistema, $\overline{I}_{fa} = 5,0 \angle 0$ pu e $\overline{I}_{fb} = \overline{I}_{fc} = 0$. Calcule as componentes simétricas $\overline{I}_{fa1}$, $\overline{I}_{fa2}$ e $\overline{I}_{fa0}$ da corrente de falta.

13.2 Em razão de uma falta fase-fase entre a fase b e a fase c, $\overline{I}_{fa} = 0$ e $\overline{I}_{fb} = -\overline{I}_{fc} = 5,0 \angle 0$ pu. Calcule as componentes simétricas $\overline{I}_{fa1}$, $\overline{I}_{fa2}$ e $\overline{I}_{fa0}$.

13.3 Em um ponto f de um sistema, há uma falta do tipo abertura monopolar na fase a, com uma tensão no circuito aberto como $\overline{V}_{fa}$, enquanto $\overline{V}_{fb} = \overline{V}_{fc} = 0$. De forma similar aos cálculos das correntes de curto-circuito e fazendo uso das redes de sequência, calcule as componentes de sequência $\overline{V}_{fa1}$, $\overline{V}_{fa2}$ e $\overline{V}_{fa0}$ no ponto de falta.

13.4 Repita o Exemplo 13.2 considerando que a falta fase-terra dá-se através de uma impedância de falta $Z_f = 0,15 \angle 0$ pu.

13.5 Repita o Exemplo 13.2 considerando que antes da falta a carga é zero, isto é, $P_{Carga} = 0$.

13.6 Repita o Exemplo 13.2 considerando a ocorrência de uma falta fase-fase entre as fases b e c.

13.7 Repita o Exemplo 13.2 considerando a ocorrência de uma falta fase-fase entre as fases b e c com impedância de falta $Z_f = 0,15 \angle 0$ pu.

13.8 Repita o Exemplo 13.2 considerando a ocorrência de uma falta fase-fase-terra com as fases b e c aterradas.

13.9 Repita o Exemplo 13.2 considerando a ocorrência de uma falta fase-fase-terra com as fases b e c aterradas através de uma impedância de falta $Z_f = 0,15 \angle 0$ pu.

13.10 Repita o Exemplo 13.2 considerando a existência de uma falta fase-terra na fase a do barramento-1. O neutro do gerador é aterrado através de uma resistência $R_a = 0,10$ pu.

13.11 Repita o Exemplo 13.2 considerando a existência de uma falta fase-fase envolvendo as fases b e c do barramento-1. O neutro do gerador é aterrado através de uma resistência $R_a = 0,10$ pu.

13.12 Repita o Exemplo 13.2 considerando uma abertura monopolar por meio do cálculo das tensões de sequência no ponto de falta da linha 2-3, próxima ao barramento-2, onde o contato abre-se na fase a.

13.13 Com um relé de impedância de características apontadas na Figura 13.21 aplicado para proteger a linha 2-3 no Exemplo 13.2, calcule o ponto no plano de impedância para uma falta trifásica que está a 85 % de distância em relação ao barramento-2. Repita o cálculo considerando que a falta ocorre a uma distância de 15 % do comprimento da linha do barramento-2.

13.14 Prove a Equação 13.34.

EXERCÍCIOS UTILIZANDO *POWERWOLD*

13.15 Repita o Exemplo 13.2 para uma falta fase-fase e uma falta fase-fase-terra.

13.16 Na Figura 13.22, desenhe as zonas de proteção para o relé no barramento-B olhando para o barramento-C.

13.17 Na Figura 13.22, desenhe as zonas de proteção para o relé no barramento-C olhando para o barramento-B.

14

SOBRETENSÕES TRANSITÓRIAS, PROTEÇÃO CONTRA SURTOS E COORDENAÇÃO DE ISOLAMENTO

14.1 INTRODUÇÃO

As linhas de transmissão e distribuição formam uma grande rede espalhada por milhares de quilômetros. Uma variedade de razões, discutidas a seguir, podem causar elevadas sobretensões que, a não ser que a rede seja devidamente protegida, podem interromper o serviço momentaneamente, na melhor das hipóteses, e provocar prolongadas saídas de serviço e danos caros aos equipamentos do sistema de potência, na pior das hipóteses. Neste capítulo serão examinadas as causas das sobretensões e as medidas que devem ser tomadas para proteger a rede contra elas.

14.2 CAUSAS DAS SOBRETENSÕES

As sobretensões são causadas principalmente por descargas de raios e chaveamento de linhas de transmissão de extra-alta tensão, os quais são examinados a seguir.

4.2.1 Descargas de Raios

Como mencionado anteriormente, as linhas de transmissão estendem-se por grandes distâncias e estão sujeitas a descargas de raios. A frequência de tais descargas depende da localização geográfica da linha. O fenômeno das descargas não é muito bem entendido, mas poderia ser suficiente dizer aqui que a descarga de um raio em um equipamento resulta em uma breve descarga de pulso de corrente ao equipamento com respeito à terra. Esse pulso é comumente representado por uma forma de onda que alcança seu pico no tempo t_1 e decresce exponencialmente à metade de seu valor pico em t_2. Os valores mais elevados de pico de corrente registrados foram próximos a 200 kA, apesar de que, geralmente, valores de pico entre 10 kA a 20 kA são utilizados no dimensionamento da proteção contra sobretensões resultantes.

14.2.1.1 Descargas de Raios em Condutores de Proteção

Muitas linhas de transmissão têm cabos de proteção como os mostrados na estrutura da torre da Figura 14.1a. Esses cabos de proteção estão localizados em um ponto mais alto do que os condutores da linha de transmissão e, por isso, os protegem de serem alcançados pelas

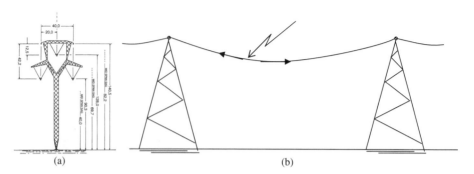

FIGURA 14.1 Descarga de raio ao cabo de proteção (ou de guarda).

descargas dos raios. Eles fornecem uma zona de proteção de aproximadamente 30° ao redor deles. Esses cabos de proteção são aterrados através da torre, sendo desejável manter a impedância da base da torre o menor possível. Entretanto, deve-se notar que nem todos os sistemas de transmissão têm cabos de proteção; muitas concessionárias acharam mais econômico utilizar para-raios de forma mais ampla (embora não em cada torre) que empregar cabos de proteção.

Quando o raio alcança um cabo de proteção, as ondas de corrente resultantes fluem em ambas as direções e passam através das torres à terra, como mostrado na Figura 14.1b. A resistência da base da torre e o efeito de $L(di/dt)$ em razão da elevação rápida da corrente, pode causar aumento do potencial elétrico da torre acima da capacidade de isolamento da cadeia de isoladores, causando descargas elétricas no sentido do cabo de proteção até um dos condutores de fase (efeito denominado *back flashover*).

14.2.1.2 Descargas de Raios a um Condutor

Outro cenário é aquele em que um dos condutores é atingido por um raio. As ondas viajantes que resultam avançam em ambas as direções e as cadeias de isoladores podem sofrer descargas elétricas no sentido do condutor de fase até a torre ou o cabo de proteção (efeito denominado *flashover*); ou então, quando a onda de corrente alcança a terminação da linha, os para-raios, discutidos mais adiante, poderão prevenir que as tensões se elevem a níveis que possam danificar os equipamentos.

14.2.2 Surtos de Chaveamento

Em níveis de extra-alta tensão e acima, o chaveamento das linhas de transmissão, como representado na Figura 14.2a, pode resultar em sobretensões, como apresentado na Figura 14.2b, que podem ser maiores que aquelas causadas por descargas de raios. Veremos depois que o requisito de isolamento necessário é influenciado por ambas as amplitudes, assim como pela duração das sobretensões. Essas sobretensões por chaveamento podem ser minimizadas pela utilização de resistores de pré-inserção na Figura 14.2b, em que, antes do chaveamento em uma linha de transmissão, um resistor em série pode ser inserido e será desviado (*bypassed*) depois em operação normal.

14.3 CARACTERÍSTICAS E REPRESENTAÇÃO DA LINHA DE TRANSMISSÃO

A presente discussão de linha de transmissão também inclui as linhas de distribuição. Na seguinte análise, será considerada uma linha trifásica transposta e utilizaremos a discussão do Capítulo 4 que trata das linhas de transmissão em regime permanente. Supondo que essas linhas sejam sem perdas, as magnitudes das tensões e correntes das ondas viajantes estão

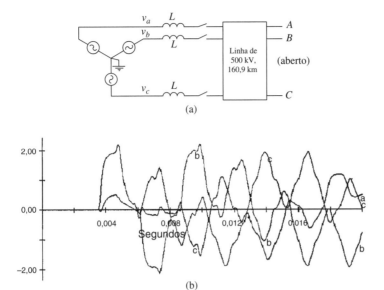

FIGURA 14.2 Sobretensões em "por unidade" devido ao chaveamento de linhas de transmissão.

relacionadas pela impedância característica Z_c dessa linha de transmissão, em que, como calculado no Capítulo 4,

$$Z_c = \sqrt{\frac{L}{C}} \qquad (14.1)$$

e L e C são a indutância e capacitância por unidade de comprimento das linhas trifásicas transpostas. Essas ondas viajantes propagam-se a uma velocidade c que está relacionada com os parâmetros da linha da seguinte forma:

$$c = \sqrt{\frac{1}{LC}} \qquad (14.2)$$

Do Capítulo 4, a indutância por fase por unidade de comprimento é

$$L = 2 \times 10^{-7} \ln \frac{\sqrt[3]{D_{12}D_{23}D_{31}}}{r} \text{ H/m} \qquad (14.3)$$

em que se considera que a corrente esteja na superfície externa do condutor com um raio r. Também do Capítulo 4, a capacitância por fase por unidade de comprimento é

$$C = \frac{2\pi \times 8{,}85 \times 10^{-12}}{\ln \frac{\sqrt[3]{D_{12}D_{23}D_{31}}}{r}} \text{ F/m} \qquad (14.4)$$

Utilizando as Equações 14.3 e 14.4, a velocidade da onda viajante na Equação 14.2 é $c = 3 \times 10^8$ m/s, que é a velocidade da luz. Essa velocidade é menor para linhas de transmissão práticas com perdas, particularmente no modo de sequência zero.

Os distúrbios transitórios geralmente não são balanceados. Por exemplo, apenas uma das fases é normalmente sujeita a um impulso da descarga elétrica causada por um raio. Portanto, o caminho de sequência zero envolvendo o retorno por terra deve ser cuidadosamente incluído na modelagem para obter sobretensões corretas. De forma similar, as linhas de transmissão não são perfeitamente balanceadas e muitas linhas não são transpostas, por isso precisam ser representadas como linhas não transpostas. Ademais, em associação a esses fenômenos transitórios, não estamos mais lidando com um regime permanente na frequência da rede de 60 Hz ou 50 Hz, mas com uma operação transitória que envolve frequências

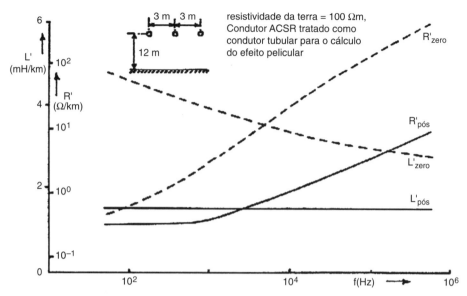

FIGURA 14.3 Dependência da frequência dos parâmetros da linha de transmissão.

muito elevadas. A Figura 14.3 [2] ilustra a dependência da frequência dos parâmetros da linha para quantidades de sequência positiva (e negativa), assim como para sequência nula. Essa dependência da frequência deve ser incluída para uma análise precisa.

14.3.1 Cálculo de Sobretensões

Em muitos casos simples, as sobretensões podem ser calculadas por faixas de conservação das ondas viajantes por meio do chamado diagrama Bewley, em homenagem ao Sr. L. V. Bewley da General Electric Company, que o desbravou, ou por meio da utilização das transformadas de Laplace. Entretanto, mesmo o sistema trifásico mais simples sem transposição e com parâmetros dependentes da frequência é complexo demais para ser suscetível a tais métodos, em que as ondas viajantes combinam-se de vários modos para formar a tensão resultante [2]. Os cálculos de tensões de surtos causados pelo chaveamento de linhas de transmissão são ilustrados pelo exemplo a seguir, utilizando EMTDC [3].

Exemplo 14.1

No exemplo de sistema de potência de três barramentos do Capítulo 5, a linha de transmissão entre os barramentos 1 e 3 é aberta em ambas as extremidades após uma falta, como apresentada na Figura 14.4. Inicialmente, o sistema é chaveado na extremidade do barramento-1, com a extremidade do barramento-3 ainda aberta. Calcule as sobretensões de chaveamento na extremidade do barramento-3 dessa linha de transmissão utilizando o EMTDC.

Solução A modelagem desse sistema e as sobretensões resultantes são calculadas utilizando o EMTDC e os resultados estão disponíveis no *site* da LTC Editora.

FIGURA 14.4 Cálculo das sobretensões de chaveamento em uma linha de transmissão.

14.4 ISOLAMENTO PARA SUPORTAR AS SOBRETENSÕES

Os equipamentos dos sistemas de potência são projetados com isolamento para suportar certos valores de tensões. O nível de isolamento para suportar tensões depende de fatores como a forma da onda viajante e sua duração, a condição do isolamento em termos de sua idade, a umidade e os níveis de contaminação. Os equipamentos de sistemas de potência podem ser categorizados em termos de dois tipos de isolamento: autorrestaurável e não autorrestaurável. As cadeias de isoladores nas linhas de transmissão representam o tipo autorrestaurável de isolamento, que pode ocasionalmente parar de funcionar ou quebrar e restaurar-se depois da eliminação da falta. Entretanto, o isolamento de transformadores, geradores etc. é do tipo não autorrestaurável, ou seja, uma falha implicará um dano severo e permanente que será muito caro para reparar.

Para o isolamento autorrestaurável, como as cadeias de isoladores das linhas de transmissão, o custo de isolar a rede contra toda sobretensão esperada é proibitivo, e por isso uma aproximação estatística pode ser utilizada, na qual certa probabilidade de falha é aceitável. O isolamento não autorrestaurável de transformadores, por exemplo, é protegido contra falhas utilizando-se para-raios de surtos, como discutido neste capítulo.

Como mencionado anteriormente, a capacidade de suportar a tensão do isolamento depende da forma da onda viajante e sua duração, que são diferentes para descargas de raios e surtos de chaveamento. Os níveis de tensão que dado isolamento pode suportar são definidos a seguir.

14.4.1 Nível Básico de Isolamento

Para o impulso do raio, o nível de isolamento é especificado como o nível básico de isolamento — *basic insulation level* (BIL) —, que é o pico da onda da tensão suportável de uma onda típica de tensão causada por um raio. Considera-se que a onda impulsiva do raio, como apresentado na Figura 14.5, alcança seu valor pico em 1,2 μs e cai exponencialmente à metade de seu valor pico em 50 μs.

O nível básico de isolamento (BIL), por exemplo, para um transformador de 345 kV é apresentado na Figura 14.6 como 1175 kV, que é a tensão de pico fase-terra.

14.4.2 Nível Básico de Isolamento para Chaveamento

Como apresentado na Figura 14.2, tensões aplicadas em uma extremidade de uma linha de transmissão resulta em uma onda viajante de elevada tensão e corrente. Esses surtos de chaveamento não têm um valor inicial elevado como aqueles do impulso atmosférico; entretanto, esses surtos de chaveamento são de longa duração. Considera-se que a onda de impulso de tensão padrão devida ao chaveamento alcança um valor do pico em 250 μs e cai exponencialmente à metade de seu valor pico em 2500 μs. O nível de isolamento suportado para tais surtos de chaveamento é chamado nível básico de isolamento para chaveamento — *basic switching insulation level* (BSL). Como mostrado na Figura 14.6, um equipamento com um BIL particular tem uma capacidade inferior de isolamento de surtos de chaveamento, isto é, tem um valor menor de BSL que de BIL, em razão dos surtos de chaveamento serem de longa duração.

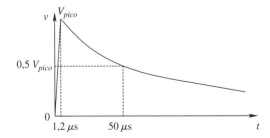

FIGURA 14.5 Onda de impulso de tensão padrão para definir o BIL.

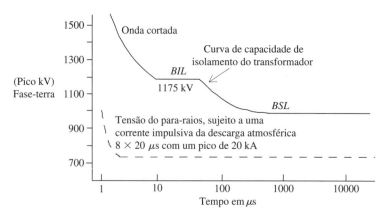

FIGURA 14.6 Níveis de isolamento de tensão de um transformador de 345 kV.

14.4.3 Nível de Isolamento de Onda Cortada

Como apresentado na Figura 14.6, o mesmo isolamento do equipamento pode suportar tensões mais elevadas que seu BIL se o impulso da tensão aplicada a esse equipamento for cortada para ser levada a zero em 3-4 μs depois de o impulso ter alcançado seu valor pico.

14.5 PARA-RAIOS E COORDENAÇÃO DE ISOLAMENTO

Nos equipamentos de sistemas de potência, seu isolamento é protegido contra impulsos de tensão por meio de para-raios conectados em paralelo a eles. A função dos para-raios é um tanto similar aos diodos Zener em circuitos eletrônicos de baixa potência. Os para-raios aparecem como um circuito aberto na tensão normal e absorvem boa parte da corrente desprezível. Entretanto, providenciando um caminho de baixa impedância, eles permitem fluir qualquer corrente, certamente dentro de seu valor nominal, através de apropriada seleção, assim "grampeando" a tensão ao valor limiar no dispositivo a ser protegido (mais uma pequena tensão da corrente *IR* de descarga), como representado na Figura 14.6 pela curva pontilhada. Um para-raios deve ser capaz de dissipar a energia associada após a ocorrência de um impulso sem qualquer dano a ele mesmo, permitindo, desse modo, um rápido retorno à operação normal, quando ele deve outra vez aparecer como um circuito aberto. Em sistemas de potência, a prática moderna é a utilização de para-raios de metal óxido (óxido de zinco), que têm uma característica *i-v* não linear, conforme, por exemplo, o dado pela seguinte relação:

$$i \propto V^q \tag{14.5}$$

em que a tensão é expressa em "por unidade" do valor de sobreproteção de tensão e o expoente q pode chegar de 26 a 30. Portanto, a corrente ao longo do para-raios é desprezível para tensões substancialmente abaixo da unidade. Entretanto, na região de proteção de sobretensões, a tensão do para-raios permanece quase constante. O nível de tensão de descarga do para-raios deve estar suficientemente abaixo do nível de isolamento que esse para-raios protege, bem como fornecer a margem dada por várias normas IEEE e ANSI. Portanto, a coordenação do isolamento precisa coordenar e selecionar o BIL e BSL de vários equipamentos e os valores nominais dos para-raios para protegê-los, como ilustrado na Figura 14.6.

REFERÊNCIAS

1. Electric Power Research Institute (EPRI), *Transmission Line Reference Book: 345 kV and above*, 2nd edition.
2. Hermann W. Dommel, *EMTP Theory Book*, BPA, Contract No. DE-AC79-81BP31364, August 1986.

3. PSCAD/EMTDC, Manitoba HVDC Research Centre: www.hvdc.ca.
4. Surge Protection in Power Systems, IEEE Tutorial Course, 79EH0144-6-PWR.
5. United States Department of Agriculture, Rural Utilities Service, Design Guide for Rural Substations, RUS BULLETIN 1724E-300 (www.rurdev.usda.gov/RDU_Bulletins_Electric.html).

EXERCÍCIOS

Exercícios Baseados no *EMTDC*

14.1 De acordo com o material disponível no *site* da LTC Editora, calcule as impedâncias de sequência positiva e de sequência zero da linha de transmissão no Exemplo 14.1.

14.2 De acordo com o material disponível no *site* da LTC Editora, calcule os surtos de chaveamento com e sem o uso de resistores de pré-inserção.

14.3 De acordo com o material disponível no *site* da LTC Editora, calcule os surtos de chaveamento com e sem o uso de para-raios na extremidade aberta.

ÍNDICE

A

Aceleração em sistemas girantes, 170, 171
Agrupando linhas de transmissão de corrente
  alternada, 53
Alavanca que pode girar, 170
Aluminium conductors steel reinforced (ACSR), 52
Análise
  de Fourier, 127-129
  de sensibilidade, 80
  por fase em circuitos balanceados
    trifásicos, 14, 15
Ângulo
  crítico de eliminação da falta, 165
  de extinção (γ), 111
Antracite, 37
Autotransformadores, 93, 94, 96
  potência nominal, 93

B

Barramento(s)
  alcançando o limite de var no, 81
  de carga, 71
  de folga, 71
  de geradores, 71
Betuminoso, 37
Big bang, 38
Biomassa, 46

C

Cabo(s), 65, 66
  de proteção, linhas de transmissão CA, 53
  subterrâneos, 52-69
Capacidade de carga de uma linha, 63
Capacitância em derivação (*shunt*) (C), 58-60
Carga(s)
  balanceada conectada
    correntes de fase em, 32
    correntes de linha em, 32
    fasores das correntes em, 32
  da concessionária, 120
Células combustíveis, 46
  potência da célula, 46
  relação $v - i$, 46
Chaves de transferência de estado sólido, 124
Ciclo termodinâmico de Brayton, 38
Circuito(s), 13-21
  elétricos, 5-34
  genérico em subcircuitos, 8
  no domínio fasorial, 10
  trifásico(s), 13-18
    análise por fase em, 14, 15
    balanceado conectado em estrela, 14
    com acoplamentos mútuos, 15
    fator de potência em, 17, 18
    máquinas e transformadores CA conectados
      em triângulo, 16, 17
    potência reativa em, 17, 18

tensões
  fase-fase, 15, 16
  no domínio temporal e fasorial, 14
  transformação estrela-triângulo de
    impedâncias, 16
Colapso de tensão, 151, 152
Compensador(es)
  estático(s)
    de potência reativa, 154-156
    STATCOMs, 125, 155, 156
  série controlado a tiristores, 156, 157, 167
Componentes de sequência para análise de faltas, 187
  aplicando às redes e a superposição, 189
Comutação, evitando falha de, 108
Conceitos de eletromagnetismo, 22-30
Condensador síncrono, 144
Condutância em derivação (*shunt*) (*G*), 56
Conexão(ões)
  delta
    em máquinas e transformadores CA, 16, 17
    enrolamentos secundários ligados
      em delta, 193
  dos enrolamentos em um sistema trifásico, 91
Consequências ambientais, 47, 48
  e ações corretivas, 47, 48
Construção da matriz de admitâncias, 72, 73
Continuidade de serviço, 123
  chaves de transferência de estado sólido, 124
  fontes de alimentação ininterruptas, 123
Controlador(es)
  de fluxo de potência unificado, 157, 158
  estáticos de reativos (SVCs), 173
Controle
  automático da geração (CAG), 174-180
    controle de carga-frequência, 174-176
    sistema de duas áreas com, 181
  da excitação de campo para ajustar a potência
    reativa, 143, 144
    condensador síncrono, 144
    sobre-excitação, 144
    subexcitação, 144
  de ângulo de fase estático, 157, 158
  de carga-frequência, 174-176
  de sistemas de potência interligados, 172-185
    desempenho dinâmico de áreas
      interligadas, 179, 180
    despacho econômico, 180-185
    fluxo de potência ótimo, 180-185
  de tensão, 172-194
Conversor(es)
  a tiristores, 103-110
    circuito, 104
    conversor trifásico a tiristores de ponte
      completa, 105
    evitando falha de comutação, 108
    formas de onda em, 105
  de seis pulsos, 109
  trifásico a tiristores de ponte completa, 105
Coordenação de isolamento, 210

Índice 213

Correntes
- de falta em redes grandes, cálculo de, 195, 196
- nominais
  - assimétricas, 202, 203
  - simétricas, 202, 203

Critério das áreas iguais, determinação da estabilidade transitória utilizando, 163-166

Custo
- de combustível, 182
- linhas de transmissão, 53
- marginal, 182

D

Densidade de fluxo de campo, distribuição de, 139, 140

Dependência da frequência dos parâmetros da linha de transmissão, 208

Desempenho dinâmico de áreas interligadas, 179, 180

Deslocamento de fase
- em transformadores Δ-Y, 94, 95
- introduzido por transformadores, 94, 95
  - em transformadores Δ-Y, 94, 95

Despacho econômico, 180-185
- controle, 172-185

Desregulamentação das concessionárias, 2, 3

Diferença entre ângulos de fase, 9

Disjuntores, 196, 201-203
- correntes nominais
  - assimétricas, 202, 203
  - simétricas, 202, 203
- operação monofásica (polo independente), 202
- religadores automáticos, 201
- valores nominais de disjuntores, 202

Dispersão
- indutâncias de, 28-30
- reatâncias de, 92

Dispositivos
- de eletrônica de potência conectados ao gerador, 44
- semicondutores, 101-107
  - capacidades, 101-107

Distância média geométrica (DMG), 57

Distorção, 125
- harmônica
  - efeito prejudicial da, 131, 132
  - total, 126, 127
  - valor da corrente distorcida, 126, 127

Distribuição de densidade de fluxo pulsante, 140

Domínio fasorial, variável de, 6, 7

E

Efeito estufa, 47

Eficiência
- do transformador, 92
- energética de equipamentos de sistemas de potência, 21

Energia
- elétrica e ambiente, 35-49
  - consequências, 35, 36
  - escolhas, 35, 36
- eólica, 41-44
  - desafios no aproveitamento, 44
  - Estados Unidos, 41
  - relação da velocidade na ponta da pá, 42
  - tipos de esquemas em turbinas eólicas, 42-44
- fotovoltaica, 44, 45

característica(s)
- da célula fotovoltaica, 45
- $v - i$ de, 44
- junções pn, 44
- tipo de silício
  - monocristalino, 45
  - multicristalino, 45
- hidráulica, 36
  - alto, 36
  - baixo, 36
  - médio, 36
- nuclear, 38-40
- renovável, 41-46. *Veja também* Células combustíveis; Energia fotovoltaica; Energia eólica
  - biomassa, 46
  - geração distribuída (GD), 47

Enrolamentos conectados em estrela, 193

Equações de fluxo de potência, 73, 74

Equipamentos, valores de, 20, 21

Erro de controle de área (ECA), 176-178

Estabilidade
- dinâmica, 168, 169
- em sistemas de potência, 149-159
- transitória, sistemas de potência de, 160-171
  - ângulo crítico de eliminação da falta, 165, 166
  - avaliação em grandes sistemas, 167, 168
  - determinação utilizando o critério das áreas iguais, 163-166
  - estabilidade dinâmica, 168, 169
  - oscilação do ângulo rotor, 161-163
  - princípio de, 160-166

Estados Unidos
- consumo de energia nos, 36
- produção de energia nos, 36

Estator, 136
- com enrolamentos trifásicos, 137, 138
- fem induzida em enrolamentos, 138-142

Expressão da tensão terminal, 141

F

Falta(s)
- com impedância de falta, 189
- componentes simétricas para análise de, 186-189
- de uma fase à terra (ou fase-terra), 189, 190, 194
- fase-fase (terra não envolvida), 189, 191, 192
- fase-fase-terra, 189-191
- impedâncias do sistema para cálculos de, 192-195
  - falta
    - fase-terra, 194
    - trifásica, 194
  - geradores síncronos, 192, 193
  - linhas de transmissão, 192
  - representação de transformadores em, 193-195
- tipos de, 189-192
  - duas fases (ou fase-fase, terra não envolvida), 189, 191, 192
  - duas fases à terra, 189-191
  - trifásica simétrica e trifásica envolvendo a terra, 189
  - uma fase à terra, 189, 190

Fasores, unidades de medição dos, 81

Fator
- de carga, 119
- de potência (FP), 8-13, 108, 125, 129, 130
  - correção, 12
  - de deslocamento (FPD), 129, 130

214 *Índice*

em circuitos trifásicos, 17, 18
interface de correção de (CFP), 121, 123
precário, 131, 132
Fenômeno do efeito pelicular, 55, 56
Filtros ativos, 132
Fissão, processo de. *Veja* Reatores de fissão nuclear
Fluxo, 23-25
concatenado, 26
de encalce diferencial, 57
de potência
em redes de sistemas de potência, 70-83
alcançando o limite de var no
barramento, 81
análise de sensibilidade, 80
construção da matriz de
admitâncias, 72, 73
equações, 73, 74
medições fasoriais sincronizadas, 81
procedimento
de Gauss-Seidel, 82
de Newton-Raphson, 75, 76
sistemas de medição de grandes áreas, 81
unidades de medição dos fasores, 81
ótimo, 180-185
densidade de, 23
distribuição de densidade de, 140
equivalente, 29
Fontes de alimentação ininterruptas, 123
Fundamentados em estrela
primários, 193
secundários, 193
Fusão nuclear, 39

G

Gás natural e petróleo, 38
turbinas a gás de ciclo
combinado, 38
simples, 38
Gauss-Seidel, procedimento de, 82
Geração distribuída (GD), 2, 47
Gerador(es)
barramentos de, 71
de dois polos, 136
de indução
de rotor bobinado e duplamente
alimentados, 43
diretamente conectados à rede, 43
de polos múltiplos, 136
hidráulicos, 135, 136
proteção de, 200, 201
síncronos, 142, 143
capacidade de fornecimento de potência
reativa, 153
categorias, 135
em prevenção da instabilidade da tensão, 153
estabilidade, 142, 143
estator com enrolamentos trifásicos, 137, 138
estrutura, 135, 136
fem induzida nos enrolamentos do estator,
138-142
limite de estabilidade em regime
permanente, 143
modelo do fluxo constante, 145-147
perda de sincronismo, 142, 143
potência de saída, 142, 143
reatância(s)
síncrona, 145-147
subtransitórias, 145-147
transitória, 145-147

rotor com enrolamento de campo CC, 138
simplificado
impedância de sequência zero, 192
representação, 192, 193
sequência negativa, 192
turbinas
a vapor de condução, 135
hidráulicas de condução, 135
Gerenciamento de carga, 132

I

Ilhamento, 120
Impedância
de dispersão do enrolamento primário, 90
de sequência negativa 192
de surto
natural, 62, 63
Z_c, 62
Thevenin, 154
Indutância(s), 26, 27. *Veja também* Indutância de
magnetização
da bobina, 26
de dispersão, 28-30
de magnetização, 28-30
por fase, 56
por unidade de comprimento, 207
série L, 56-58
fluxo de enlace diferencial, 57
indutância por fase, 57
Inércia em sistemas girantes, 170, 171
Instabilidade da tensão, prevenção da, 153-158
compensador(es)
estáticos de potência reativa, 154-156
série controlado a tiristores, 156, 157
controlador de fluxo de potência
unificado, 157, 158
controle de ângulo de fase estático, 157, 158
geradores síncronos, 153
sistemas HVDC, 156
STATCOMs, 155, 156
Instituto dos Engenheiros Elétricos e Eletrônicos
(IEEE), 131
Interruptores de falta à terra (IFT), 119
Inversor, 102, 107
Isolamento
nível básico de isolamento, 209
para chaveamento, 209, 210
para suportar as sobretensões, 209, 210

K

Kirchhoff, lei de
correntes de, 32, 72, 93
tensões de, 150

L

Lado da demanda (GLD), 132
Lagrange, método dos multiplicadores de, 183
Lâmpadas fluorescentes compactas (LFCs), 121
Lei
de ampère, 22, 23, 57
de correntes de Kirchhoff, 32, 72, 93
de Faraday, 27, 28, 86, 139
de Lenz, 28
de Newton, 170
de Ohm, 27
de tensões de Kirchhoff, 150
Lenz, lei de, 28
Limite de estabilidade em regime permanente, 143

Linha(s)
capacidade de carga de uma, 63
de comprimento
curto, 65
longo, 65, 68, 69
modelo de linhas de transmissão de
parâmetros concentrados em regime
permanente, 69
de transmissão, 52-69, 192
CA, 52-69
aéreas, 52, 53
agrupamentos de condutores, 53
cabos de proteção, 53
capacidade de carga de uma linha, 63
custo, 53
linha(s)
de 500 kV, 53
de transmissão CA aéreas, 52, 53
modelos das linhas de transmissão com
parâmetros em regime
permanente, 64, 65
parâmetros, 54-60
representação dos parâmetros
distribuídos em regime permanente
senoidal,60-62
transposição das, 54
características e representação, 206-208
faltas, 186-204. *Veja também* Faltas, tipos de
parâmetros de, 53
perdas, 150
zonas de proteção em, 200
Linhito, 37
Load tap changers (LTC), 93, 124

M

Magnitude da tensão, 123, 124
Máquinas CA conectadas em triângulo, 16, 17
Materiais ferromagnéticos, 24
característica *B-H* de, 24, 85
Matriz jacobiana *J*, 78
barramentos relacionados a, 79
MBTUs (*million British thermal units*), 180
Medições fasoriais sincronizadas, 81
Método
das áreas iguais, 167
dos multiplicadores de Lagrange, 183
N-R desacoplado rápido para o fluxo de
potência, 80
Modelo(s)
das linhas de transmissão com parâmetros
concentrados em regime permanente, 64, 65, 69
do fluxo constante, 145-147
Moderador, 39
Motor de indução trifásico, 122
características torque-velocidade, 122

N

Natureza dos sistemas de potência, 1, 2
Neutro aterrado através de uma impedância, 193
Newton, lei de, 170
Newton-Raphson, procedimento de, 75, 76
desacoplado rápido para o fluxo de potência, 80
solução das equações de fluxo de potência
utilizando, 76-80
Nível
básico de isolamento, 209
para chaveamento, 209, 210
de isolamento de onda cortada, 210

O

Ohm, lei de, 27
Onda da tensão
distorção, 125
efeito prejudicial da distorção
harmônica, 131, 132
fator de potência, 125
precário, 131, 132
filtros ativos, 132
forma de, 125-132
obtenção das componentes harmônicas pela
análise de Fourier, 127-129
Operação
de sistemas de potência, 3
monofásica (polo independente), 202
Operadores do sistema de transmissão (OIST), 3
Oscilação do ângulo do rotor, 161-163

P

Perda(s)
correntes parasitas, 87-89
de sincronismo, geradores síncronos, 142, 143
I^2R, 92
no cobre, 92
no núcleo, 87, 88
Planejamento de recursos, 48, 49
turbinas eólicas, 50
usinas
a carvão, 48, 49
a gás de ciclo
combinado, 49
simples, 49
Ponto de acoplamento comum (PAC), 148
Potência, 8-13
aparente, 10, 126
ativa fornecida, 11
características potência-ângulo 161
cargas baseadas em eletrônica de, 121-123
circuito genérico em subcircuitos, 8
complexa, 10, 149
de saída
custo
de combustível em função da, 182
marginal em função da, 182
geradores síncronos, 142, 143
em circuitos trifásicos, 17, 18
erro de intercâmbio de potência, 172
estabilizador de sistema de potência
(PSS), 153, 174
etapa inicial de correção de fator de potência, 126
instantânea com tensões e correntes senoidais, 9
nominal do transformador de dois
enrolamentos, 93
reativa, 8-13
controle da excitação de campo para
ajustar, 143, 144
em circuitos trifásicos, 17, 18
fornecida, 11
transferência de potência entre sistemas CA, 19
triângulo de potência, 10, 11
Procedimento
de Gauss-Seidel, 82
de Newton-Raphson, 75, 76
Produtores de energia independentes (PEI), 3
Programação de unidades, 184
Proteção
contra faltas de curto-circuito, 196-204
relés, 197-201
transformadores de corrente e potencial, 197

216 *Índice*

contra surtos, 205-211
de geradores, 200, 201

Q

Qualidade de energia, 123-132
  considerações, 123-132
Quantidades por unidade, 20, 21
Quatro polos em gerador de polos salientes, 136

R

Rankine, ciclo termodinâmico de, 37, 38
Reação(ões)
  de água em ebulição (RAE), 39, 40
  de armadura, 140, 141
    devido às correntes de fase, 141
    fems induzidas combinadas devido ao
      campo do fluxo, 141, 142
  em cadeia, 39
Reatância(s)
  de dispersão, 92
  síncrona, 142, 145-147
  subtransitórias, 145-147
  transitória, 145-147
Reator(es)
  controlado a tiristores, 155
  de água
    pesada pressurizada (RAPP), 40
    pressurizada(RAP), 39, 40
  de fissão nuclear, 39, 40
    moderadores, 39
    reação em cadeia, 39
    reatores
      de água
        pesada pressurizada (RAPP), 40
        pressurizada (RAP), 39
      rápidos de neutrons, 40
    rápidos de neutrons, 40
    refrigerados a gás (RRG), 39
    Superfênix, 40
Redes inteligentes, 132
Regulação
  automática
    de tensão, 173
      excitadores de campo para, 144
      por meio do controle da excitação, 173
  de tensão em sistemas de potência, 149-159
    colapso de tensão, 151, 152
  em transformadores, 92
Relação
  da velocidade na ponta da pá, 42
  de curto-circuito (RCC), 131
Relés, 197-201
  de distância direcional (impedância), 199
  de sobrecorrente, 198
  diferenciais, 198
  direcionais de sobrecorrente, 198
    à terra, 198
  piloto, 199
  proteção
    de geradores, 200, 201
    de transformadores, 200, 201
  tipos, 197-199
  zonas de proteção em linhas de transmissão, 200
Religadores automáticos, 201
Representação
  de transformadores em estudos de faltas, 193-195
  fasorial em regime permanente senoidal, 5-8

no domínio
  do tempo, 6
  fasorial, 6
  triângulo de impedâncias, 6
por unidade, 90-92
Reserva girante, 184
Resistência (*R*), 55, 56
Restauradores de tensão dinâmica (RTD), 124
Resultante da distribuição da densidade de fluxo,
  140, 141
Retificador, 102, 106
  a tiristores controla fase, 133
Rotor
  arredondado ou liso (não saliente), 136
  com enrolamento de campo CC, 138

S

SCRs (ou *silicon controlled rectifiers*), 103
Série de Taylor, 75
Shunt, dispositivo de compensação, efeito das
  correntes condução e de retardamento, 154
Sistema(s)
  CA, transferência de potência ativa e reativa
    entre, 19, 20
  com elo de corrente contínua HVDC, 102-111.
    Veja também Conversores a tiristores
    fluxo de potência em, 110, 111
    melhoramentos em, 111
    polo
      negativo, 103
      positivo, 103
  de cargas, 118-123
    aquecimento elétrico, 120
    cargas
      baseadas em eletrônica de potência,
        121-123
        moderna, 120
      com motores, 120
      da concessionária, 120
    iluminação
      fluorescente, 121, 122
      incandescente, 120
    industriais, 120
    natureza de, 120, 121
    residenciais, 120
  de distribuição, 118-134
    para cargas residenciais, 118
    residencial, 118, 119
  de energia
    barramento(s)
      de carga, 71
      de folga, 71
      de geradores, 71
    descrição do, 71
  de medição de grandes áreas, 81
  de potência, 160-171
    estrutura de, 3
    natureza dos, 1-4
      cenário variante dos, 2, 3
  de transmissão
    CA flexíveis (FACTS), 4, 154
    HVDC, 102, 103, 156
      tensão(ões)
        da rede elétrica, 112
        por fase, 112
        trifásicas, 112
  radial, 149-151
SCADA (*supervisory control and data
  acquisition*), 70

Sobre-excitação, 143, 144
Sobretensões
    cálculo de, 208
    causas das, 205, 206
    isolamento para suportar as sobretensões, 209, 210
    nível de isolamento de onda cortada, 210
    transitórias, 205-211
Sub-betuminoso, 37
Surto(s)
    natural, impedância de, 62, 63
    para-raios, 210, 211
    proteção contra, 205-211
    Z_c, impedância de, 62

T

Tensão(ões)
    colapso de, 151, 152
    controle de, 172-194
        por controle de excitação e potência reativa, 172-194
        por meio do controle da excitação, 173
    fase-fase, 15, 16
    por excitação, 172
    sensibilidades da, 120
    transformação de, 86, 87
Teorema fluxo constante–concatenado, 145
Terminais do enrolamento secundário, 89
Tiristores
    conectados em antiparalelo, 154
    controlados de porta integrada (IGCT), 102
Torque em sistemas girantes, 170, 171
Total aparente em volt-ampères, 17
Transferência de potência ativa e reativa entre sistemas CA, 19, 20
Transformação(ões)
    entre impedâncias conectadas em estrela e triângulo, 32-34
    estrela-triângulo de impedâncias sob condição balanceada, 16
Transformador(es)
    com deslocamento de fase, 96-98
    com mecanismo, 93
    com relação, 96-98
        de espiras fora do nominal, 96-98
    de corrente, 197
    de potencial, 197
    de tensão acoplado com capacitor (CCVT), 197
    de três enrolamentos, 95
        princípio de operação, 96
    em sistemas de potência, 84-100
        autotransformadores, 93, 94
        circuito equivalente do transformador, 87
        com derivações, 96-98
        com deslocamento de fase, 96-98
        com relações de espiras fora do nominal, 96-98
        com uma carga conectada ao enrolamento secundário, 87
        conectados em triângulo, 16, 17
        conexões dos enrolamentos em um sistema trifásico, 91
        corrente de excitação do transformador, 85, 86
        deslocamento de fase introduzido por, 94, 95
        eficiências, 92
        modelo simplificado do transformador, 89, 90
        parâmetros do circuito equivalente, 88
        princípios de operação, 84-89
        proteção de, 200, 201
        reatâncias de dispersão, 92

regulação em, 92
representação
    do deslocador de fase, 98
    por unidade, 90-92
    (*tap changing*) para o controle de tensão, 93
transferência de impedâncias de dispersão nos terminais da parte ideal do transformador, 89
transformação de tensão, 86, 87
transformadores
    de três enrolamentos, 95
    incluindo a tensão nominal em "por unidade", 91
    trifásicos, 96
ideal, 86
perdas no núcleo, 87, 88
trifásicos, 96
tipo
    de núcleo, 96
    encouraçado, 96
Transmissão de alta-tensão DC (HVDC)
    dispositivos semicondutores, 101-107
    sistemas, 3, 101-115
    tipos, 102
Trifásica, falta, 194
Turbina(s)
    a gás de ciclo
        combinado, 38
        simples, 38
    eólica, 50
Turbo alternadores, 135
Turfa, 37

U

Unidades de medição dos fasores, 81
Usinas
    a carvão, 48, 49
    a gás de ciclo
        combinado, 49
        simples, 49
    de energia
        alimentadas com carvão, 37, 38
            antracite, 37
            betuminoso, 37
            linhito, 37
            mecanismos em, 37
            sub-betuminoso, 37
            turfa, 37
        baseadas em combustíveis fósseis, 37, 38
            carvão, 37, 38
            consequências ambientais, 47, 48
            gás natural, 37, 38
            petróleo, 37, 38
    de petróleo, 38

V

Valores
    de base, 20, 21
    nominais, 20
Variável de domínio
    do tempo, 6, 7
    fasorial, 6, 7
Velocidade síncrona, 138
Vetor espacial *PWM* ou SV-PWM, 113

W

Weber (Wb), 25

Z

Zero, transformadores de correntes em sequência, 192

ROTAPLAN
GRÁFICA E EDITORA LTDA
Rua Álvaro Seixas, 165
Engenho Novo - Rio de Janeiro
Tels.: (21) 2201-2089 / 8898
E-mail: rotaplanrio@gmail.com